핵심콕콕 정답콕콕
미용사 일반 필기시험 3년간 출제문제

발 행 일 2023년 2월 5일 개정11판 1쇄 인쇄
2023년 2월 10일 개정11판 1쇄 발행

저 자 김희주

발 행 처 크라운출판사
http://www.crownbook.com

발 행 인 李尙原

신고번호 제 300-2007-143호

주 소 서울시 종로구 율곡로13길 21

공 급 처 02) 765-4787, 1566-5937, 080) 850-5937

전 화 02) 745-0311~3

팩 스 02) 743-2688, (02) 741-3231

홈페이지 www.crownbook.co.kr

I S B N 978-89-406-4691-5 / 13590

특별판매정가 16,000원

한국산업인력공단 새 출제기준에 따른 최신판!!

핵심콕콕 정답콕콕!!

미용사 일반

필기시험 3년간 출제문제

최신 개정 법령 완전반영!

NCS 기반

대한민국 대표브랜드 국가자격 시험문제 전문출판 에듀크라운 국가자격시험문제전문출판   크라운출판사
미용·피부미용·이용·조리 등 서비스서적사업부
www.crownbook.co.kr
최고의 적중률!! 최고의 합격률!!

이 책을 펴내며

미용사란 누군가를 세상에서 제일 아름답고 눈부시게 빛나게 하는 직업입니다.
남녀노소 누구든 미용사라는 직업을 선택함에 있어 행복을 추구할 수 있는 직업이라고 생각합니다.

이 책은 미용사라는 빛나는 직업을 시작하는 모든 분들에게 그동안의 강의 경험과 현장 경력을 통해 미용사 필기 시험에서 계속 자주 출제되는 실전 문제로만 엄선하여 집필했습니다.

미용사 자격시험을 준비하시거나 재시험을 준비하시는 분들이 이 책으로 합격으로 꿈을 꼭 이루시길 바랍니다.

미용사 자격증 취득 과정이 힘들고 어려운 만큼 취득 후 미용사라는 자격이 갖춰졌을 때 힘들었던 과정보다 더 많은걸 얻을 수 있는 전문 미용인으로 빛나시길 바랍니다.

집필하는 동안 좋은 내용을 담을 수 있게 도움주신 오준세님, 임순님님, 김영서님, (주)모브 디자인 김현준 실장님과 크라운출판사 이상원 회장님 이하 편집부 이윤희 팀장님과 직원분들의 노고에 깊이 감사드립니다.

저자 드림

미용사(일반) 기능사 출제기준

직무 분야	이용 · 숙박 · 여행 · 오락 · 스포츠	중직무 분야	이용 · 미용	자격 종목	미용사(일반)	적용 기간	2022.1.1.~2026.12.31.

직무내용 : 고객의 미적요구와 정서적 만족을 위해 미용기기와 제품을 활용하여 샴푸, 두피 · 모발관리, 헤어커트, 헤어펌, 헤어컬러,
헤어스타일 연출 등의 서비스를 제공하는 직무

필기검정방법	객관식	문제수	60	시험시간	1시간

필기과목명	출제 문제수	주요항목	세부항목	세세항목
헤어스타일 연출 및 두피 · 모발 관리	60	1. 미용업 안전위생 관리	1. 미용의 이해	1. 미용의 개요 2. 미용의 역사
			2. 피부의 이해	1. 피부와 피부 부속 기관 2. 피부유형분석 3. 피부와 영양 4. 피부와 광선 5. 피부면역 6. 피부노화 7. 피부장애와 질환
			3. 화장품 분류	1. 화장품 기초 2. 화장품 제조 3. 화장품의 종류와 기능
			4. 미용사 위생 관리	1. 개인 건강 및 위생관리
			5. 미용업소 위생 관리	1. 미용도구와 기기의 위생관리 2. 미용업소 환경위생
			6. 미용업 안전사고 예방	1. 미용업소 시설 · 설비의 안전관리 2. 미용업소 안전사고 예방 및 응급조치
		2. 고객응대 서비스	1. 고객 안내 업무	1. 고객 응대
		3. 헤어샴푸	1. 헤어샴푸	1. 샴푸제의 종류 2. 샴푸 방법
			2. 헤어트리트먼트	1. 헤어트리트먼트제의 종류 2. 헤어트리트먼트 방법
		4. 두피 · 모발관리	1. 두피 · 모발 관리 준비	1. 두피 · 모발의 이해
			2. 두피 관리	1. 두피 분석 2. 두피 관리 방법
			3. 모발관리	1. 모발 분석 2. 모발 관리 방법
			4. 두피 · 모발 관리 마무리	1. 두피 · 모발 관리 후 홈케어
		5. 원랭스 헤어커트	1. 원랭스 커트	1. 헤어 커트의 도구와 재료 2. 원랭스 커트의 분류 3. 원랭스 커트의 방법
			2. 원랭스 커트 마무리	1. 원랭스 커트의 수정 · 보완
		6. 그래쥬에이션 헤어커트	1. 그래쥬에이션 커트	1. 그래쥬에이션 커트 방법
			2. 그래쥬에이션커트 마무리	1. 그래쥬에이션 커트의 수정 · 보완
		7. 레이어 헤어커트	1. 레이어 헤어커트	1. 레이어 커트 방법
			2. 레이어 헤어커트 마무리	1. 레이어 커트의 수정 · 보완

필기과목명	출제 문제수	주요항목	세부항목	세세항목
헤어스타일 연출 및 두피 · 모발 관리	60	8. 쇼트 헤어커트	1. 장가위 헤어커트	1. 쇼트 커트 방법
			2. 클리퍼 헤어커트	1. 클리퍼 커트 방법
			3. 쇼트 헤어커트 마무리	1. 쇼트 커트의 수정 · 보완
		9. 베이직 헤어펌	1. 베이직 헤어펌 준비	1. 헤어펌 도구와 재료
			2. 베이직 헤어펌	1. 헤어펌의 원리 2. 헤어펌 방법
			3. 베이직 헤어펌 마무리	1. 헤어펌 마무리 방법
		10. 매직스트레이트 헤어펌	1. 매직스트레이트 헤어펌	1. 매직스트레이트 헤어펌 방법
			2. 매직스트레이트 헤어펌 마무리	1. 매직스트레이트 헤어펌 마무리와 홈케어
		11. 기초 드라이	1. 스트레이트 드라이	1. 스트레이트 드라이 원리와 방법
			2. C컬 드라이	1. C컬 드라이 원리와 방법
		12. 베이직 헤어컬러	1. 베이직 헤어컬러	1. 헤어컬러의 원리 2. 헤어컬러제의 종류 3. 헤어컬러 방법
			2. 베이직 헤어컬러 마무리	1. 헤어컬러 마무리 방법
		13. 헤어미용 전문제품 사용	1. 제품 사용	1. 헤어전문제품의 종류 2. 헤어전문제품의 사용방법
		14. 베이직 업스타일	1. 베이직 업스타일 준비	1. 모발상태와 디자인에 따른 사전준비 2. 헤어세트롤러의 종류 3. 헤어세트롤러의 사용방법
			2. 베이직 업스타일 진행	1. 업스타일 도구의 종류와 사용법 2. 모발상태와 디자인에 따른 업스타일 방법
			3. 베이직 업스타일 마무리	1. 업스타일 디자인 확인과 보정
		15. 가발 헤어스타일 연출	1. 가발 헤어스타일	1. 가발의 종류와 특성 2. 가발의 손질과 사용법
			2. 헤어 익스텐션	1. 헤어 익스텐션 방법 및 관리
		16. 공중위생관리	1. 공중보건	1. 공중보건 기초 2. 질병관리 3. 가족 및 노인보건 4. 환경보건 5. 식품위생과 영양 6. 보건행정
			2. 소독	1. 소독의 정의 및 분류 2. 미생물 총론 3. 병원성 미생물 4. 소독방법 5. 분야별 위생 · 소독
			3. 공중위생관리법규(법, 시행령, 시행규칙)	1. 목적 및 정의 2. 영업의 신고 및 폐업 3. 영업자 준수사항 4. 면허 5. 업무 6. 행정지도감독 7. 업소 위생등급 8. 위생교육 9. 벌칙 10. 시행령 및 시행규칙 관련 사항

차례

Part
01

핵심 이론 요약

Section 01 미용총론

❶ 미용의 개요

(1) 미용의 정의와 업무범위

① 일반적 정의

미용이란 복식을 비롯한 외적인 용모를 미화하는 기술이며, 예술로서 다루는 한 분야이다.

② 공중위생관리법 정의

미용업이란 손님의 얼굴, 머리, 피부 등을 손질하여 손님의 외모를 아름답게 꾸미는 영업이다.

③ 업무범위

파마, 머리카락자르기, 머리카락모양내기, 머리피부손질, 머리카락염색, 머리감기, 의료기기나 의약품을 사용하지 아니하는 눈썹손질을 하는 영업이다.

(2) 미용의 목적

고대사회에서는 종교적인 의미가 강했으며, 현대사회에서는 실용성을 더 추구한다. 인간의 심리를 만족시키고 삶의 의욕을 불러일으키는 중요한 목적을 바탕으로 한다.

(3) 미용의 특수성

① 의사표현의 제한

미용은 자신의 생각보다는 고객의 의사를 먼저 존중하고 반영해야 한다.

② 소재선정의 제한

고객의 신체 일부가 미용의 소재이기 때문에 자유롭게 선택하거나 새로 바꿀 수는 없다.

③ 시간적 제한

제한된 시간 내에 미용작품을 완성해야 한다.

④ 소재의 변화에 따른 영향

고객의 옷차림이나 표정에 따라 변화를 고려해야 한다.

⑤ 부용예술로서의 제한

충분한 기술을 익혀야 하며 우수한 자질이 요구된다.

(4) 미용의 순서

① 소재의 확인

헤어스타일 또는 메이크업에서 개성미를 발휘하기 위한 첫단계이다.

② 구상

많은 경험 속에서 지식과 지혜를 갖고 새로운 기술은 연구하여 독창력 있는 나만의 스타일을 창작하는 기본단계로 생각과 계획을 충분히 표현하는것을 말한다.

③ 제작

스타일을 표현하는 단계로 제작 과정은 미용인에게 가장 중요하다.

④ 보정

전체적인 머리 모양을 종합적으로 관찰하여 수정, 보완시켜 완전히 끝맺도록 하는 단계로 고객이 추구하는 미용의 목적과 필요성

을 시각적으로 느끼게 하는 과정이다.

(5) 미용의 통칙

① 연령

시대의 유행을 파악하여 연령에 맞게 연출해야 한다.

② 계절

계절에 따른 기후변화는 사람의 감정에 큰 영향을 끼치므로 분위기에 어울리는 표현을 한다.

③ 때와 장소

결혼식, 장례식, 모임, 오전, 오후에 따라 분위기에 맞게 표현해야 한다.

(6) 미용인의 사명

① 미적 측면

고객의 특징과 요구에 맞는 개성미를 살려 만족스럽게 연출하는 것이 사명이다.

② 문화적 측면

미용인은 시대적 풍조를 건전하게 지도하고 권장해야 한다.

③ 위생적 측면

미용사는 자신의 손과 다양한 도구, 기기를 사용하므로 항상 소독으로 청결을 유지해야 한다.

④ 사회적 측면

미용사로서 사회에 공헌한다는 사명감을 갖고 직업적, 인간적 자질을 갖추는데 힘써야 한다.

(7) 미용인의 교양

① 원만한 인격향상

② 미적 감각의 개발

③ 전문 미용지식 함양

④ 위생지식 습득

⑤ 폭넓은 지식의 함양

❷ 미용작업의 자세

(1) 올바른 미용작업 자세

① 미용 시술 시 올바른 자세는 체중이 양쪽 다리에 분산될 수 있도록 두 발을 어깨너비 정도로 벌리고 허리를 세워 몸 전체의 균형을 잡고 서서 안정된 자세를 유지한다.

② 작업 대상은 미용사의 심장 높이 정도가 적당하며, 작업 대상의 높이를 조절할 수 있는 미용의자를 갖추는 것이 좋다.

③ 작업 대상과의 거리는 정상 시력의 경우 안구로부터 25cm~30cm 정도가 좋으며, 실내 조도는 75Lux 이상을 유지해야 한다.

④ 작업에 따라 자세를 변화시켜 적정한 힘을 배분해 작업한다.

❸ 미용과 관련된 인체의 명칭

미용과 가장 관련이 있는 인체는 두부, 경부, 손이다.

Section 02 미용의 역사

❶ 한국의 미용

(1) 고대의 미용

1) 삼한시대
두발형의 변화가 가장 큰 시기로 머리를 깎아 노예 표시를 하고, 남자들은 상투를 틀었으며, 수장급은 관모를 썼다. 남부 지방에서는 문신이 성행하였다.

2) 삼국시대
① 고구려 : 고분벽화를 통해 머리형의 종류가 다양하였음을 알 수 있다.
  ㉠ 얹은머리 : 머리를 앞으로 감은 뒤 가운데로 감아 꽂은 모양
  ㉡ 쪽머리 : 뒤통수에 머리를 낮게 틀어 올린 모양
  ㉢ 중발머리 : 뒷머리에 낮게 묶은 모양
  ㉣ 푼기명머리 : 일부 머리를 양쪽 귀 옆으로 늘어뜨린 모양
② 백제 : 혼인 후에는 쪽머리를 하였고, 남성의 경우는 상투를 틀었다.
③ 신라 : 머리 모양을 통해 신분차이를 나타내는 것이 특징이며, 여성의 경우 가체를 사용한 장발 기술이 뛰어났다. 화장 시 백분, 연지, 눈썹먹 등을 사용하였고 남자 화장도 행해졌다. 향수도 다양하게 제조되고 이용되었다.

3) 통일신라시대
① 중국의 영향을 받아 통일 전 연한 화장에 비해 화장이 다소 짙어지고, 화려한 장신구들이 만들어져 남녀 모두 치장이 화려했다.
  특히, 다양한 빗을 머리 장식으로 이용하여 치장하고 다녔는데 신분의 차이에 따라 다음과 같은 빗을 사용했다.
  ㉠ 슬슬전대모빗 : 자라 등껍질에 자개장식한 것
  ㉡ 자개장식빗 : 자개장식이 있는 것
  ㉢ 대모빗 : 장식이 없는 것
  ㉣ 소아빗 : 장식 없이 상아로 만든 것
  ㉤ 나무빗 : 뿔과 함께 평민들이 사용한 것
② 화장품 제조기술이 발달하여 화장품을 담는 화장합, 분을 담는 토기분합 향유병 등이 제조되었다.

4) 고려시대
① 두발염색을 하였으며, 얼굴용 화장품(면약)을 사용하였다.
② 관아에서는 거울과 빗의 제조기술자를 두었다.
③ 신분에 따라 여인들의 치장과 화장법이 다르며, 분대화장과 비분대화장으로 나뉜다.
  ㉠ 분대화장 : 기생 중심의 화장법으로 분을 하얗게 많이 바르고, 눈썹을 가늘고 또렷하게 그리며, 머릿 기름이 반들거릴 정도로 많이 바르는 진한 화장법
  ㉡ 비분대화장 : 여염집 여인들의 연한 화장법
④ 몽고의 풍습으로 머리 변두리의 머리카락을 삭발하여 정수리 부분만 남기고 땋아 늘어뜨린 형의 개체변발을 하였다.

5) 조선시대
① 조선 초기 : 유교사상의 영향과 분대화장의 기피로 인하여 치장이 단순해지고 피부손질 위주인 단장을 하였으며 다음과 같은 머리형을 선호하였다.
  ㉠ 쪽진머리
  ㉡ 조짐머리 : 땋아 틀어 올린 모양
  ㉢ 큰머리 : 생머리 위에 가체를 얹은 모양

  ㉣ 둘레머리 : 장식품은 용잠, 봉잠, 산호잠, 국잠, 각잠, 호도잠, 석류잠 등을 많이 사용
② 조선 중엽
  ㉠ 분화장은 주로 신부화장에 사용되었다(연지, 곤지).
  ㉡ 분화장은 장분을 물에 개서 바르며 참기름을 바른 후 닦아내었다.
③ 조선 말기
  ㉠ 일본의 문호개방과 서양문물의 영향으로 새로운 화장법과 화장품이 도입되었다.
④ 머리장식
  ㉠ 화관 : 궁중에서 혼례 때 머리에 장식하였다.
  ㉡ 첩지 : 사대부의 예장 때 머리 위 정수리 부분에 가르마를 꾸미는 장식품으로 모양은 봉과 개구리 등이 있으며, 왕비는 용첩지를 사용하였다.

쪽머리   쪽진머리

첩지머리   화관머리

어여머리   떨구지머리   얹은머리

(2) 현대의 미용
신문명에 의해 미용에 관심을 갖게 된 것은 한일 합방 이후이며, 유학을 다녀온 신여성들에 의해서 헤어, 메이크업, 의상 등이 유행하였다.

1) 1920년대
① 이숙종 여사의 높은머리(일명 다까머리)와 김활란 여사의 단발머리가 유행하였다.

2) 1933년 3월
① 오엽주 여사가 일본유학을 다녀와서 최초로 화신미용실을 개원하였고, 그 후 일본인들에 의해 많은 미용학교가 개설되었다.
② 다나카 미용학교 : 많은 한국인 미용사를 배출하였다.

3) 해방 후
① 김상진 선생에 의해 현대미용학원이 설립되었다.
② 권정희 선생에 의해 정화고등기술학교가 설립되었다.

❷ 외국의 미용

(1) 중국의 미용
① 당나라 현종때는 십미도라고 하여 10가지 눈썹 모양을 소개할 정도로 눈썹 화장이 성행하였으며, 한나라 시대에는 분을 은나라 시대에는 연지화장을 진시황 시대에는 백분과 연지를 바르고 눈썹을 그렸다.

② 우리나라도 당나라로부터 미용의 영향을 많이 받았다.
  ㉠ 액황 : 이마에 발라 입체감을 주었다.
  ㉡ 홍장 : 백분을 바른 후 연지를 덧바른다.

(2) 구미의 미용

1) 고대의 미용

① 이집트(고대미용의 발상지)
  ㉠ 더운 기후로 인하여 두발을 짧게 자르거나 햇빛을 막을 수 있는 가발을 즐겨썼다.
  ㉡ 퍼머넌트의 발생지이며, BC 1,500년경에는 염모제로 헤나를 사용하였다.
  ㉢ 메이크업의 발생으로 흑색과 녹색으로 눈꺼풀 위쪽을 강조하고 붉은 찰흙에 샤프란을 섞어 뺨에 붉게 칠하고 입술 연지로도 사용하였다.
  ㉣ 태양과 곤충으로부터 눈을 보호하기 위해 코울 염료를 사용하였다.

② 그리스
  ㉠ 일반적인 두발형으로 자연스럽게 묶거나 고전적인 모양이 많다 (밀로의 비너스상).
  ㉡ 전문적인 결발사의 출현으로 결발술과 키프로스풍의 두발형이 로마까지 성행하였다.

③ 로마
  ㉠ 로마의 여성들은 두발에 탈색과 염색을 함께 하였다.
  ㉡ 향료품을 연구하여 화장품 용기, 향수가 제조되었다.

2) 중세의 미용

① 미용분야가 의학과 분리되어 14세기 초에 전문직업으로 독립적인 발전을 하였다.
② 화장법으로 백연이 사용되었고, 13~14세기에 비누가 제조되기 시작하였다.

3) 근세의 미용

① 이탈리아의 유명한 가발사, 결발사, 향장품 제조기사의 기술을 프랑스에 전수하여 17세기에는 창작성이 돋보이는 두발형이 다양하게 만들어졌다. 최초의 남자 결발사인 샴페인에 의해 크게 발전하였다.
② 18세기에는 화장수 오데코롱이 발명되었다.

4) 근대의 미용

① 1875년 : 프랑스의 마셀 그라또가 아이론을 이용한 웨이브를 창안하였다.
② 1905년 : 영국의 찰스 네슬러가 스파이럴식 퍼머넌트 웨이브를 창안하였다.
③ 1925년 : 독일의 조셉 메이어가 크로키놀식 히트 퍼머넌트 웨이브를 창안하였다.
④ 1936년 : 영국의 스피크먼이 콜드 웨이브를 창안하였다.

Section 03 미용용구

❶ 미용도구

① 미용에서는 시술과정에서 미용사의 손 동작을 구체적으로 돕고 보조하는 역할을 한다.

② 미용도구에는 빗(comb), 브러시(brush), 가위(scissors), 레이저(razor), 아이론(iron), 컬(curl), 로드(rod), 헤어 핀(hair pin), 클립(clip), 롤러(roller) 등이 속한다.

(1) 빗(comb)

1) 정의

① 두발을 정리하기 위해 사용되는 빗은 미용기술에도 중요한 도구로 쓰이고 있다.
② 빗은 꼬리빗, 세팅빗, 커팅빗, 얼레빗, 디자인빗이 있으며, 커팅, 세팅, 웨이브, 염색, 정발용, 비듬제거, 결발용으로 사용된다.
③ 빗의 재질로는 뿔나무, 플라스틱, 금속(스테인리스제), 나일론, 뼈, 셀룰로이드(celluloid), 에보나이트(ebonite : 경화고무), 베이클라이트(bakelite : 합성수지제) 등이 있다.
④ 빗의 재질은 약품과 열에 대한 내구성이 뛰어나야 하며, 사용목적에 따라 탄력성과 무게가 적합해야 한다.

2) 기능

① 아이롱 시의 두피 보호 역할을 한다.
② 디자인 연출 시 쉐이빙에 사용된다.
③ 모발 내 오염 물질과 비듬 제거에 사용된다.

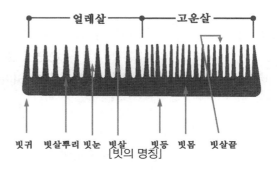
[빗의 명칭]

(2) 브러시(brush)

1) 종류

① 드라이 롤 브러시
  ㉠ 모발의 길이나 연출하고자 하는 스타일에 따라 선정해서 사용한다.
  ㉡ 종류 : 돈모 브러시, 플라스틱 브러시, 금속 브러시 등이 있다.
② 스켈톤 브러시
  ㉠ 빗살이 엉성하게 생겼으며, 몸통에 구멍이 있다.
  ㉡ 남성 스타일이나 쇼트 스타일에 볼륨감을 형성할 때 사용한다.
③ 쿠션 브러시(덴먼 브러시)
  ㉠ 몸통에 구멍판이 있고 반원형 모양이다.
  ㉡ 모발 손상이 적게 볼륨감을 형성할 때 사용한다.

2) 브러시의 선택법과 손질법

① 브러시는 빳빳하고 탄력 있는 것이 좋으며, 양질의 자연 강모로 만든 것이 좋다.
② 빳빳한 것은 세정 브러시를 이용하여 닦아내며, 털을 아래로 향하게 하여 말려준다.

(3) 가위(scissors)

1) 명칭

① 지레의 원리를 응용한 구조로 두 개의 날이 교차되면서 머리카락을 자르는 역할을 한다.
② 헤어 커팅 시 빗과 함께 사용되는 중요한 도구이다.
③ 가위의 각부 명칭을 파악하여 적절하게 사용하여야 한다.

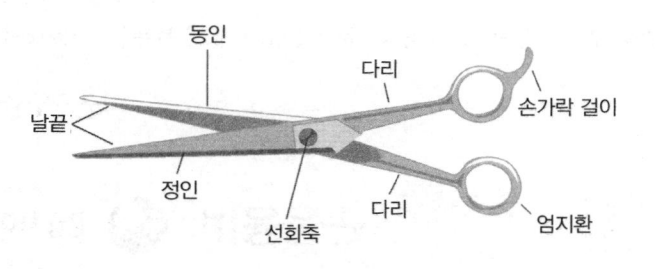

[가위 각부의 명칭]

2) 종류

① 재질에 따른 분류

  ㉠ 착강가위 : 날은 특수강철이고, 협신부는 연철이므로 부분 수정 사용 시 용이하다.

  ㉡ 전강가위 : 전체가 특수강철로 되어 있고, 그 외 구조는 착강가 위와 같다.

② 사용 목적에 따른 분류

  ㉠ 커팅 시저스(cutting scissors) : 두발 커팅과 셰이핑하는 데 사용한다.

  ㉡ 틴닝 시저스(thinning scissors) : 텍스처라이징 시저스라고 도 하며, 모발의 길이를 자르지 않고 두발 숱을 감소시킬 때 사 용한다.

  ㉢ 곡선날 시저스 : 스트록 커트 테크닉에서 사용하기 가장 적합 하다.

3) 가위의 선택 요령

① 협신에서 날 끝으로 갈수록 자연스럽게 구부러진 약간 내곡선 형태 가 좋다.

② 양쪽날의 견고함이 동일하고 날의 두께는 얇지만 튼튼하고 가벼우 며, 양다리가 강한 형태가 좋다.

③ 피벗 포인트의 잠금 나사가 느슨하지 않으며 도금되지 않은 것이 좋다.

4) 손질법

자외선, 석탄산수, 크레졸수, 포르말린수, 에탄올 등을 사용한다.

(4) 레이저(razor)

1) 정의

면도날을 이용하여 커트하는 방법이며, 긴 헤어스타일에서 무거움 을 느낄 때 두발 끝을 가볍게 다듬어 줄 수 있는 기구이다.

2) 종류

① 오디너리 레이저 : 일상용 레이저로 숙련된 자에게 적합하다.

② 셰이핑 레이저 : 안전 커버가 있어 초보자에게 적합하다.

3) 손질법

석탄산수, 크레졸수, 에탄올 등으로 소독해서 소독장 안에 보관 한다.

(5) 클리퍼(clipper)

① 바리깡, 트리머라고도 하며 주로 남성에게 사용한다.

② 네이프 부분의 모발을 쳐올리는 싱글링 커트에 사용한다.

(6) 아이론(iron)

1) 개념과 사용 방법

① 120~140도의 고열로 프롱(쇠막대기 부분)은 누르는 작용을 하고 그루브(홈 부분)는 고정하는 작용을 한다.

② 회전 각도는 45도가 적당하고 약지와 소지를 사용한다.

2) 선택법

① 프롱과 그루브의 접합 지점 부분이 잘 죄어져 있어야 한다.

② 최상급 재질로 단단한 강질의 쇠로 만들어져야 한다.

③ 프롱과 그루브가 수평으로 되어 있어야 한다.

④ 프롱, 그루브, 스크루와 양쪽 핸들이 녹슬거나 갈라지지 않아야 한다.

⑤ 양쪽 핸들이 바로 되어 있어야 하며, 스크루가 느슨하지 않아야 한다.

⑥ 발열, 절연 상태가 정확하여야 한다.

(7) 컬링 로드(curling rod)

퍼머넌트 웨이브 기술에서 웨이브를 형성하기 위해서 두발을 감는 용구로 콜드 웨이브, 히트 웨이브에 사용된다.

(8) 헤어 핀(hair pin)과 클립(clip)

① 헤어 핀은 컬을 고정하거나 웨이브를 형성하는 데 사용되며 모양이 다양하고 열린 헤어 핀과 닫힌 보비 핀으로 분류한다. 재질은 스테 인레스 스틸, 알루미늄, 합성수지, 쇠붙이 등으로 열에 강하며, 약 품이 침투되지 않는 것으로 사용되고 있다.

② 헤어 클립은 컬 클립(curl clip)과 웨이브 클립(wave clip)으로 분 류한다. 컬 클립은 컬을 고정시킬 때 사용하며, 웨이브 클립은 웨 이브를 정착시킬 때 사용한다.

(9) 롤러(roller)

원통상의 모양으로 모발에 일시적인 웨이브 또는 볼륨을 목적으로 롤 스트레이트, 헤어 세팅 등에 사용한다.

❷ 미용기구

① 넓은 의미의 도구를 말하며, 시술 시 필요한 물건을 담아 정리하는 데 필요한 용구이다.

② 샴푸도구, 소독기, 두발용 용기, 미용의자, 컵 등이 속한다.

❸ 미용기기

1) 헤어 드라이어

① 팬과 팬을 작동시키기 위한 모토와 발열기의 역할을 하는 니크롬선 으로 구성되어 있다.

② 모발의 건조, 헤어스타일링, 모근의 흐름을 조절할 때 사용한다.

③ 블로 드라이

  ㉠ 일반적인 가열 온도는 60~80도 정도가 적당하다.

  ㉡ 섹션의 폭은 2~3cm정도가 적당하다.

  ㉢ 굵기가 다른 브러시를 준비하여 볼륨과 길이에 맞게 사용한다.

  ㉣ 모발 끝 부분은 텐션이 잘 주어지지 않으므로 브러시를 회전하 여 조절한다.

2) 헤어 스티머

① 180~190도의 수증기가 분무되어 두피와 모발을 이완시키는 작용 을 한다.

② 모발, 두피, 피부 상태에 따라 10~15분 전·후로 사용한다.

③ 퍼머넌트, 헤어 다이, 스캘프 트리트먼트, 헤어 트리트먼트, 미안 술 등에 사용되며 약액의 침투와 흡수를 돕는다.

3) 히팅 캡(heating cap)

① 가해진 열이 고루 분산되도록 하는 역할을 하며, 열을 이용하여 약액의 침투를 돕는 모자 형태이다.

② 퍼머넌트, 스캘프 트리트먼트, 가온식 골드액 시술 시, 헤어 트리트먼트 시술 시 모발 및 두피에 영양을 공급한다.

4) 미안용 기기

① 고주파 전류 미안기
　㉠ 무선에서 사용되는 전파보다 매우 짧은 파장을 이용해 피부의 표백과 살균 작용을 함
　㉡ 테슬러 고주파 전류 미안기 : 자광선이라고도 하며 빠른 진동으로 근육 수축은 없고 직접 적용시 살균 작용한다. 시술 시 금속성 물체를 지녀도 무방하며, 미안술과 스캘프 트리트먼트 등에 이용한다.

② 갈바닉 전류 미안기
　㉠ 항상 양극에서 음극으로 흐르는 직류 전류이다.
　㉡ 양극은 모공을 닫아 수축시키며, 음극은 혈액 순환을 왕성하게 한다.

③ 적외선등
　㉠ 열선이라고도 하며, 전자파의 일종이다.
　㉡ 온열 작용, 혈액순환 촉진, 팬 재료 건조 촉진 등에 이용한다.

④ 자외선등
　㉠ 피부 노폐물 배출을 촉진 시키고 비타민D가 생성되며, 미용 시술에 이용한다.
　㉡ 미용사는 보호 안경을 고객은 아이패드를 사용해야 한다.

⑤ 이온토프레시스
　피부 흡수가 어려운 물질이나 비타민C, 앰플, 세럼 등의 수용성 영양 농축액의 유효 성분을 피부 깊숙이 침투 시키는데 사용한다.

Section 04　헤어 샴푸 및 컨디셔너

❶ 헤어 샴푸

(1) 정의와 목적

① 정의 : 시술하는데 있어서 중요한 기본적인 서비스로 모든 미용 기술의 기초 과정이다.

② 목적
　㉠ 두피와 모발에 청결을 유지하고 병의 감염을 예방한다.
　㉡ 모발에 윤기를 주는 동시에 두피의 혈액 순환을 도와서 생리 기능을 촉진시켜준다.

(2) 분류

1) 웨트 샴푸(wet shampoo) : 물을 사용

① 플레인 샴푸
　일반적인 샴푸로 중성 세제나 비누 등을 사용하는 방법이다.

② 핫 오일 샴푸
　염색, 블리치, 퍼머넌트 등의 시술로 건조해진 두피나 두발에 플레인 샴푸 전에 고급 식용유(올리브유, 아몬드유, 춘유 등)로 마사지하는 방법이다.

③ 에그 샴푸
　지나치게 건조한 모발, 탈색 모발, 민감성 피부, 염색에 실패했을 때 날달걀을 사용하는 방법으로 흰자는 세정, 노른자는 영양 공급과 광택 부여를 한다.

2) 드라이 샴푸(dry shampoo) : 액상 또는 분말의 드라이 샴푸 사용

① 분말 드라이 샴푸
　산성 백토에 카올린, 탄산마그네슘, 붕사 등을 섞어서 사용한다.

② 리퀴드 드라이 샴푸
　벤젠이나 알코올 등의 휘발성 용제에 24시간 담가 두었다가 응달에서 건조시키는 방법으로 현재에는 주로 가발(위그)세정이나 헤어 피스 세정에 사용한다.

③ 에그 파우더 드라이 샴푸
　달걀의 흰자를 팩제로 하여 두발에 도포하여 건조시킨 후, 브러싱하여 제거해준다.

(3) 샴푸제의 선택

① 정상 두발
　플레인 샴푸를 사용하며, 알칼리성 샴푸제는 pH 약 7.5~8.5를 띠고 비누나 합성세제를 주성분으로 하며 산성 린스제나 컨디셔너를 사용한다.

② 비듬성 두발
　비듬제거용 샴푸제는 두피의 피지 및 노화된 각질의 이물질인 비듬을 제거하는 데 사용된다. 항비듬성 샴푸제는 약용 샴푸제로서 건성 두발과 지성 두발의 상태에 맞게 사용한다.

③ 염색 두발
　염색 두발의 샴푸제는 약산성으로 자극이 적은 논스트리핑 샴푸제를 사용한다.

④ 지성 두발
　비누세정제보다 세정력이 뛰어난 합성세제나 중성세제가 적당하다.

⑤ 다공성모
　누에고치에서 추출한 성분과 난황 성분을 함유한 프로테인샴푸제를 사용하여 두발에 영양을 공급한다.

❷ 헤어 컨디셔너

(1) 목적

① 샴푸 후 두발의 알칼리성 잔여물을 제거해 준다.
② 두발에 윤기를 주어 정전기를 방지하고 엉킴을 방지한다.
③ 건조해진 두발에 영양을 공급하여 보호해 준다.
④ 다이렉트 린스는 직접 린스제를 발라서 사용하므로 손상된 두발에 효과적이다.

(2) 종류

① 플레인 린스
　가장 일반적인 방법으로, 연수 38~40℃가 적당하며 콜드 퍼머넌트 웨이브 시 제1액을 씻어 내기 위한 중간 린스로 사용하기도 한다.

② 산성 린스
　pH 2~3의 약산성으로 장시간 도포 시 약간의 표백작용이 있으므로 피해야 하고, 두발을 손상시키기도 한다. 종류로는 레몬 린스, 구연산 린스, 비니거 린스, 맥주 린스 등이 있다.

③ 크림 린스, 오일 린스
　건조해진 두발에 유지분을 공급하여 윤기를 준다.

Section 05 ✦ 헤어 커트

❶ 헤어 커트의 기초이론

(1) 정의

'두발형을 만들다'라는 의미로, 헤어 커팅을 헤어 셰이핑(hair shaping)이라고도 한다.

(2) 종류

① 웨트 커트 : 두발이 젖은 상태라 커트하기에 적당하며 두발을 손상 시키지 않고 정확히 시술할 수 있다.
② 프레 커트 : 퍼머넌트 웨이빙 시술 전에 하는 커트로 1~2mm 길게 커트하며, 두발 길이를 일정하게 정리하여 와인딩하기 쉽게 한다. 로드를 감기 편하도록 두발 끝을 1~2cm 테이퍼해 준다.
③ 드라이 커트 : 두발 길이를 수정하고 손상모를 쳐낼 때 사용한다.
④ 애프터 커트 : 퍼머넌트 웨이빙 시술 후에 디자인의 형태를 마무리 해주는 커트이다.

(3) 분류

① 블런트 커팅(blunt cutting)
클럽 커팅(club cutting)이라고도 하며, 직선으로 커트하는 방법 이다. 블런트 커트에는 원랭스 커트, 스퀘어 커트, 그라데이션 커트, 레이어 커트 등이 있다.

ⓐ 원랭스 커트(one-length cut) : 보브 커트의 가장 기본적인 기법으로 두발을 일직선 상으로 커트하는 기법이다. 커트라인 에 따라 원랭스, 이사도라, 스파니엘, 머시룸 커트 등이 있다. 원랭스, 패러렐, 보브 커트는 앞머리와 단발커트 모양이 평행 인 커트로 프론트 부분에 뱅이 있다. 이사도라는 앞머리가 뒤쪽 보다 짧아지는 모양의 커트이며, 스파니엘은 앞부분의 머리길 이가 길어지는 단발형이다. 머시룸 커트는 버섯, 바가지 모양을 말한다.

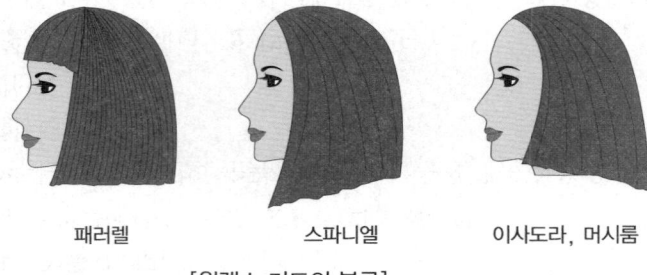

패러렐　　　　스파니엘　　　이사도라, 머시룸
[원랭스 커트의 분류]

ⓑ 레이어 커트(layer cut) : "층이 지다"라는 의미로 두발의 길이 가 점차 짧아지는 형태이다. 네이프에서 톱 부분으로 올라갈수 록 길이가 점차 짧아지고 각 단이 서로 연결되도록 두피로부터 각도 90도 이상으로 커트하는 방법이다.
ⓒ 스퀘어 커트(square cut) : 직각, 사각형의 형태를 지니며 두 부의 외곽선을 커버하고 자연스럽게 두발의 길이가 연결되도록 할 때 이용한다.

ⓓ 그라데이션 커트(gradation cut) : 주로 짧은 헤어스타일의 헤어 커트 시 하부로 갈수록 짧고 작은 단차가 생기도록 커트 하는 기법이다. 두발을 윤곽있게 살려 목덜미에서 정수리 쪽 으로 올라가면서 두발에 단차를 주어 커트하는 방법으로 입체 적인 헤어스타일 연출에 효과적이다.

② 스트로크 커트(stroke cut)
가위에 의한 테이퍼링을 말하며, 각도에 따라 쇼트 스트로크는 0~10°로 쳐내는 두발의 양이 적고 스트랜드의 길이가 짧다. 미 디움 스트로크는 각도가 10~45°이고, 롱 스트로크는 각도가 45~90°로 쳐내는 두발의 양도 많아지고 스트랜드의 길이도 길어 지게 되므로 두발이 가벼워진다.

③ 테이퍼링(tapering)
두발 끝을 점차 가늘게 커트하는 방법으로 페더링(feathering)기 법이라 하며, 두발의 양을 가볍고 자연스럽게 쳐내준다.
앤드 테이퍼링은 스트랜드의 1/3 이내의 모발 끝을 노멀 테이퍼링 은 스트랜드의 1/2 이내의 모발 끝을 딥 테이퍼링은 스트랜드의 2/3 이내의 모발 끝을 테이퍼하는 방법을 말한다.

④ 틴닝(thinning)
숱치기라고 말하며, 두발 길이의 변화를 주지 않고 두발 숱을 감소 시키는 방법으로 커트나 테이퍼 시술 전에 행한다. 전체적으로 고 르게 두발 숱을 쳐내는 것이 중요하다.

⑤ 클리핑(clipping)
클리퍼(바리캉)나 가위를 사용하여 불필요한 두발을 제거시키는 방법이다.

⑥ 트리밍(trimming)
최종적 정돈 단계에서 가볍게 커트하는 방법을 말하며, 불필요한 모발 끝이나 튀어나온 손상모 등의 모발을 제거하는 방법이다.

⑦ 신징 커트(singeing cut)
불필요한 두발을 불꽃으로 태워 제거시키는 방법이다.

⑧ 싱글링(shingling)
네이프와 귀 윗부분 등 커트가 곤란한 부위에 머리를 커트하는 방법 이다. 빗살을 위쪽으로 놓고 가위 개폐 속도를 빨리하여 위쪽으로 이동시키면서 쳐 올려주는 방법으로 주로 남성 커트에서 이용된다.

⑨ 위브 커트
브릭 커트와 비슷하며 중간에 가위를 사용하여 모발 속을 시침질 하는 식으로 들어가 커트하는 방법으로 볼륨감과 가벼운 느낌을 준다.

⑩ 슬라이싱 커트
가위의 개폐동작을 빠르게 하여 두발선 위를 커트하는 방법이다.

⑪ 크로스 체크 커트
커트를 끝낸 다음 체크 커트 단계에서 최초의 슬라이스 선과 교차 되도록 모발을 잡아 길이를 체크하는 방법이다.

⑫ 포인팅 커트
커트 후 뭉툭한 느낌이 없는 자연스러운 두발을 위해 끝을 45도 정도로 비스듬히 커트하는 방법이다.

Section 06 퍼머넌트 웨이브

❶ 퍼머넌트 웨이브 기초 이론

(1) 원리

자연 상태의 두발에 물리적, 화학적 방법을 가하여 두발의 구조나 상태를 영구적인 웨이브 형태로 변화시키는 것이다.

자연상태에서 쉽게 절단되지 않는 시스틴 결합을 환원작용(화학작용)으로 웨이브를 형성하고, 웨이브 상태에서 산화작용(시스틴 결합)으로 반영구적인 웨이브를 형성시킨다.

(2) 종류

① 영국 J.B. 스피크먼이 고안한 원리로 제1액은 두발의 구성물질을 환원시키는 작용으로 알칼리성이고, 티오글리콜산이 주로 사용된다.

② 제2액은 환원된 두발에 시스틴을 결합시켜 구조상 원래의 자연두발 상태로 되돌아오게 하여 웨이브를 고정해 주는 역할이다. 일명 중화제, 산화제, 정착제라고도 한다.

(3) 조건

① 두피상태
② 다공성모
③ 신축성
④ 질
⑤ 밀집도

(4) 사전처리

콜드 웨이빙 용액을 사용하기 전 두발의 손상을 적게 하고 균일한 웨이브를 형성시키며, 모질 보호를 위한 특수처리를 하는 시술 등을 말한다.

손상모에는 크림 타입의 헤어 트리트먼트를 도포하고 지방성 모발에는 특수활성제를 도포한다. 탄력이 없는 두발에는 PPT제품을 도포하여 두발 끝에 탄력을 준다.

❷ 퍼머넌트 웨이브 시술

(1) 시술순서

① 모발진단 → ② 고객의 스타일 선택 → ③ 샴푸 → ④ 타월 드라이 → ⑤ 셰이핑 → ⑥ 블로킹 → ⑦ 와인딩 → ⑧ 테스트 컬 → ⑨ 린싱 및 산화작용 → ⑩ 오리지널 세트 → ⑪ 블로우 드라이 → ⑫ 콤 아웃(comb out) 순으로 시술한다.

① 모발진단 : 문진, 촉진, 시진, 검진을 행한다.

② 고객의 스타일 선택 : 고객의 취향을 고려하고, 유행과 미용사의 권유도 고려하여 결정한다.

③ 샴푸 : 자극성 없는 중성 샴푸제를 사용하고 두피의 자극을 피한다.

④ 타월 드라이 : 샴푸 후 젖은 두발을 타월에 감싸서 드라잉하여 자극이 적다.

⑤ 셰이핑 : 블런트 커트 방법과 테이퍼 방법이 사용된다.

⑥ 블로킹 : 섹션이라고도 하며, 굵은 두발의 경우 블로킹을 작게 하고 로드도 작은 것을 사용한다.

⑦ 와인딩 : 컬링 로드에 두발을 마는 기술이다. 모근에서 1cm 정도 떨어진 부위에서부터 두발 끝을 2.5cm 정도 남긴 부위까지 탈지

면으로 제1액을 바른다.

㉠ 굵은 모발 : 베이스 섹션을 작게하고 로드의 직경도 작은 것을 사용한다.

㉡ 가는 모발 : 베이스 섹션을 크게하고 로드의 직경도 큰 것을 사용한다.

㉢ 워터래핑 : 물에 적신 모발을 와인딩한 후 제1제를 도포하는 방법이다.

㉣ 크로키놀 와인딩 : 두발 끝으로 컬이 작고 두피쪽으로 가면서 컬이 커지는 와인딩 방법이다.

⑧ 테스트 컬 : 두발에 대한 제1액을 도포하여 정확한 프로세싱 타임을 결정하고 웨이브의 형성 정도를 테스트하는 것이다. 프로세싱은 캡을 씌운 때부터 시작되며, 10~15분 정도이다.

㉠ 오버 프로세싱 : 15분 넘게 두발에 방치한 것을 말한다.

㉡ 언더 프로세싱 : 프로세싱 시간이 짧은 것을 말하며, 웨이브가 잘 형성되지 않는다.

⑨ 린싱 : 두발에 부착된 제1액을 씻어내는 것을 중간 린싱이라고 한다. 콜드 웨이브는 중간 린스를 하지 않는다.

⑩ 오리지널 세트(산화작용) : 제2액은 웨이브의 형태를 고정시킨다.

⑪ 블로우 드라이 : 두발의 물기를 제거해 준다.

⑫ 콤아웃 : 마지막 단계로 빗질을 하여 두발을 정돈한다.

㉠ 퍼머넌트 웨이브가 잘 형성되지 않을 때 : 약제가 약하거나 부족한 경우, 프로세싱 타임이 짧은 경우, 굵은 로드를 사용한 경우, 발수성 모발이거나 저항성 모발 및 모발에 금속염이 형성된 경우, 다공성 모발이거나 탄력이 없고 약한 모발인 경우, 비누나 칼슘이 많은 경수로 샴푸한 경우, 산화된 제1제를 사용한 경우 웨이브 형성이 잘 되지 않는다.

㉡ 두발 끝이 부서지는 원인 : 사전 커트 시 모발 끝을 심하게 테이퍼링한 경우, 너무 가는 로드를 사용하거나 너무 강한 약재를 사용한 경우, 와인딩 시술 시 텐션을 주지 않고 너무 느슨하게 와인딩한 경우, 제1제 도포 후 프로세싱 타임이 길었을 경우 두발 끝이 부서지거나 자지러진다.

㉢ 컬이 강하게 형성된 경우 : 모발의 길이에 비해 너무 가는 로드를 사용한 경우, 프로세싱 시간이 긴 경우, 강한 약을 선정한 경우 컬이 강하게 형성된다.

㉣ 두피에 비듬이 생긴 경우 : 제1제 환원제가 두피에 묻어 두피의 각질층이 알칼리에 의해 연화, 팽윤되면서 부풀고 건조되면 비듬이 발생한다.

Section 07 헤어 세팅

❶ 헤어 세팅의 기초이론

(1) 분류

① '두발형을 만들어 마무리하다'라는 의미이며, 크게 오리지널 세트와 리세트의 과정으로 분류한다.

② 오리지널 세트는 기초가 되는 최초의 세트이며, 주요 요소로는 헤어 파팅, 셰이핑, 컬링, 롤러 컬링, 웨이빙 등이 속한다.

③ 리세트는 '다시 세트한다'라는 뜻으로 끝마무리를 말한다. 빗으로 마무리하는 것을 콤 아웃이라 하며, 브러시를 사용하여 마무리하는 것을 브러시 아웃이라 한다.

(2) 가르마(hair parting)

'두발을 가르다, 나누다'라는 의미이며 자연적인 가르마로 얼굴형의 단점을 커버해 준다.

① 센터 파트 : 헤어 라인 중심에서 두정부를 향해 직선으로 나눈 가르마
② 사이드 파트 : 눈썹의 1/3 지점에서 뒤쪽을 향해 수평하게 직선으로 나누는 방법으로 원형 얼굴에 가장 잘 어울리는 가르마
③ 라운드 사이드 파트 : 사이드 파트가 곡선인 가르마
④ 업 다이애거널 파트 : 사이드 파트의 선이 뒤쪽에서 위로 가르마
⑤ 다운 다이애거널 파트 : 사이드 파트의 선이 뒤쪽에서 아래로 가르마
⑥ 크라운 파트 : 사이드 파트 뒤쪽에서 귀의 위쪽으로 향하여 수직 가르마
⑦ 귀 파트 : 좌측 귀 위쪽을 지나 우측 귀 위쪽으로 향하여 수직 가르마
⑧ 센터 백 파트 : 후두부를 정중앙선으로 가르마
⑨ 렉탱귤러 파트 : 두정부에서 수평으로 가르마
⑩ 스퀘어 파트 : 두정부에서 이마의 헤어라인에 수평으로 가르마
⑪ 브이 파트 : 두정부의 중심에서 V 모양으로 연결하여 가르마
⑫ 이어 투 이어 파트 : 이어 포인트에서 톱 포인트를 지나 반대편 이어 포인트로 나눈 가르마
⑬ 트라이앵귤러 파트 : 업스타일 시술 시 백코밍의 효과를 크게 하고자 세모난 모양의 파트로 섹션을 잡은 가르마

(3) 헤어 컬링(hair curling)

원형으로 말려진 둥근 부분인 루프, 컬 스트랜드(두발)의 근원을 베이스, 컬이 말리기 시작한 축을 피벗 포인트, 베이스에서 회전점까지를 스템, 컬의 끝을 엔드 오브 컬이라고 말한다.
컬은 웨이브를 만들어 두발 끝에 변화를 주고 플러프를 만들어 부풀린 듯한 느낌의 볼륨을 만든다. 컬을 구성하는 요소로는 헤어 셰이핑, 텐션(긴장력), 스템 방향, 슬라이싱, 루프 크기, 베이스, 두발 끝의 취급 방법이 속한다.

1) 컬의 구성요소

① 헤어 셰이핑(hair shaping)
'두발의 모양을 만들다'라는 의미로, 커팅과 세팅의 두 가지 의미가 있다. 두발의 컬이나 웨이브 형성을 위한 토대가 된다.
② 긴장력(tension)
컬을 형성할 때 들어가는 힘의 정도를 말한다.
③ 스템 방향
  ㉠ 풀 스템(full stem) : 컬의 움직임이 가장 크며, 컬의 형태와 방향을 결정한다.
  ㉡ 하프 스템(half stem) : 반 정도의 스템에 의해서 서클이 베이스로부터 움직임을 유지한다.
  ㉢ 논 스템(non stem) : 컬의 움직임이 가장 적으며, 오래 지속된다.
④ 슬라이싱(slicing)
컬을 만들기 위한 양만큼 스트랜드에서 두발 양을 갈라 잡는 것을 말한다.
⑤ 루프 크기
대, 소 루프에 따라 컬 움직임의 크기도 달라진다.
⑥ 베이스(base)
스트랜드의 밑부분으로 스퀘어(정방형), 오블롱(장방형), 트라이앵귤러(삼각형), 아크(왼쪽, 오른쪽 말기)베이스가 있다.
⑦ 두발 끝의 취급방법
웨이브가 안쪽인 경우는 두발 끝 웨이브의 폭이 좁고, 바깥쪽인 경우는 웨이브의 폭이 넓고 볼륨도 강하다.

2) 컬의 종류

① 스탠드 업 컬(stand-up curl)
루프가 90°로 세워져 있으며 볼륨을 내기 위해 이용된다.
② 플랫 컬(flat curl)
루프가 0°로 평평하게 형성되어 있으며, 스컬프쳐 컬, 핀 컬, 리프트 컬 등이 있다. 스컬프쳐 컬은 두발 끝이 컬 루프의 중심이 되는 컬로, 리지가 높고 트로프가 낮은 웨이브이다.
③ 핀 컬(pin curl)
메이폴 컬이라고도 하며, 두발 끝이 컬의 바깥쪽으로 향하는 컬이다. 부분적으로 나선형 컬이 필요할 때 이용된다.
④ 리프트 컬(lift curl) : 루프가 45°로 세워진 컬이다.
  ㉠ C컬 : 두발이 시계방향으로 오른쪽 말기로 말려있는 컬이다.
  ㉡ CC컬 : 두발이 시계반대방향으로 왼쪽 말기로 말려 있는 컬이다.

3) 컬 핀닝(curl pinning)

컬을 완성하고 클립이나 핀으로 적절하게 고정시키는 것이다.

4) 롤러 컬(roller curl)

원통형의 롤러를 사용해서 만든 컬이며 자연스러운 웨이브와 볼륨을 형성한다. 논 스템 롤러 컬(전방 45°), 하프 스템 롤러 컬(90°), 롱스템 롤러 컬(후방 45°)이 있다.

(4) 헤어 웨이빙(hair waving)

1) 명칭

두발 웨이브의 물결모양을 S자 모양으로 만드는 시술을 말하며 컬, 아이론, 핑거 웨이브가 있다. 웨이브의 명칭은 시작점, 끝점, 정점, 융기(ridge), 골이라고 한다.

2) 분류

① 웨이브 구성 방법에 따른 분류
컬(컬링 로드 이용), 핑거(물, 로션을 이용하여 빗으로 만듦), 아이론(마셀 아이론의 열 이용), 프리즈(두발 끝만 웨이브 형성), 섀도(느슨한 웨이브), 와이드 섀도(웨이브보다 뚜렷), 내로우(물결이 많은 곱슬한 웨이브) 웨이브가 있다.
② 웨이브 위치에 따른 분류
버티컬 웨이브(수직), 호리존탈 웨이브(수평), 다이애거널 웨이브(사선), 올 웨이브 다이애거널 웨이브(두부 전체를 웨이브 한 것), 라이트 다이애거널 웨이브(두부 오른쪽), 레프트 다이애거널 웨이브(두부 왼쪽), 하이 웨이브(리지가 높은 것), 로우 웨이브(리지가 낮은 것), 스웰 웨이브(물결 모양에 소용돌이 형상), 스윙 웨이브(움직임이 큰 느낌)로 분류한다.

3) 종류

① 핑거 웨이브
핀컬 웨이브보다 유연하지만 탄력은 약하다. 두발을 유연하게 하기 위해 물이나 세트 로션을 바르고 빗, 핀, 손가락을 사용하여 웨이브를 만든다.
  ㉠ 3대 요소 : 크레스트, 리지, 트로프이다.
② 스킵 웨이브(skip wave)
핑거 웨이브와 핀 컬이 교차로 조합되어 형성된 것으로 컬의 말린 방향은 같다.
③ 리지 컬(ridge curl)
핑거 웨이브의 리지 뒤쪽으로 플랫 컬을 연결시킨 것으로 부드러운 웨이브를 형성한다.

④ 뱅(bang)
　　㉠ 플러스 뱅 : 불규칙한 모양의 컬을 부풀려서 볼륨을 준 뱅이다.
　　㉡ 웨이브 뱅 : 두발 끝을 라운드 플러프하는 풀 하프 웨이브로 형성된 뱅이다.
　　㉢ 롤 뱅 : 롤로 형성한 뱅이다.
　　㉣ 프렌치 뱅 : 두발 끝을 부풀린 플러프로 프랑스식의 뱅이다.
　　㉤ 프린지 뱅 : 가르마 가까이에 작게 낸 뱅이다.
⑤ 롤(roll)
　　롤은 두발을 말아 넣어 원통형으로 만들어 컬보다 폭이 넓다. 안말음(forward roll)은 귓바퀴 방향, 겉말음(reverse roll)은 귓바퀴의 반대 방향으로 말린 롤이다.
⑥ 콤 아웃
　　리세트라고 하며, 세팅할 때 '끝맺음한다'는 말이다. 시술과정은 '브러싱 → 코밍 → 백코밍' 순으로 빗과 브러시, 헤어핀이 필요하다. 리세트 과정은 연출하고자 하는 헤어스타일을 자연스럽게 만들어내고 형태가 오래 지속되도록 하기 위한 것으로 디자인 기술의 중요한 과정이다.
　　㉠ 브러싱 : 빗으로 먼저 빗고, 브러시로 두발을 브러싱하는 단계이다.
　　㉡ 코밍 : 브러시로 표현되지 않는 부분을 코밍에 의해 정리한다.
　　㉢ 백코밍 : 모근을 향해 빗을 내리누르듯이 빗질하여 두발을 세우는 것으로, 두발 손상의 우려가 있으므로 최소한 줄여야 한다. 브러시에 의한 것은 백브러싱·러핑이라고 한다.
⑦ 엔드 플러프(end fluff)
　　두발 끝을 불규칙한 모양의 너풀너풀한 느낌으로 표현한 것이다.

Section 08 ⬤ 두피 및 두발(모발) 관리

❶ 두피관리(스캘프 트리트먼트)

(1) 목적
두피에 때나 비듬을 제거하고 방지하여 깨끗하게 해주며, 모근을 자극하여 두발의 성장을 돕고 탈모를 예방한다. 또한 유분 공급으로 윤기를 주고 혈액 순환을 촉진시켜 준다.
염색, 손상모, 탈색, 퍼머 등의 시술 전이나 직후, 질병이 있거나 두피 상처가 있는 경우에는 피하는 것이 좋다.

(2) 종류
① 플레인 스캘프 트리트먼트 : '노멀 스캘프 트리트먼트'라고 하며 두피가 정상적일 때 사용
② 댄드러프 스캘프 트리트먼트 : 비듬제거에 사용
③ 건성 스캘프 트리트먼트 : 두피가 건성인 경우에 사용
④ 지성 스캘프 트리트먼트 : 두피의 피지제거에 사용

❷ 두발관리(헤어 트리트먼트)

(1) 목적
두발 자체에 필요한 손질을 하기 위한 것으로 건성, 손상, 다공성모발이나 퍼머 웨이빙, 헤어 블리치 등의 시술 전후에 요구된다. 두발에 윤기를 주며, 두발의 산성을 유지시켜준다.

(2) 종류
① 헤어 리컨디셔닝 : 손상된 모발을 정상 상태로 회복시켜 준다.

② 헤어 팩 : 두발에 영양을 공급하여 윤기를 준다.
③ 클리핑 : 모표피가 벗겨졌거나 끝이 갈아진 모발을 제거하는 방법이다.
④ 신징 : 갈라지거나 부스러진 불필요한 모발을 신징 왁스나 전기 신징기를 사용하여 모발을 적당히 그슬리거나 지져서 모발 끝이 갈라지는것을 방지한다.

❸ 두피 매니플레이션

(1) 목적
두피 자체를 운동시키는 효과가 있어서 두피의 혈액순환을 촉진시킨다. 근육과 피지선을 자극하여 두발의 모유두에서 분비된 영양분을 통해 상태를 완화시켜 비듬과 가려움증을 없애주기도 한다.

(2) 시술 방법
시술 순서는 경찰법-강찰법-유영법-고타법-진동법-경찰법이다.
① 경찰법 : 시작과 마무리 단계에서 사용되며, 가볍게 문지르는 동작으로 엄지 손가락을 제외한 네 손가락을 사용하는 방법이다. 피부나 근육에 강한 자극을 주기 위한 방법으로 작은 혈관의 충혈을 높여서 물질 대사를 촉진시키며, 두피, 턱, 팔 및 양손에 사용하는 방법이다.
② 강찰법 : 강하게 문지르는 동작으로 손가락 끝 또는 손바닥을 이용하여 원형을 그리면서 누르거나 강한 자극을 주는 방법이다.
③ 유연법 : 가볍게 주무르는 동작으로 약지와 검지를 이용하여 반복적으로 압력을 가하는 방법이다.
④ 고타법 : 손을 이용하여 두드려 주는 동작으로 근육 수축력 증가, 신경 기능 조절 등의 효과가 있는 방법이다. 가장 자극적인 마사지 형태로 근육의 수축, 전신에 쾌감을 주는 마사지 방법이다.
⑤ 진동법 : 지각 신경에 쾌감을 주는 동시에 혈액의 흐름을 촉진하고 경련과 마비에 가장 효과적인 방법이다.

Section 09 ⬤ 헤어 컬러

❶ 염색(hair tint)의 이론 및 방법

(1) 원리
두발 염색은 자연스러운 두발 색과 블리치된 두발에 인공적으로 색을 염색시키는 기술을 말하며, 좁은 의미로 헤어 컬러, 헤어 다이, 헤어 틴트라고 한다.

(2) 종류

1) 일시적인 것
염색제가 두발 표면에만 입혀지는 것으로 샴푸로 쉽게 제거가 가능하다(흰머리, 다공성모).
① 컬러 린스 : 반지속성의 워터 린스라고 하며, 일시적인 염색방법이다.
② 컬러 크림 : 컬러 크레용과 같은 성분이며, 크림 타입으로 브러시를 이용한다.
③ 컬러 스프레이 : 염료가 섞인 분무기를 사용하여 착색시키는 방법이다.
④ 컬러 파우더 : 분말 착색제이며, 부분적 시술에 용이하다.
⑤ 컬러 크레용 : 크레용 코스메틱이라고 하며, 리터치나 부분염색에 주로 사용된다.

2) 반영구적인 것

선성 컬러제라고도 하며, 일시적 염색보다 지속 기간이 4~6주 길고, 영구적 염모제보다 안전하지만 시술 시 패치 테스트를 실시해야한다. 컬러린스, 프로그레시브 샴푸, 산성 염모제, 컬러 크림 등이 있다.

3) 영구적인 것

① 모발의 모피질 내의 인공 색소가 큰 입자의 유색 염료를 형성하여 영구적으로 착색한다.

② 제1제 : 알카리제인 암모니아를 사용하며, 모표피를 팽윤시켜 모피질 내에 인공 색소와 과산화수소를 침투시킨다.

③ 제2제 : 과산화수소와 물로 구성되어 있으며, pH 9~10으로 모발의 모피질 내로 침투하여 탈색과 발색을 한다.

④ 종류 : 식물성 염모제, 금속성(광물성) 염모제, 유기합성 염모제(산화 염모제, 알칼리 염모제)가 있다.

(3) 주의사항

① 유기합성 염모제를 사용할 때에는 패치 테스트를 해야 한다.

② 두피에 상처나 질환이 있을 때는 염색을 해서는 안된다.

③ 퍼머넌트 웨이브와 염색을 할 경우 퍼머넌트를 먼저 실시하고 일주일 후 염색을 한다.

④ 시술자는 반드시 고무장갑을 껴야 한다.

(4) 패치 테스트(patch test)

시술 전에 48시간 동안 귀나 팔꿈치 안쪽에 바르는 피부 테스트 방법이며, 동일한 제품이라고 할지라도 염색 때마다 매번 실시해야 한다.

(5) 스트랜드 테스트

염모제를 바르기 전에 색상 선정이 올바른지, 염모제의 작용시간과 두발용품제의 남용으로 인한 손상과 변색을 체크하고 다공성모를 리컨디셔너 하기 위해 실시하는 테스트이다.

(6) 멋내기 염색 방법

헤어 티핑, 헤어 스트리킹, 헤어 스템핑이 있다.

② 탈색 이론 및 방법

자연 두발색을 전체 또는 부분적으로 탈색시키거나 무늬를 만들어 준다. 또한, 염색 두발색에 진하거나 연하게 변화를 주기 위해 시술한다.

③ 색채이론

(1) 색의 속성

색은 무채색과 유채색으로 크게 분류한다. 무채색은 흰색, 회색, 검정색을 지칭하고, 유채색은 무채색을 제외한 모든 색을 지칭한다. 다양한 색의 특성을 구분해 주는 명도, 채도, 색상을 색의 3속성이라고 하고, 빨강, 노랑, 파랑은 색의 3원색이다.

(2) 보색관계

색상이 비슷한 순으로 배열한 것을 색상환이라 하는데, 색상환에서 서로 마주보고 있는 색을 보색관계라 한다. 보색관계의 원리는 시술 시 두발 염색의 색상을 바꾸거나, 두발색을 중화시키는 데 이용된다.

Section 10 🎎 메이크업

❶ 메이크업의 시술(기초화장 및 색조화장법)

(1) 정의

메이크업은 개개인의 특성에 맞게 장점과 개성을 부각시키고, 결점은 수정 · 보완을 통해 커버해 주어 외모를 아름답게 꾸며 주고 자신감을 회복시켜 주는 것을 말한다.

(2) 역사

① 이집트 : 종교적인 의식으로부터 발달하였고, 외부의 자극에서 신체를 보호하는 기능을 하였다. 눈화장에 중점을 두어 녹색과 흑색을 아이섀도로 사용하고, 검은색을 아이라이너로 눈가에 선을 그려 강조하였다.

② 그리스 · 로마 : 내추럴한 아름다움을 위해 노력하였다.

③ 중세 : 종교적으로 지배했던 시기로, 특정인들에 한해서 화장을 할 수 있었다.

④ 르네상스 : 미에 대한 추구가 활발해진 시기이다.

⑤ 바로코 : 사치스러운 분위기가 사회에 만연했던 시기이다.

⑥ 근대 : 메이크업이 대중화되었다.

⑦ 현대 : 산업의 발달로 개인의 특성에 따른 개성표현이 자유로워졌다.

(3) 메이크업의 종류

① 내추럴 메이크업

  ㉠ 기본 메이크업을 말하는 것으로, 얼굴 그대로의 장점을 살려 자연스럽게 표현하는 것이다.

  ㉡ 데이 메이크업 : 낮화장으로, 간단한 외출이나 방문 시에 하는 평상시 화장을 의미한다.

② 특수 메이크업

특정 목적을 위해 특수하게 메이크업하는 것을 말한다.

  ㉠ 무대 쇼를 위한 메이크업 : '그리스 페인트 화장'으로 무용 등의 무대용 화장이다.

  ㉡ 신부 메이크업 : 결혼식 신부를 위한 메이크업이다.

  ㉢ 패션 메이크업 : 패션쇼 무대 화장이다.

  ㉣ 나이에 따른 메이크업 : 나이에 따라 적절하게 표현하는 메이크업이다.

  ㉤ 보디 메이크업 : 예술적인 면에서 특수 메이크업이다.

  ㉥ 사진 메이크업 : 사진촬영을 위한 메이크업이다.

  ㉦ 연극 · 영화 메이크업 : 스포트라이트와 하이라이트를 강하게 반사하는 경우를 주의해야 하는 메이크업이다.

③ T.P.O에 따른 메이크업

  ㉠ 시간(Time) : 낮과 밤의 구분에 따른 화장이 중요하다.

  ㉡ 장소(Place) : 실내와 야외에서, 분위기에 맞게 의상과 조화를 맞추어 연출한다.

  ㉢ 기회나 적절한 상황(Opportunity) : 장례식 때는 검은색, 결혼식 때는 화사한 느낌을 주기 위해 흰색, 핑크 계열의 색상이 이용된다.

(4) 메이크업 순서에 따른 관리법

① 피부관리(기초화장) : 혈액순환을 촉진시키고 안색을 좋게 해준다.

② 피부상태에 따른 분석

　㉠ 중성피부(정상피부) : 모공이 매끄러워 화장이 잘 받는다.

　㉡ 건성피부 : 마사지와 마스크를 하고, 건성피부용 화장품을 사용한다.

　㉢ 지성피부 : 피부가 번들거리고, 화장이 잘 지워지는 피부로 깨끗한 세안이 가장 중요하다.

　㉣ 민감성 피부 : 꽃가루에 의한 부작용, 물이나 화장품 등의 부작용으로 나타나는 일시적 현상이므로 계절별 화장품 선택이 중요하다.

③ 세안법 : 로션, 크림, 클렌져, 클렌징 크림 또는 유액상의 클렌져를 이용하여 세안하고, 비누세안을 다시 하는 방법을 '이중세안'이라 한다.

④ 유연화장수(토너) 사용법 : 대부분 액체유형의 형태로 클렌징 크림 사용 후에 남은 여분을 완전히 제거하고, 피부의 수분을 유지시켜 주는 역할을 한다.

⑤ 딥 클렌징(팩·마스크)

수분 유지 및 죽은 세포와 노폐물 제거가 목적이다.

　㉠ 오이팩 : 수분을 보충하는 효과가 있다.

　㉡ 밀가루, 레몬팩 : 수분과 비타민 C를 공급하여 표백작용을 한다.

　㉢ 머드팩 : 카올린이나 벤토나이트 성분을 함유하고 있으며, 피부를 수축시키고 과잉 피지를 제거해주는 작용을 한다.

　㉣ 왁스 마스크팩 : 피부에 강한 긴장력을 주어 잔주름을 없애는데 효과적이다.

　㉤ 핫 오일 마스크팩 : 중탕한 오일을 탈지면이나 거즈에 적셔서 10분 정도하는 방법으로 건성피부에 효과적이다.

　㉥ 에그팩 : 단백질의 교차 작용을 이용한 방법으로 피부 세정에 효과적이다.

⑥ 마사지

혈액순환을 촉진시키고 유분을 적당히 공급하여, 피부를 매끄럽고 윤기있게 만들어준다.

(5) 메이크업(색조 화장)

1) 언더 메이크업(메이크업 베이스)

파운데이션의 피부 흡수를 막고 파운데이션의 밀착성과 발림성을 좋게 만들어 지속성을 유지시킨다.

① 녹색 : 피부의 붉은기를 완화시킨다.

② 핑크색 : 여성스러움과 화사함을 더해 주는 효과가 있다.

③ 연한 푸른색, 노란색, 흰색 : 건강해 보이는 효과가 있다.

④ 진한 베이지 : 건강함과 세련미를 더해준다.

2) 파운데이션

① 특징

얼굴의 결점을 커버하며 자외선, 먼지, 노폐물의 직접 침투를 막는 역할을 한다.

② 분류

　㉠ 수분 베이스 파운데이션 : 결점 커버력은 약하지만 메이크업이 자연스럽게 표현된다.

　㉡ 유분 베이스 파운데이션 : 결점 커버력이 뛰어나고 유분이 많아 건성피부에 효과적이다.

　㉢ 오일 프리 파운데이션 : 유분 성분이 전혀 없고, 매트한 느낌으로 지성피부에 좋다.

　㉣ 스틱 파운데이션 : 특별한 메이크업을 할 때나 뛰어난 커버력을 필요로 할 때 사용한다.

3) 치크(Cheek)

① 얼굴형에 따른 볼 치크 방법

구분	정면에서 본 모양		수정법
일반형		무난한 얼굴형	뺨의 중앙에서 관자놀이 방향으로 광대뼈 아랫부분을 펴 바름
통통한 형		귀엽지만 어수룩해 보이는 형	뺨의 바깥쪽으로 세로로 길게 볼화장을 함
광대뼈 있는 형		입체적이고 변화가 다양하나 완고해 보이는 형	광대뼈 아랫부분은 섀도컬러, 윗부분은 하이라이트, 중간에는 치크를 사용함
밋밋한 형		정적이고, 고전적인 평면적인 형	아래턱 부위에 섀도 컬러 사용, 눈동자 밑 부분에서 바깥쪽으로 길게 표현함

② 하이 라이트 컬러 : 돌출되어 보이도록 하거나 혹은 돌출된 부분에 경쾌함을 준다.

③ 섀도 컬러 : 넓은 얼굴을 좁아 보이게 하기 위해 진하게 표현하는 경우 사용한다.

4) 페이스 파우더

① 파운데이션의 번들거림을 완화하고 피부 화장을 마무리하기 위해서 사용한다.

② 블루밍 효과 : 보송보송하고 투명감 있는 피부 표현법으로 파우더에서 얻을 수 있는 효과이다.

5) 아이 메이크업

① 눈썹의 기본 화장법

누구에게나 잘 어울리는 자연스러운 이미지의 눈썹을 그리는 것이 기본적이고 효과적인 방법이다. 눈썹 머리, 눈썹산, 눈썹 꼬리로 나눠 그리는 것이 용이하다.

② 눈썹형에 따른 이미지

표준눈썹		• 귀엽고 발랄한 느낌 • 어떤 얼굴형에나 무난하게 잘 어울리는 형
직선눈썹		• 남성적인 느낌 • 긴 얼굴형에 잘 어울리지만 얼굴이 넓어 보일 수도 있음
올라간 눈썹		• 야성적인 느낌 • 턱이 처진 얼굴형에 잘 어울리지만 인상이 강해 보일 수도 있음
아치형 눈썹		• 우아하고 여성적인 느낌 • 삼각형 얼굴이나 이마가 넓은 얼굴형에 잘 어울리는 형
각진 눈썹		• 단정하고 세련된 느낌 • 둥근 얼굴형에 어울리는 형

③ 아이섀도 화장법

  ㉠ 양 눈의 간격이 좁은 경우 : 아이섀도를 밖으로 퍼지게 하여 커
버한다.

  ㉡ 양 눈의 간격이 벌어진 경우 : 아이섀도를 안으로 퍼지게 하여
커버한다.

  ㉢ 작은 눈 : 밑 부분까지 아이섀도를 칠해주고 아이라인 부분에
포인트를 준다.

  ㉣ 처지고 꺼져 보이는 눈 : 밝고 화사해 보이도록 펄이 들어간 아
이섀도를 사용한다.

  ㉤ 동그란 눈 : 큰 눈이 세련되고 샤프해 보이도록 끝 쪽을 터치해
준다.

  ㉥ 눈두덩이가 나온 눈 : 눈매를 강조해 주는 터치를 한다.

  ㉦ 눈두덩이가 들어간 눈 : 밝은 색을 사용하여 드러나 보이도록
한다.

  ㉧ 그윽한 눈 : 여러 가지 색을 사용하여 표현한다.

④ 색상에 따른 아이섀도

  ㉠ 갈색 계통 : 성숙한 느낌이기 때문에 어리거나 신부 화장 시에
는 피하는 것이 좋다.

  ㉡ 청색 계통 : 패션쇼 등을 할 때 모델에게 많이 사용한다.

  ㉢ 녹색 계통 : 젊고 발랄한 느낌을 주어 여름철에 특히 적합하다.

  ㉣ 보라색 계통 : 성숙하고 세련된 느낌을 주며 여성스럽다(이브닝
메이크업).

  ㉤ 회색 계통 : 나이든 사람에게 어울린다.

  ㉥ 붉은색 계통 : 젊고 야한 느낌을 주며, 환상적인 느낌이 있다.
흰 피부에 잘 어울린다.

  ㉦ 핑크 계통 : 귀엽고 화사하고 젊은 이미지를 연출하는 데 효과
적이다.

⑤ 마스카라 사용법

  위에서 아래로 3~4회 쓸어내려 주고, 아래에서 위를 향해 컬하면
서 올려준다.

6) 아이라이너

① 눈의 형태에 따른 아이라인 테크닉

  ㉠ 올라간 눈 : 윗라인은 가늘게 그리고, 아랫라인은 직선이 되게
그린다.

  ㉡ 쌍꺼풀이 있는 눈 : 가늘고 얇게 그리면서 눈 자체를 잘 표현
한다.

  ㉢ 내려간 눈 : 아래 눈꺼풀의 선과 교차하듯이 눈꼬리 부분을 짙
게 올려 그린다.

  ㉣ 쌍꺼풀이 없는 눈 : 아이라인이 너무 눈에 띄지 않도록 자연스
럽게 그려 준다.

  ㉤ 크고 둥근 눈 : 눈썹머리와 꼬리 부분에만 포인트를 준다.

  ㉥ 부어 보이는 눈 : 눈꼬리 부분은 굵게 그린다.

  ㉦ 눈 사이가 넓은 눈 : 눈썹 머리 쪽을 강하게 그린다.

  ㉧ 눈 사이가 좁은 눈 : 눈썹 꼬리 쪽을 강하게 그린다.

  ㉨ 작은 눈 : 눈의 중심부를 굵게 그려서 볼륨감을 더해 준다.

  ㉩ 가는 눈 : 다른 눈에 비해 라인을 굵게 그린다.

7) 립 메이크업

  두꺼운 입술은 약간 직선형태로, 얇은 입술은 실제 입술 선보다 두
껍게 그려준다.

❷ 유형별 메이크업

(1) 계절에 따른 메이크업

① 봄 메이크업

  ㉠ 생동감 있고 발랄하며 화사한 느낌이 들도록 밝은 이미지를 연
출한다.

  ㉡ 고명도, 저채도(파스텔톤의 컬러)의 컬러를 사용한다.

② 여름 메이크업

  ㉠ 시원하고 가볍게, 건강미가 느껴지도록 표현한다.

  ㉡ 원색의 컬러를 주로 사용(저명도, 고채도)한다.

  ㉢ 유분기가 적은 파우더 타입이나 케이크 타입을 주로 사용한다.

③ 가을 메이크업

  ㉠ 풍요롭고 안정된 느낌과 지적이고 사색적인 분위기로 차분한 느
낌을 준다.

  ㉡ 저명도, 저채도의 컬러를 사용한다.

④ 겨울 메이크업

  ㉠ 베이스는 핑크톤으로 밝고 화사하게 표현하고 여성적인 이미지
로 성숙함을 강조한다.

  ㉡ 저명도, 고채도(빨강, 와인계열)의 색상으로 따뜻하게 표현
한다.

(2) 얼굴형에 따른 수정 화장법

① 둥근형 : 눈매, 눈썹, 블러셔, 아이섀도, 하이라이트를 사선으로
터치하여 얼굴이 샤프해 보이도록 한다.

② 정사각형 : 양 볼이 수축해 보이도록 어두운 색으로 표현하고, T-존
과 눈 밑, 턱 부분을 하이라이트 처리하여 드러나 보이도록 한다.

③ 긴형(장방형) : 헤어스타일을 이용해 얼굴을 커버하며, 콧대, 눈썹
등 모든 터치를 곡선으로 처리한다.

④ 마름모형 : 파운데이션, 아이섀도, 립스틱의 색을 피부색보다 밝은
색상을 선택하여 사용한다. 눈썹과 볼화장은 길게 하고, 콧대를 길
지 않고 둥글게 곡선처리한다.

⑤ 역삼각형 : 턱 부분에 살이 없는 형태여서 불안정해 보이므로 전체
적으로 볼륨감을 주어 둥근 윤곽으로 수정한다. 넓은 이마는 새도
로 좁아 보이게 하고, 턱은 하이라이트로 처리해 밝게 한다.

⑥ 직사각형 : 각이 져서 남성스러워 보이는 윤곽을 새이딩하여 커버
하고, 볼은 둥글게 처리한다.

⑦ 볼살이 많은 형 : 이마는 밝고 넓게 표현하고, 관자놀이 주위도 밝
게 셰이딩하여 넓어 보이게 한다.

Section 11 기타

❶ 토탈 뷰티 코디네이션

헤어스타일, 피부화장, 색조 메이크업, 손톱 정리, 의복과의 조화, 스타일링, 액세서리 연출, 향수 사용 등의 전체적인 조화를 말한다.

❷ 가발(wig)

(1) 용도에 따른 종류

① 위그(wig) : 두발 전체를 덮을 수 있는 전체 가발을 말하며 모자형이다. 실용적, 장식적인 면으로 다 사용된다.

② 헤어 피스(hair piece) : 부분가발을 말하며, 크라운 부분에 주로 사용된다.

③ 위글렛(wiglet) : 두부의 특정 부위에 연출하는 헤어 피스로 한 개보다 여러 개로 연출한다.

④ 폴(fall) : 짧은 헤어스타일에 부착시켜 긴 머리로 변화시키는 경우에 사용된다.

⑤ 웨프트(weft) : 실습 시 블록에 T핀으로 고정시켜 핑거 웨이브 연습 시에 사용한다.

⑥ 스위치(switch) : 웨이브 상태에 따라서 땋거나 꼬아서 스타일링을 만들어 부착한다.

⑦ 케스케이드(cascade) : 타원형이며 길고 볼륨이 있는 헤어스타일에 많이 사용된다.

⑧ 치그논 : 모발을 길게 한 가닥으로 땋은 스타일이다.

(2) 네팅(netting)

네팅은 크게 손뜨기와 기계뜨기로 나누어진다. 손뜨기는 기계뜨기보다 가볍고 고급스러우며, 디자인이 다양하여 두발에 자유로운 변화를 줄 수 있다. 기계뜨기는 가격이 저렴하지만 정교함이 부족하여 무거운 느낌을 준다.

(3) 가발 치수 재기

① 머리 길이 : 이마 중심 정중선에서 네이프의 움푹 들어간 지점까지의 길이이다.

② 머리 높이 : 왼쪽 귀의 약 1cm 위 지점에서 크라운을 가로질러 오른쪽 귀의 약 1cm 위 지점까지의 길이이다.

③ 머리 둘레 : 이마 전체 헤어 라인 센터 포인트로부터 귀의 약 1cm 위 지점을 지나 네이프 포인트를 거쳐 반대쪽 귀의 1cm 위 지점을 지난 뒤 다시 이마 헤어 라인 센터 포인트에 이르는 길이이다.

④ 이마 폭 : 양측의 이마에서 헤어라인을 따라 연결한 길이이다.

⑤ 네이프 폭 : 네이프 포인트를 기준으로 약 0.6cm 내려간 점을 네이프의 끝단으로 잰다.

(4) 가발 손질법

① 리퀴드 샴푸는 벤젠과 알코올을 사용해 주고, 플레인 샴푸는 중성 세제와 미지근한 물을 사용하여 가볍게 세척해 준다.

② 모발이 엉켰을 경우에는 세게 빗질하거나 문지르지 않고 네이프 쪽의 모발 끝부터 모근 쪽으로 천천히 빗어 브러싱한 다음 그늘에서 자연 건조시킨다.

미용이론 예상문제

01 미용에 대한 설명이다. 옳지 않은 것은?

① 미용은 짧은 시간 내에 예술품을 제작, 완성해야 한다.
② 미용은 부용예술이며 다양한 특수성을 지닌다.
③ 미용의 소재는 고객 신체의 일부이다.
④ 미용의 소재는 고객 신체의 전부이다.

> **해설** 미용은 소재선정면에서 손님 신체의 일부라는 제한적 특성을 지닌다.

02 미용의 정의로 볼 수 없는 것은?

① 미용은 인위적인 작품의 제작이다.
② 미용은 예술이라고 볼 수는 없는 기술 분야이다.
③ 미용은 용모에 물리적, 화학적 기교를 행하는 행위이다.
④ 미용은 문화발달의 영향을 받는다.

> **해설** 미용이나 건축은 부용예술이라 하며, 여러 가지 조건에 제한되는 예술이다.

03 미용의 과정으로 옳은 것은?

① 소재의 확인 – 제작 – 보정 – 구상
② 제작 – 소재의 확인 – 보정 – 구상
③ 소재의 확인 – 구상 – 제작 – 보정
④ 구상 – 소재의 확인 – 제작 – 보정

> **해설** 미용의 과정은 가장 먼저 소재를 충분히 관찰 후 구상하여 제작하고 종합적으로 보정을 한다.

04 미용 작업대상의 높이와 자세에 대한 설명으로 옳지 않은 것은?

① 심장보다 높은 위치에 두고 시술하면 혈액순환이 잘 된다.
② 심장보다 낮은 위치에 두고 시술하면 울혈을 일으킨다.
③ 심장의 높이와 평행한 것이 좋다.
④ 작업대상의 높이를 조절할 수 있는 의자를 사용한다.

> **해설** 작업대상의 올바른 높이와 자세는 심장높이와 평행한 것이 가장 바람직하다.

05 미용작업시 시술 대상자와의 거리는 몇 cm가 가장 적당한가(정상시력일 경우)?

① 10cm
② 25cm~30cm
③ 35cm
④ 45cm

> **해설** 미용작업 시 정상시력의 사람은 안구에서 약 25cm~30cm 거리에서 시술하는 것이 가장 적당하다.

06 미용사가 가져야 할 사명감에 대한 부적절한 설명은?

① 용모의 미려를 가리는 데 최선을 다하는 직업의식
② 공중위생에 만전을 다하는 준수자로서의 사명감
③ 고객이 요구하면 무조건 다 들어주는 봉사자의 사명감
④ 건전한 사회 풍속을 조장하는 사명감

> **해설** 미용사는 고객의 의사를 충분히 존중하고 반영하지만 무조건 수동적일 필요는 없다.

07 미용시술에 따른 작업자세로 올바른 것은?

① 샴푸 시 시술자는 일반적으로 발을 벌리지 않고 등을 구부려 시술하여야 한다.
② 샴푸 시 시술자는 등을 곧게 펴서 바른 자세를 유지해 시술하여야 한다.
③ 헤어 세팅 작업 시 두부의 네이프 부분의 시술은 고객이 앞으로 숙이지 않고 시술자가 무릎을 굽혀서 시술하여야 한다.
④ 고객의 앉은 의자의 높이는 함부로 조절해서 불안감을 주어서는 안 된다.

> **해설** 샴푸 시 발을 약 어깨 넓이 정도 벌리고 등을 곧게 펴서 바른자세를 유지해야 한다.

08 미용의 특수성에 속하는 것은?

① 소재가 풍부하다.
② 시간이 제한되어 있다.
③ 시간적인 자유가 있다.
④ 자유롭게 표현할 수 있다.

> **해설** 미용의 특수성으로 의사표현의 제한, 소재 선정의 제한, 시간적 제한 부용예술로서의 제한적 특성을 지닌다.

09 메이크업에서 T.P.O에 속하지 않는 것은?

① 시간
② 장소
③ 체형
④ 목적

> **해설** T(Time) 시간, O(Occasion) 목적, P(Place)을 뜻하는 것이다.

10 우리나라 고대미용에 관한 설명 중 옳지 않은 것은?

① 비분대화장법 – 여염집 여자들의 진한 화장
② 분대화장법 – 기생들의 화려한 화장
③ 슬슬전대모빗 – 자라 등껍질에 자개를 장식한 것
④ 면약 – 안면 화장품

> **해설** 비분대화장법은 여염집 여자들의 연한 화장법이며, 분대화장법과 면약은 고려시대, 슬슬전대모빗은 통일신라시대에 해당된다.

11 우리나라 고대의 여성 머리가 아닌 것은?

① 얹은머리
② 쪽진머리
③ 푼기명머리
④ 높은머리

> **해설** 높은머리는 1920년 이숙종 여사에 의해서 유행된 스타일로 현대미용에 해당된다.

12 우리나라 고대미용에 영향을 많이 준 나라는?

① 중국 당나라
② 중국 명나라
③ 중국 은나라
④ 중국 송나라

> **해설** 우리나라는 고대 때 중국 당나라의 영향을 많이 받았고, 근대에는 일본과 구미의 영향을 받았다.

13 신문명에 의해 미용이 발달한 시기는?

① 경술국치 이후
② 고려 중엽
③ 이조 초엽
④ 이조 중엽

> **해설** 신문명에 의해 미용은 중국, 일본 등지의 외국 유학생들에 의해 경술국치 이후부터 발달하였다.

정답 01 ④ 02 ② 03 ③ 04 ① 05 ② 06 ③ 07 ② 08 ② 09 ③ 10 ① 11 ④ 12 ① 13 ①

14 우리나라 여성이 분을 바르기 시작한 때는?

① 고구려 　　　　　② 경술국치 이후
③ 조선중엽 　　　　 ④ 고려

> 해설 얼굴 화장은 조선중엽부터 시작되어 발전하였으며, 신부화장에 사용되었다.

15 1933년 3월 서울 종로에 처음 미용원을 개설한 인물은?

① 김활란 　　　　　② 임형선
③ 권정희 　　　　　④ 오엽주

> 해설 1933년 3월 오엽주 여사는 일본에서 미용을 연구하고 귀국하여 종로 화신백화점 내에 화신미용원을 개설하였다.

16 삼한시대의 머리형에 관한 설명으로 옳지 않은 것은?

① 포로나 노예는 머리를 깎았다.
② 수장급은 관모를 썼다.
③ 일반인에게는 상투를 틀게 하였다.
④ 계급의 차이 없이 자유롭게 하였다.

> 해설 삼한시대에는 머리형이 신분과 계급을 나타내었다.

17 고대 미용의 발상지는?

① 이집트 　　　　　② 그리스
③ 로마 　　　　　　④ 미국

> 해설 이집트는 고대부터 눈썹, 크림용기 제작, 향수, 가발 등이 발달하였다.

18 콜드 웨이브의 창시자는?

① 마셀 그라또우
② J.B. 스피크먼
③ 찰스 네슬러
④ 조셉 메이어

> 해설 1936년 영국의 J.B. 스피크먼에 의해 처음으로 알려져 현재의 퍼머넌트 웨이브에 많이 사용되고 있다.

19 퍼머넌트 웨이브의 창시자는?

① 찰스 네슬러 　　　② 마셀 그라또우
③ 조셉 메이어 　　　④ J.B. 스피크먼

> 해설 1905년 영국의 찰스 네슬러에 의해 스파이럴식 퍼머넌트가 창안되었다.

20 웨이브용 아이론의 창시자는?

① 조셉 메이어 　　　② 찰스 네슬러
③ 마셀 그라또우 　　④ J.B. 스피크먼

> 해설 1875년 마셀 그라또우에 의해 처음 만들어졌다.

21 고대 중국 미용술에 관한 설명으로 틀린 것은?

① 기원전 1,120년부터 백분, 연지를 사용하였다.
② 눈썹모양은 십미도라고 하여 열종류였으며, 대체로 진하고 넓게 눈썹을 그렸다.
③ 액황은 입술에 바르고 홍장은 이마에 발랐다.

④ 희종, 소종 때 붉게 입술을 바르는 것을 미인이라 평가하였다.

> 해설 액황은 이마에 바르는 것으로 입체감을 주는 효과가 있다.

22 빗의 선정방법으로 옳지 않은 것은?

① 빗 전체 두께가 균등해야 한다.
② 빗살 사이는 전체가 균등해야 한다.
③ 빗 허리는 안정성이 있어야 한다.
④ 빗 전체 두께가 균등하지 않아도 된다.

> 해설 빗은 전체가 균등하게 구부러지지 않아야 한다.

23 빗의 기능으로 옳지 않은 것은?

① 비듬제거에는 사용하지 않는다.
② 샴푸나 린스할 때 사용한다.
③ 퍼머넌트 웨이브에 사용한다.
④ 커트에 사용한다.

> 해설 빗은 두피관리, 트리트먼트, 비듬제거에 사용된다.

24 가위의 선정기준으로 옳지 않은 것은?

① 가위는 시술자가 손에 쥐기 쉽고 편해야 한다.
② 날의 두께가 두꺼우면서 선회축이 강해야 한다.
③ 도금가위는 사용하지 않는다.
④ 가위 양날은 견고해야 한다.

> 해설 가위날의 두께는 얇으면서 허리가 강해야 한다.

25 헤어 커트 시 사용하는 일상용 레이저와 셰이핑 레이저에 대한 설명으로 옳지 않은 것은?

① 셰이핑 레이저는 레이저 날에 닿는 두발량이 제한적이다.
② 셰이핑 레이저는 세밀한 작업에 용이하다.
③ 셰이핑 레이저는 작업 시간상 능률적이다.
④ 일상용 레이저는 미용기술 초보자에게 적합하다.

> 해설 헤어 커트 시 사용하는 일상용 레이저는 미용기술 초보자에게는 적합하지 않다.

26 다음 주 자외선B(UV-B)의 파장 범위는?

① 100~190nm
② 200~280nm
③ 390~320nm
④ 330~400nm

> 해설 UV-A는 320~400nm, UV-C는 200~290nm이다.

27 아이론에 대한 설명으로 적합하지 않은 것은?

① 아이론은 아무 쇠로나 만들 수가 있다.
② 프롱과 핸들의 길이가 균등한 것이 좋다.
③ 샌드 페이퍼로 닦고 기름을 칠해야 한다.
④ 마셀 웨이브에 사용된다.

> 해설 아이론 사용 시 열이 발생하므로 좋은 질의 쇠로 만들어야 한다.

정답 14 ③　15 ④　16 ④　17 ①　18 ②　19 ①　20 ③　21 ③　22 ④　23 ①　24 ②　25 ④　26 ③　27 ①

28 아이론의 쇠막대기 부분을 무엇이라 하는가?

① 프롱
② 그루브
③ 로드
④ 클립

⊙해설 쇠막대기 부분을 프롱이라 하고, 홈부분을 그루브라고 한다.

29 레이저에 대한 설명으로 옳지 않은 것은?

① 날 끝과 날 등이 평행하지 않다.
② 날 등과 날 끝이 비뚤어지지 않아야 한다.
③ 칼날 어깨의 두께가 일정해야 한다.
④ 칼날의 선이 약간 둥근 듯이 나온 곡선이어야 한다.

⊙해설 레이저는 날 등과 날 끝이 평행해야 한다.

30 헤어 드라이어의 설명으로 옳지 않은 것은?

① 젖은 모발을 신속히 말린다.
② 헤어 드라이어로 두발을 말리면 두발에서 윤기가 난다.
③ 두피의 혈액순환을 촉진시킨다.
④ 헤어스타일을 완성시키기 위한 목적으로 사용한다.

⊙해설 헤어 드라이어를 사용하면 두발의 수분을 제거하여 건조해진다.

31 헤어 스티머의 용도로 틀린 것은?

① 두피의 혈액순환을 돕는다.
② 헤어 로션의 침투를 용이하게 한다.
③ 냉풍을 이용한다.
④ 스티머를 하는 경우는 프로세스 캡핑은 사용하지 않아도 된다.

⊙해설 헤어 스티머는 더운 증기를 이용한다.

32 히팅 캡에 대한 설명으로 옳지 않은 것은?

① 스캘프 트리트먼트 기술에 사용되지 않는다.
② 사용 후에는 잘 닦아내어야 한다.
③ 온도가 자동적으로 조절되어 작동한다.
④ 열이 가해져서 두피에 골고루 내용물이 흡수되도록 도와준다.

⊙해설 히팅 캡은 스캘프 트리트먼트나 헤어 트리트먼트 기술에 사용된다.

33 피부의 노폐물 배설을 촉진하기 위하여 사용하는 미용기기로서 미용사는 보호안경을 쓰고 손님은 아이패드를 쓰도록 하는 기기는?

① 갈바닉 전류
② 패러딕 전류
③ 적외선등
④ 자외선등

⊙해설 자외선등은 비타민 D를 생성하는 작용을 미용 시술에 이용한 것이다.

34 고주파 전류의 발명과 관련되지 않은 인물은?

① 오당
② 조셉 메이어
③ 테슬러
④ 달손발

⊙해설 조셉 메이어는 크로키놀식 퍼머넌트 웨이브를 창안한 인물이다.

35 적외선등은 적외선이 피부에 침투했을 때 주로 어떤 작용을 미용 기술상으로 이용하는가?

① 온열작용
② 비타민 D 생성
③ 근육의 수축 운동 촉진
④ 지각 신경의 자극

⊙해설 적외선등은 열선이라고도 하며 전자파의 일종으로 적외선이 피부에 침투해서 발생하는 온열 자극을 미용 기술에 이용한 것이다.

36 샴푸에 사용되는 물의 적정 온도는?

① 10℃ 내외
② 20℃ 내외
③ 38℃ 내외
④ 50℃ 내외

⊙해설 38℃ 내외의 따뜻한 물이 두피와 두발에 자극을 주지 않고 가장 적당하다.

37 세발에 대한 설명으로 옳지 않은 것은?

① 강알칼리성 비누를 사용하면 두피에 비듬이 생기는 것을 예방할 수 있다.
② 세발을 하면 두피와 두발을 청결하게 한다.
③ 세발 시 손톱을 두피에 세우지 않는 것이 좋다.
④ 세발 전에는 두발의 먼지와 노폐물을 먼저 제거하는 것이 좋다.

⊙해설 강알칼리성 비누는 비듬의 생성을 촉진시킨다.

38 염색 머리의 샴푸제로 적당한 것은?

① 프로테인 샴푸
② 약용 샴푸
③ 논스트리핑 샴푸
④ 댄드러프 리무버 샴푸

⊙해설 논스트리핑 샴푸는 pH가 낮은 산성이며 두발의 자극이 적다.

39 가발을 세정하는 데 적당한 샴푸는?

① 에그 파우더 드라이 샴푸
② 파우더 드라이 샴푸
③ 플레인 샴푸
④ 리퀴드 드라이 샴푸

⊙해설 리퀴드 드라이 샴푸는 휘발성 용제에 12시간 가발을 담갔다가 응달에 말려 세정하는 방법이다.

40 비누 사용 후에 가장 적당한 린스는?

① 레몬 린스
② 알칼리성 린스
③ 오일 린스
④ 플레인 린스

⊙해설 비누는 알칼리성 성분이므로 산성인 레몬 린스를 사용해준다.

41 헤어 린싱에 대한 설명으로 옳지 않은 것은?

① 두발에 영양을 준다.
② 퍼머넌트 솔루션을 제거해준다.
③ 알칼리성을 제거한다.
④ 피지를 제거한다.

⊙해설 피지를 제거하는 것은 샴푸이다.

42 플레인 샴푸에 쓰이는 재료가 아닌 것은?

① 물
② 합성세제
③ 비누
④ 올리브유

⊙해설 올리브유는 핫 오일 샴푸에 쓰인다.

정답 28 ① 29 ① 30 ② 31 ③ 32 ① 33 ④ 34 ② 35 ① 36 ③ 37 ① 38 ③ 39 ④ 40 ① 41 ④ 42 ④

43 두발의 길이를 짧게 하지 않으면서 쳐내는 방법은?

① 틴닝　　　　　　　　② 싱글링
③ 트리밍　　　　　　　④ 클리핑

해설 틴닝은 두발의 길이를 짧게 하지 않으면서 머리 숱을 감소시키는 시술법이다.

44 이미 완성된 두발선 위를 가볍게 커트하는 방법은?

① 테이퍼링　　　　　　② 틴닝
③ 트리밍　　　　　　　④ 싱글링

해설 트리밍은 완성된 두발선을 최종적으로 정돈하기 위한 커트 방법이다.

45 레이저 커트 시술 시 주의사항으로 올바르지 않은 설명은?

① 마른 상태의 두발을 커트한다.
② 네이프 헤어를 먼저 커트한다.
③ 탑 헤어를 마지막으로 커트한다.
④ 날이 무뎌지거나 당기지 않게 적셔서 커트한다.

해설 레이저 커트 시 두발은 젖은 상태에서 시술한다.

46 블런트 커트의 특징이 아닌 것은?

① 모발 손상이 적다.
② 입체감을 내기 쉽다.
③ 잘린부분이 명확하다.
④ 모발 손상이 많다.

해설 블런트 커트는 모발의 손상이 아주 적다.

47 자연스럽게 두발 끝부분을 차츰 가늘게 커트하는 방법은?

① 싱글링　　　　　　　② 테이퍼링
③ 틴닝　　　　　　　　④ 트리밍

해설 테이퍼링은 페더링이라고도 하며 두발 끝을 가늘게 커트하는 방법이다.

48 헤어 틴트 기술상의 주의사항으로 알맞은 것은?

① 패치테스트는 염색을 시술한 후 48시간 지나서 실시한다.
② 두피나 모발이 없는 곳에 염모제가 묻었을 경우 탈지면에 비눗물을 묻혀서 지워질 때까지 닦는다.
③ 퍼머넌트 웨이브와 헤어 틴트를 모두 시술해야 하는 경우에는 헤어 틴트를 먼저한다.
④ 염모제는 직사광선이 들지 않는 장 안에 보관한다.

해설 패치테스트는 염색 시술 전에 실시하며, 염모제는 자극 없이 닦아내고, 퍼머넌트 웨이브를 먼저 한 후 헤어 틴트를 해야 한다.

49 레이저로 테이퍼링할 때 스트랜드의 뿌리에서 어느 정도 떨어져서 하는 것이 적당한가?

① 약 1cm　　　　　　② 약 2cm
③ 약 2.5~5cm　　　　④ 약 5cm

해설 레이저 테이퍼링은 레이저를 이용하여 두발 끝을 점차적으로 가늘게 커트하는 방법으로 모발을 물에 적신 다음 시술하는 커트 방법이다.

50 주로 짧은 헤어스타일의 헤어 커트 시 두부 상부에 있는 두발은 길고 하부로 갈수록 짧게 커트해서 두발의 길이에 작은 단차가 생기게 한 커트 기법은?

① 스퀘어 커트　　　　② 원랭스 커트
③ 레이어 커트　　　　④ 그라데이션 커트

해설 그라데이션 커트는 두발을 윤곽있게 살려 목덜미에서 정수리쪽으로 올라가면서 두발에 단차를 주어 입체적인 헤어스타일 연출에 효과적인 45도가 기본이 되는 커트이다.

51 레이저 커트에 대한 설명 중 틀린 것은?

① 모발 끝이 부드럽다.　　② 젖은 상태에서 행한다.
③ 모발 끝이 예각적이다.　④ 모발 끝이 단면적이다.

해설 레이저 커트는 두발을 적셔서 손상시키지 않으면서 정확하게 두발 끝을 예각적으로 커트하기에 적당하다.

52 헤어 셰이핑의 주요 목적은?

① 백코밍　　　　　　　② 숱을 쳐서 모발에 균형을 맞춤
③ 헤어스타일 구성의 기초④ 모발을 잘라 길이를 맞춤

해설 헤어 커트를 헤어 셰이핑이라고도 하며, 헤어스타일 구성의 기초가 된다.

53 전형적인 보브 커트의 기본이 되는 커트는?

① 레이어 커트　　　　② 원랭스 커트
③ 스퀘어 커트　　　　④ 그라데이션 커트

해설 원랭스 커트에 해당되는 커트는 보브, 이사도라, 스파니엘 스타일이 있다.

54 환원제로 가장 많이 사용되는 약품은?

① 취소산나트륨　　　　② 티오글리콜산
③ 브롬산칼륨　　　　　④ 취소산염

해설 제1제로 사용되는 환원제는 프로세싱 솔루션이라고도 하며 모발을 팽윤, 연화시키고 시스틴 결합을 환원시켜 구조를 변화시키는 환원작용을 한다.

55 퍼머넌트 웨이브가 강하거나 느슨한 원인이 아닌 것은?

① 로드 크기　　　　　② 온도
③ 시간　　　　　　　④ 밴딩

해설 로드의 굵기, 온도, 시간은 퍼머넌트 웨이브의 강하거나 느슨한 원인이 된다.

56 콜드 퍼머 시 제1액을 바르고 비닐 캡을 씌우는 이유가 아닌 것은?

① 체온으로 솔루션의 작용을 빠르게 한다.
② 제1액의 작용이 두발 전체에 골고루 행하여지게 한다.
③ 휘발성 알칼리가 없어지는 것을 방지한다.
④ 두발을 구부러진 형태대로 정착시키기 위한 것이다.

해설 ④ 퍼머넌트 웨이브 시 사용되는 제2제(산화제)에 대한 설명이다.

57 콜드 퍼머넌트 웨이브의 시술 중 프로세싱 솔루션에 해당하는 것은?

① 제1액의 환원제　　　② 제2액의 환원제
③ 제1액의 산화제　　　④ 제2액의 산화제

해설 제1액은 프로세싱 솔루션에 해당되는 환원제이며, 제2액은 산화제이다.

58 직접 제1액을 바르지 않고 두발을 물로 촉촉하게 해서 와인딩하는 방법을 무엇이라고 하는가?

① 블로킹   ② 테스팅
③ 워터 래핑   ④ 스플래쉬

🔵 해설 ① 모발에 로드를 말기 쉽도록 두상을 나누어 구획하는 작업이다. ③ 웨이브의 형성 정도나 약제의 작용을 확인하는 방법이다.

59 콜드 퍼머넌트 웨이브가 가장 잘 안 되는 모질은?

① 건강한 모발   ② 염색모
③ 발수성 모발   ④ 손상모

🔵 해설 콜드 퍼머넌트 웨이브가 잘 안 되는 모발은 저항성모, 발수성모이다.

60 콜드 퍼머넌트 웨이브에 있어서 제2액에 관한 설명으로 옳은 것은?

① 제2액은 티오글리콜산이 주요 성분이다.
② 환원작용을 한다.
③ 알칼리성 물질이다.
④ 정착제라고도 한다.

🔵 해설 제2액은 산화제로서 정착제, 뉴트럴라이저라고도 한다.

61 퍼머넌트 웨이브 시술 중 테스트 컬을 하는 목적으로 알맞은 것은?

① 산화제의 작용을 확인하기 위해서이다.
② 정확한 프로세싱 시간을 결정하고 웨이브 형성 정도를 조사하기 위해서이다.
③ 제2액의 작용여부를 확인하기 위해서이다.
④ 굵거나 가는 모발에 로드가 제대로 선택되었는지 확인하기 위함이다.

🔵 해설 프로세싱 후 웨이브의 상태를 조사하기 위해 테스트 컬을 실시한다.

62 퍼머넌트 웨이브의 원리가 아닌 것은?

① 제1액은 환원제이다.
② 제2액은 산화제이다.
③ 화학작용으로만 형성된다.
④ 로드를 이용하여 모발에 텐션을 주어 긴장감을 주는 것이다.

🔵 해설 퍼머넌트는 영구적, 연속적이라는 뜻을 갖고 있으며 퍼머넌트 웨이브는 자연 그대로의 모발 구조와 상태를 인공적인 방법(물리적 및 화학적 방법)으로 웨이브를 만드는 것을 의미한다.

63 퍼머넌트를 한 직후에 아이론을 하면 일반적으로 일어나는 주된 현상은?

① 머릿결이 억세진다.   ② 머리카락이 부스러진다.
③ 탈모현상이 생긴다.   ④ 두발이 변색한다.

🔵 해설 퍼머넌트를 한 직후 아이론을 하면 모발이 화상을 입게 되어 부스러진다.

64 콜드 웨이브 시 두부 부분 및 두발 성질에 따른 컬링 로드 사용에 대한 일반적인 설명으로 적절하지 못한 것은?

① 굵은 모발은 큰 로드를 사용한다.
② 두부의 네이프 부분에는 작은 로드를 사용한다.
③ 두부의 양사이드 부분에는 중형의 로드를 사용한다.
④ 탑에서 크라운 앞부분에는 큰 로드를 사용한다.

🔵 해설 굵은 모발은 작은 로드를 사용하고, 가는 모발은 굵은 로드를 사용해야 한다.

65 1936년 영국의 스피크먼에 의해 발표된 퍼머는?

① 콜드 퍼머   ② 히트 퍼머
③ 크로키놀식 퍼머   ④ 스파이럴식 퍼머

🔵 해설 1875년 프랑스의 마셀 그라또에 의해 아이론을 이용한 웨이브, 1905년 영국의 찰스 네슬러에 의해 스파이럴식 퍼머넌트, 1925년 독일의 조셉 메이어에 의해 크로키놀식 히트 퍼머넌트 웨이브가 발표되었다.

66 퍼머넌트 웨이브 후에 핸드 드라이를 바로 했을 시 두발 상태에 가장 크게 미치는 영향은?

① 두발이 화상을 입고 상하기 쉽다.
② 웨이브가 풀어진다.
③ 탈모현상이 일어난다.
④ 두발의 색소가 변한다.

🔵 해설 퍼머넌트 후처리 과정으로 세팅 및 저온으로 드라이나 아이론을 이용하여 스타일링 해주어야 한다.

67 컬의 기본적인 스템이 아닌 것은?

① 논 스템   ② 하프 스템
③ 롱 스템   ④ 풀 스템

🔵 해설 ① 컬이 오래 지속되며, 움직임이 가장 작은 기본적이 스템이다. ② 어느 정도의 움직임을 유지하고 있으며, 루프가 베이스에서 반쯤 걸쳐진 상태이다. ④ 컬의 움직임이 가장 크고, 컬의 방향을 좌우하며 루프가 베이스에서 벗어난 상태이다.

68 마셀 웨이브로 작업을 할 때 적당한 온도는?

① 70~80℃   ② 80~100℃
③ 120~140℃   ④ 140~150℃

🔵 해설 아이론으로 웨이브 작업 시 프롱은 위에서 누르는 작용을 하고, 그루브는 아래에서 고정하는 작용으로 약지와 소지를 사용하여 회전 각도 45도로 시술한다.

69 웨이브의 형태상 분류에서 와이드 웨이브에 관한 설명으로 옳은 것은?

① 크레스트가 뚜렷하게 눈에 띄지 않는 웨이브
② 섀도 웨이브보다 크레스트가 뚜렷한 웨이브
③ 리지와 리지 폭이 좁고 급한 웨이브
④ 물결상이 극단적으로 많은 웨이브

🔵 해설 와이드 웨이브는 섀도 웨이브와 내로우 웨이브의 중간 웨이브로 크레스트가 뚜렷하다.

70 헤어 세팅의 컬에 있어서 루프가 두피에 45°로 세워진 컬은?

① 메이폴 컬   ② 리프트 컬
③ 플랫 컬   ④ 스탠드 업 컬

🔵 해설 플랫 컬은 두피 0°로 평평하며, 스탠드 업 컬은 두피 90°이고, 메이폴 컬은 나선형 컬이 필요할 때 이용되는 컬이다.

71 다음 설명 중 옳지 않은 것은?

① 스퀘어 파트 – 사이드 파트의 가르마를 대각선 뒤쪽 위로 올린 파트
② 센터 파트 – 헤어라인 중심에서 두정부를 향한 직선 가르마
③ 라운드 파트 – 둥글게 가르마를 타는 파트
④ 백 센터 파트 – 뒷머리 중심에서 똑바로 가르는 파트

🔵 해설 스퀘어 파트는 두발의 센터부분에서 톱부분까지를 사각형으로 나누는 가르마이다.

🔴 정답   58 ③   59 ③   60 ④   61 ②   62 ③   63 ②   64 ①   65 ①   66 ①   67 ③   68 ③   69 ②   70 ②   71 ①

72 다음 중 컬을 구성하는 요소로 가장 거리가 먼 것은?

① 헤어 파팅　　　　　② 슬라이싱
③ 스템의 방향　　　　④ 헤어 셰이핑

해설 컬을 구성하는 요소로 텐션, 루프의 크기, 베이스, 모발 끝의 취급 방법등이 있다. ④ 헤어 파팅은 오리지널 세트 방법으로 모발을 가르다, 나누다라는 의미이다.

73 컬을 깃털과 같이 일정한 모양을 갖추지 않고 부풀려서 볼륨을 준 뱅은?

① 롤 뱅　　② 플러프 뱅　　③ 프렌치 뱅　　④ 프린지 뱅

해설 롤 뱅은 롤로 형성한 뱅이고, 프렌치 뱅은 플러프를 만들어 내려뜨린 뱅이고, 프린지 뱅은 가르마 가까이에 작게 낸 뱅이다.

74 두발의 웨이브를 폭이 넓게 부드럽게 흐르는 버티컬 웨이브로 만들기 위하여 핑거 웨이브와 핀 컬을 교대로 조합시켜 만드는 웨이브는?

① 스킵 웨이브　　　　② 스윙 웨이브
③ 하이 웨이브　　　　④ 로우 웨이브

해설 스윙 웨이브는 큰 움직임을 보는 듯한 웨이브, 하이 웨이브는 리지가 높은 웨이브, 로우 웨이브는 리지가 낮은 웨이브이다.

75 헤어 세팅에 있어 오리지널 세트의 중요한 요소에 해당되지 않는 것은?

① 콤 아웃　　② 헤어 파팅　　③ 헤어 웨이빙　　④ 롤러 컬링

해설 콤 아웃은 후처리 방법으로 빗으로 세밀하게 빗어주는 방법이다.

76 핑거 웨이브와 관계없는 것은?

① 빗　　② 마셀　　③ 물　　④ 로션

해설 핑거 웨이브는 세팅 로션이나 물을 사용하여 두발을 적셔 빗과 손가락으로 형성하는 웨이브 방법이다.

77 핑거 웨이브의 중요 3대 요소에 해당되지 않는 것은?

① 루프의 크기　　　　② 리지
③ 트로프　　　　　　④ 크레스트

해설 루프의 크기는 컬의 구성요소에 해당된다.

78 컬의 방향이나 웨이브의 흐름을 결정하는 것은 다음 중 어느 것인가?

① 베이스　　　　　　② 루프의 크기
③ 스템의 방향　　　　④ 엔드 오프 컬

해설 베이스는 컬 스트랜드의 근원이며, 루프의 크기는 원형으로 말려진 둥근 부분이고 엔드 오프 컬은 컬의 두발 끝을 말한다.

79 스컬프처 컬의 특징 및 시술방법에 관한 설명으로 틀린 것은?

① 긴 머리에 효과적이며 짧은 머리는 피하는 것이 좋다.
② 빗과 손가락으로 컬을 두피에 수평되게 하는 방법이다.
③ 스킵 웨이브를 낼 경우 효과적이다.
④ 긴 머리는 밑부분을 강하고 확실하게 구부려 주어야 한다.

해설 스컬프처 컬은 짧은 머리에 효과적이다.

80 헤어 트리트먼트 종류에 해당되지 않는 것은?

① 헤어 리컨디셔닝　　② 헤어 팩
③ 슬리더링　　　　　④ 클리핑

해설 ③ 슬리더링은 모발의 길이를 짧게 하지 않으면서 가위(시저스)로 숱을 감소시키는 커트 방법이다.

81 비듬을 제거하기 위한 두피 손질법은?

① 댄드러프 스캘프 트리트먼트
② 플레인 스캘프 트리트먼트
③ 드라이 스캘프 트리트먼트
④ 오일 스캘프 트리트먼트

해설 ② 플레인은 정상모에 적합하며, ③ 드라이는 건조한 모발, ④ 오일은 지성 모발에 알맞은 손질법이다.

82 헤어 트리트먼트의 목적으로 맞는 것은?

① 비듬을 제거하고 방지한다.
② 두피의 생리기능을 촉진시킨다.
③ 두피를 청결하게 한다.
④ 두발의 모표피를 단단하게 하여 적당한 수분함량을 원상태로 회복시킨다.

해설 헤어 트리트먼트는 후처리 과정으로 트리트먼트 제품을 사용하여 건조해진 모발에 영양을 공급해 화학적 자극이 가해졌던 모발의 손상을 방지하는 방법이다. ①, ②, ③ 샴푸나 두피 관리 목적이다.

83 다음 중 헤어 트리트먼트 기술에 속하지 않는 것은?

① 클리핑　　　　　　② 헤어 팩
③ 싱글링　　　　　　④ 헤어 리컨디셔닝

해설 싱글링은 빗살을 위쪽으로 놓고 가위 개폐 속도를 빨리하여 위쪽으로 이동시키면서 쳐 올리는 방법으로 주로 남성 커트에 사용하는 커트 방법이다.

84 스캘프 트리트먼트란?

① 두피손질　　　　　② 두발손질
③ 탈모처리　　　　　④ 얼굴손질

해설 스캘프 트리트먼트란 두피 손질 또는 두피 처치를 뜻하며 물리적, 화학적 방법으로 두피에 자극을 주어 두피 및 모발의 생리 기능을 건강하게 유지하는 방법이다.

85 두발에 바른 유지분의 작용을 촉진시키기 위하여 열처리할 때 사용되지 않는 미용기구는?

① 히팅 캡　　　　　　② 아이론
③ 헤어 스티머　　　　④ 스팀 타월

해설 아이론은 미용기구로서 마셀 웨이브를 만들 때 사용한다.

86 두발 염색 시 과산화수소의 작용에 해당되지 않는 것은?

① 산화염료를 발색시킨다.　　② 암모니아를 분해한다.
③ 두발에 침투작용을 한다.　　④ 멜라닌 색소를 파괴한다.

해설 암모니아수는 산소의 발생을 촉진시키고, 과산화수소가 사용 전에 분해되는 것을 막기 위해서 첨가된 안정제의 약산성 pH를 중화시켜주는 역할을 한다.

정답 72 ① 73 ② 74 ① 75 ① 76 ② 77 ① 78 ③ 79 ① 80 ③ 81 ① 82 ④ 83 ③ 84 ① 85 ② 86 ②

87 두발 염색 시 색채의 기본적인 원리를 이해하고 응용할 수 있어야 하는데, 다음 중 색의 3원색에 해당되지 않는 것은?

① 백색　　② 황색　　③ 청색　　④ 적색

해설 백색은 무채색에 해당된다.

88 두발 염색 시에 하는 테스트가 아닌 것은?

① 패치 테스트　　② 스트랜드 테스트
③ 컬러 테스트　　④ 컬 테스트

해설 컬 테스트는 퍼머넌트 웨이빙 시술 시 사용된다.

89 염색 시 주의 할 점이 아닌 것은?

① 상처가 있을 경우 시술하지 않는다.
② 패치 테스트를 실시한다.
③ 금속기구는 사용하지 않는다.
④ 손상모는 헤어 트리트먼트를 먼저 행한다.

해설 염색 후에 헤어 트리트먼트를 행한다.

90 시대별 메이크업의 특징에 대한 설명으로 올바르지 않은 것은?

① 이집트는 눈화장에 큰 중점을 두었다.
② 중세시대 때 메이크업이 대중화되었다.
③ 그리스 · 로마는 내추럴 메이크업을 추구하였다.
④ 현대에는 개성의 표현이 자유로워졌다.

해설 중세시대에는 종교적인 부분이 생활 전반을 크게 지배했던 시기로 화장이 금지되었으며 일부 특정인들에 한하여 행하도록 하였다.

91 메이크업의 종류를 볼 때 그 특성이 다른 하나는?

① 내추럴 메이크업　　② 바디 메이크업
③ 무대쇼를 위한 메이크업　　④ 사진 메이크업

해설 내추럴 메이크업은 자연스럽게 표현하는 기본 메이크업을 말하며, 특수 메이크업은 어떤 목적을 위해 특수하게 메이크업 하는 것이다.

92 T.P.O에 따른 메이크업 방법에서 'O'에 대한 적합한 내용은?

① 밤과 낮의 구분에 따른 화장
② 실내에서는 진하게, 야외에서는 분위기에 따라 달라지는 화장
③ 태양광선에는 연한 화장
④ 경우에 따른 색상의 선택

해설 occasion의 약자로, 목적에 알맞은 메이크업을 말한다.

93 파운데이션의 여러 가지 종류 중 가장 커버력이 좋고 농도가 진한 것은?

① 스틱　　② 리퀴드
③ 크림　　④ 스킨

해설 스틱 파운데이션은 유분을 많이 없애주면서 화장을 강하게, 특별한 화장을 할 때, 커버력을 원할 때 사용한다.

94 혈색이 밝지 않고 어두운 피부톤을 가진 사람의 언더 메이크업 색상으로 적합한 것은?

① 녹색　　② 핑크색
③ 푸른색　　④ 진한 베이지

해설 녹색은 붉은 피부를 희게 중화시킨다. 진한 베이지, 푸른색은 건강하게 보이게 하고, 핑크색은 화사함을 준다.

95 둥근형의 얼굴에 알맞은 눈썹형태는?

① 아치형　　② 직선형
③ 둥근형　　④ 각진형

해설 각진눈썹은 단정하고 세련된 느낌을 주며, 아치형은 삼각형에 잘 어울리고 이마가 넓은 경우에 적합하다. 직선형은 남성적 느낌으로 긴 얼굴형에 어울린다.

96 파우더를 사용하는 목적으로 옳지 않은 것은?

① 피부의 톤을 커버해 준다.
② 화장을 지속시킨다.
③ 파운데이션을 정리해 준다.
④ 지성피부에 매트함을 준다.

해설 ① 파운데이션을 사용하는 목적이다.

97 눈의 형태에 따른 아이라인 방법으로 틀린 것은?

① 올라간 눈은 아래쪽을 직선으로 그린다.
② 내려간 눈은 눈꼬리 부분을 짙게 올려 그린다.
③ 쌍꺼풀이 없는 눈은 아이라이너를 두껍게 그린다.
④ 부어 보이는 눈은 눈꼬리 부분을 굵게 그린다.

해설 쌍꺼풀이 없는 눈은 아이라이너를 그릴 때 가운데는 약간 굵게, 눈꼬리는 얇게 그리고, 쌍꺼풀이 있는 눈은 전체적으로 얇게 그려준다.

98 조갑구만증이란?

① 손톱이 갈라지는 현상
② 손톱의 색이 변질되는 현상
③ 손톱 끝이 구부러지는 현상
④ 손톱에 수직선이 생기는 현상

해설 조갑구만증은 영양 부족과 혈액 순환이 좋지 않아 노란빛을 띠는 현상이다.

99 헤어 패션의 변화를 주기 위해 크라운에 주로 사용하는 것은?

① 피스　　② 결발
③ 위그　　④ 파운데이션

해설 피스는 두발 일부를 덮는 부분가발을 말한다.

100 헤어 피스에 해당되지 않는 것은?

① 폴　　② 스위치
③ 웨프트　　④ 위그

해설 위그는 전체 가발을 가리킨다.

101 네팅뜨기 중 기계뜨기에 대한 설명으로 옳지 않은 것은?

① 가격이 저렴하다.
② 색상이 다양하다.
③ 자유롭게 바꿀 수 있다.
④ 화려한 것은 장식하기에 좋다.

해설 기계가 직접 모발을 박아주는 방법으로 모발의 흐름이 정해져 있어 스타일을 바꾸기 힘들다.

정답 87 ①　88 ④　89 ④　90 ②　91 ①　92 ④　93 ①　94 ②　95 ④　96 ①　97 ③　98 ③　99 ①　100 ④　101 ③

Section 01 🌀 공중보건학 총론

❶ 공중보건학의 개념

미국 윈슬로우(C.E.Winslow) 보건학 교수는 "공중보건이란 조직적인 지역사회의 노력을 통해서 질병을 예방하고 생명을 연장시킴과 동시에 신체적, 정신적 효율을 증가시키는 기술과 과학이다"라고 말하였다. 이것의 주체는 국가와 공공단체, 지역, 직장사회로, 목표는 질병예방과 위생적인 생활환경을 유지시켜 심신의 안정과 능률향상을 도모하는 데 있다.

❷ 건강과 질병

세계보건기구(WHO)에서는 "건강이란, 단순히 질병이나 허약하지 않은 상태만을 의미하는 것이 아니라 육체적, 정신적 및 사회적 안녕의 완전한 상태"라고 말한다.

❸ 인구보건 및 보건지표

국가의 보건지표로는 평균수명과 조사망률, 비례사망지수를 들 수 있다.

(1) 보건지표의 정의

여러 단위 인구집단의 건강상태뿐 아니라 이에 관련되는 보건정책, 의료제도, 의료자원 등의 수준이나 구조 또는 특성을 설명할 수 있는 수량적 개념이다.

(2) 건강지표의 정의

개인이나 인구집단의 건강수준이나 특성을 설명하는 수량적 내용으로 협의의 개념이다.

(3) 보건 수준 평가의 지표

① 비례사망지수 : 50세 이상의 사망자 수를 백분율(%)로 표시한 지수이다. 한 나라의 건강 수준을 나타내며, 다른 나라들과의 보건 수준을 비교할 수 있는 시계보건기구가 제시한 지표이다.

$$비례사망지수 = \frac{50세 \ 이상 \ 사망 \ 수}{총 \ 사망 \ 수} \times 100$$

② 평균수명 : 생명표상에서 생후 1년 미만(0세) 아이의 기대여명
③ 조사망률 : 인구 1,000명당 1년간 발생 사망자 수 비율(=보통 사망률, 일반 사망률)
④ 영아사망률 : 출생아 1,000명당 1년간의 생후 1년 미만 영아의 사망자 수 비율, 한 국가의 보건 수준을 나타내는 가장 대표적인 지표

$$영아사망률 = \frac{연간 \ 생후 \ 1세 \ 미만의 \ 사망자 \ 수}{연간 \ 정상 \ 출생아 \ 수} \times 1,000$$

Section 02 🌀 질병관리

❶ 역학

인간집단을 대상으로 하여 질병발생 현상을 생물학적, 사회적, 환경적으로 나누어 원인을 규명하고 논리적으로 연구하여 질병발생을 예방하고 근절시키기 위하여 연구하는 학문이다.

❷ 감염병 관리

(1) 감염병 발생의 요인

감염병의 유행은 감염원, 감염경로, 감수성이 있는 숙주집단의 3대 요인에 의해 일어난다.

(2) 감염원

병원체나 병독을 가져올 수 있는 모든 수단을 말하며 환자, 보균자, 보균동물과 곤충, 토양, 접촉자, 음식물 등이 감염원이 될 수 있다.

(3) 감염 경로와 발생 단계

① 감염 경로 : 병원체가 새로운 숙주로 직접 감염되는 직접접촉 감염경로(매독, 임질, 피부감염병)와 좁은 장소에서 대화 시 발생되는 타액, 기침, 재채기로 인해 눈이나 호흡기로 감염되는 비말 감염경로(결핵, 마진, 성홍열, 디프테리아, 백일해)가 있다.
간접 감염경로는 여러 가지 매개체에 의한 감염으로 환자와의 대화, 기침, 재채기, 물(이질, 장티푸스, 콜레라, 파라티푸스), 식품, 개달 감염경로(완구, 옷, 책), 토양(구충, 파상풍, 보툴리누스균), 동물, 곤충(모기, 파리, 이)에 의해 감염되는 경우를 말한다.
② 발생 단계 : 병원체-병원소-병원소로부터 병원체의 탈출-병원체의 전파-새로운 숙주로의 침입-새로운 숙주의 감수성(감염)

(4) 면역

면역은 크게 선천성 면역과 후천성 면역으로 구분한다.

① 선천성 면역 : 개개인의 특성과 차이에 따라 저항력이 다르게 나타나는 유전적 체질
② 후천성 면역 : 예방접종 등에 의해 성립되는 것
  ㉠ 자연능동면역 : 감염병에 감염된 후 얻어지는 면역
  ㉡ 인공능동면역 : 예방 접종에 의해 얻어지는 면역
  ㉢ 자연수동면역 : 태아가 태반이나 모유를 통해서 항체를 얻는 면역
  ㉣ 인공수동면역 : 주사에서 얻는 면역으로 지속기간이 짧음

(5) 병원체의 구분

① 세균 : 결핵, 콜레라, 장티푸스, 디프테리아, 페스트, 성홍열, 파상풍, 수막염, 백일해
  ㉠ 단세포로 된 미생물로서 인간에 기생하여 질병을 유발하며, 유사분열이 없다.
  ㉡ pH.0~8.5(중성)에서 잘 성장한다.
  ㉢ 호기성 세균 : 공기 중에서 생육 및 번식하는 세균이다.
  ㉣ 혐기성 세균 : 공기가 없는 곳에서 생육 및 번식하는 세균이다.
  ㉤ 세균의 종류
    • 간균(Bacillus) : 작대기 모양 (디프테리아, 장티푸스, 결핵균 등)
    • 구균(Coccus) : 둥근 모양 (포도상구균, 연쇄상구균, 폐렴균, 임균 등)
    • 나선균(Spirillum): 입체적으로 S형 또는 나선형 (콜레라균)
  ㉥ 편모 : 운동성을 지닌 세균의 사상 부속 기관이다.
② 바이러스 : 홍역, 유행성 감염, 유행성이하선염, 광견병, 독감, 뇌염, 두창, 황열

ⓒ 인체에 질병을 일으키는 병원체 중 가장 크기가 작은 여과성 병원체이다.

ⓒ 전자현미경으로 관찰이 가능하다.

ⓒ 열에 대한 반응은 매우 불안정하여 일반적으로 50~60℃에서 30분간 처리하면 파괴된다.

ⓒ 생체 내에서만 증식이 가능하며, 황열 바이러스가 인간 질병 최초의 바이러스이다.

③ **원충성** : 이질, 말라리아

ⓒ 단세포 동물로서 대체로 중간 숙주에 의해 전파된다.

ⓒ 면역이 생기는 일이 드물고 장기간 생존이 가능하다.

④ **리케차** : 발진열, 발진티푸스, 양충병

ⓒ 세균과 바이러스의 중간 크기에 속한다.

ⓒ 세균과 흡사한 화학적 성분을 가지고 있으며, 진핵 생물체의 세포에 기생한다.

⑤ **기생충** : 주로 입과 피부로 인체에 침입하며, 인체 거의 모든 부위에 기생하지만 소화 기관에 기생하는 것이 많다.

(6) 법정 감염병

① **제1급 감염병**

ⓒ 생물테러 감염병 또는 치명률이 높거나 집단 발생의 우려가 커서 발생 또는 유행 즉시 신고해야 하며, 음압격리와 같은 높은 수준의 격리 필요

ⓒ 종류(17종) : 에볼라바이러스병, 마버그열, 라싸열, 크리미안 콩고출혈열, 남아메리카출혈열, 리프트밸리열, 두창, 페스트, 탄저, 보툴리눔독소증, 야토병, 신종감염병증후군, 중증급성호흡기증후군(SARS), 중동호흡기증후군(MERS), 동물인플루엔자 인체감염증, 신종인플루엔자, 디프테리아

② **제2급 감염병**

ⓒ 전파가능성을 고려하여 발생 또는 유행 시 24시간 이내에 신고해야 하며, 격리가 필요함

ⓒ 종류(20종 / *21종) : 결핵, 수두, 홍역, 콜레라, 장티푸스, 파라티푸스, 세균성이질, 장출혈성대장균감염증, A형간염, 백일해, 유행성이하선염, 풍진, 폴리오, 수막구균 감염증, b형혜모필루스인플루엔자, 폐렴구균 감염증, 한센병, 성홍열, 반코마이신내성황색포도알균(VRSA) 감염증, 카바페넴내성장내세균속균종(CRE) 감염증, *E형간염(*2020.7.1.부터 E형간염이 추가되며 제2급 감염병이 20종에서 21종으로 변경 예정)

③ **제3급 감염병**

ⓒ 그 발생을 계속 감시할 필요가 있어 발생 또는 유행 시 24시간 이내에 신고

ⓒ 종류(26종) : 파상풍, B형간염, 일본뇌염, C형간염, 말라리아, 레지오넬라증, 비브리오패혈증, 발진티푸스, 발진열, 쯔쯔가무시증, 렙토스피라증, 브루셀라증, 공수병, 신증후군출혈열, 후천성면역결핍증(AIDS), 크로이츠펠트-야콥병(CJD) 및 변종크로이츠펠트-야콥병(vCJD), 황열, 뎅기열, 큐열(Q熱), 웨스트나일열, 라임병, 진드기매개뇌염, 유비저(類鼻疽), 치쿤구니야열, 중증열성혈소판감소증후군(SFTS), 지카바이러스 감염증

④ **제4급 감염병**

ⓒ 제1급 감염병부터 제3급 감염병까지의 감염병 외에 유행 여부를 조사하기 위하여 표본 감시 활동이 필요한 감염병, 7일 이내에 신고

ⓒ 종류(23종) : 인플루엔자, 매독, 회충증, 편충증, 요충증, 간흡충증, 폐흡충증, 장흡충증, 수족구병, 임질, 클라미디아감염

증, 연성하감, 성기단순포진, 첨규콘딜롬, 반코마이신내성장알균(VRE) 감염증, 메티실린내성황색포도알균(MRSA) 감염증, 다제내성녹농균(MRPA) 감염증, 다제내성아시네토박터바우마니균(MRAB) 감염증, 장관감염증, 급성호흡기감염증, 해외유입기생충감염증, 엔테로바이러스감염증, 사람유두종바이러스 감염증

(7) 감염병의 종류

① **콜레라** : 물, 식품에 의해 전파되는 급성 설사 질환이다. 잠복기는 5일이며 구토, 탈수현상이 나타난다.

② **일본뇌염** : 모기에 의해 전파되며, 급성 중추신경계 감염질환으로 잠복기는 10일 전후로 불현성 감염이 대부분이다. 증상으로 현기증, 고열, 두통, 복통이 생기고 심해지면 혼수상태에 이르게 된다.

③ **B형 간염** : 상처를 통한 혈액 또는 성접촉에 의해 감염되어 근육통, 피로감, 황달, 설사, 복통증상이 나타난다.

④ **세균성 이질** : 대변을 통해 전파되며 물, 우유, 파리, 더러운 손에 의해 오염된다. 심한 고열과 복통, 경련증세가 나타난다.

⑤ **파상풍** : 쇠에 의한 상처나 더러운 흙에서 상처를 통해 감염되어 심한 두통과 구토, 근육수축 현상이 나타난다.

⑥ **소아마비** : 폴리오라고 하며 비말 감염으로 전파되어 심한 호흡곤란과 마비, 근육통 증세가 나타난다. 불현성 감염이 많고 예방 접종이 중요하다.

⑦ **수두** : 접촉, 개달 감염으로 전파되어 2~8세 어린아이들에게 나타나며 특히 겨울에 유행한다. 붉은 발진과 수포를 형성한다. 모유수유를 하면 면역이 생긴다.

⑧ **에이즈** : 후천성 면역결핍증으로 청결하지 않은 상태의 성접촉으로 감염되며 수혈할 때 주의해야 한다.

⑨ **장티푸스** : 대소변으로 음식물을 통해 전파되며 두통, 고열, 발진 증세가 나타나는 원발성 감염병이다.

⑩ **결핵** : 공기 중의 진애나 비말로 감염되는 만성 호흡기 질환이다. 기침, 호흡곤란, 피로증세가 나타나며 밀집장소를 피하는 것이 좋다.

⑪ **홍역** : 마진이라 하며 비말 감염된다. 고열과 충혈, 발진증상으로 예방 접종을 한다.

⑫ **유행성 이하선염** : 볼거리라고도 하며, 어린아이에게 나타나고 볼과 귀밑이 붓고 심한 통증을 수반한다. 격리를 하고 식기류의 위생 관리를 해야 한다.

⑬ **디프테리아** : 비말 감염되며 상처를 통해 감염된다. 잠복기는 2~5일이며 기관지 협착으로 호흡곤란과 편도선, 인후두, 코 점막에 염증을 일으킨다. DPT 예방 접종을 한다.

⑭ **페스트** : 흑사병이라 하며 쥐벼룩으로부터 감염된다. 두통, 현기증 증세가 있으며 소독 및 검역을 철저히 해야 한다.

⑮ **말라리아** : 모기에 의해 원충이 감염되며 고열증세로 사망률이 높다.

⑯ **파라티푸스** : 우유, 고기, 조개, 대변에서 감염되며 고열, 설사 증세가 있다.

⑰ **발진티푸스** : 분변의 리케차가 피부상처를 통해 감염되며 심한 고열과 발진, 근육통 증세가 있다. 소독 및 구제, 예방 접종을 해야 한다.

⑱ **백일해** : 환자의 비말로 감염되며 심한 호흡기 질환으로 어린아이에게 발병하며 DPT 접종을 해야 한다.

⑲ **성병** : 성접촉으로 감염되며 매독, 임질의 유형이 있다. 기형아 및 지능 부진, 맹인의 출산율이 높다.

⑳ **황열** : 모기에 의해 전파되며 고열과 황달 증세로 아프리카, 남미 등에 많이 분포한다.

㉑ **렙토스피라** : 와일씨라 하며 오염된 들쥐에 의해 피부 점막을 통해 감염되어 고열 및 설사, 근육통 증세를 보인다.

㉒ 나병 : 상처 난 피부로 감염되며 근육경련, 구토, 두통 증세가 나타나고 신경계 손상을 준다.

㉓ 트라코마 : 세면도구, 수건 등에 의해 개달 감염이 되며 통증과 소양증 증세가 나타나고 심하면 실명의 위험도 있다.

(8) 급성 감염병과 만성 감염병

1) 급성 감염병

① 소화기계 감염병 : 보균자의 분뇨를 통해 배출되어 식품이나 음료, 우유에 오염되어 감염을 일으키는 질병이다. 종류에는 장티푸스, 콜레라, 세균성 이질, 유행성간염, 폴리오, 파라티푸스 등이 있다. 예방책으로는 분뇨를 위생적으로 처리하고 손을 깨끗이 씻고 환경위생을 강화하는 것이 있다.

② 호흡기계 감염병 : 공기 중에 먼지나 보균자의 콧물, 담에 의한 비말 감염이다. 종류에는 결핵, 홍역, 인플루엔자, 디프테리아, 백일해, 수두, 풍진, 성홍열 등이 있으며, 계절적인 영향이 크다. 성별, 연령, 사회적 경제 상태에 따라 발생의 차이가 나고 직접 감염된다.

③ 곤충, 동물 매개 감염병 : 곤충 매개체는 벼룩, 이, 모기, 진드기에 의해 질병이 발생되며, 종류로는 페스트, 발진열, 발진티푸스, 일본뇌염, 말라리아, 유행성 출혈이 있다. 동물매개체로는 탄저, 렙토스피라증, 공수병, 브루셀라증 등이 있다.

2) 만성 감염병

급성 감염병과 반대로 발생률이 낮고, 유병률(어떤 시점에서 전체 인구 중 환자가 차지하는 비율)이 높은 것이 특징이다. 종류로는 결핵(폐), 에이즈, 성병(성기), B형 간염(간), 한센병(눈, 코, 손), 나병 등이 있다.

(9) 화상

홍반성 화상(1도 화상)은 피부가 붉게 변하는 정도를 말하며, 수포성 화상(2도 화상)은 수포를 형성하고 물집이 생긴다. 괴사성 화상(3도 화상)은 흉터가 남는다.

(10) 예방 접종

① 생균 : 결핵, 황열, 탄저, 폴리오, 두창

② 사균백신 : 콜레라, 일본뇌염, 장티푸스, 발진티푸스, 파라티푸스, 백일해, 폴리오

③ 톡소이드 : 파상풍, 디프테리아

④ 정기적인 예방 접종 : 콜레라, 파상풍, 결핵, 장티푸스, 디프테리아, 백일해

❸ 기생충 질환관리

(1) 기생충의 의의

기생충이란 기생물 중에서 숙주의 체내에 기거하여 영양분을 취하며 생활하는 동물이다.

기생충이 감염원(유충, 낭충, 포낭, 충란)으로부터 다른 동물에게로 옮겨지는 것을 전파라 하며, 상호 접촉에 의한 직접전파방법과 생물(옷, 물, 토양, 어육류, 채소류)에 의한 간접전파방법이 있다.

인체 기생충은 회충, 이질, 아메바 등으로 거주지역에 분포하고, 사람 외에 동물숙주를 갖고 있는 구충은 더 넓게 분포되어 있다. 흡충류, 조충류는 중간숙주를 필요로 하는 기생충으로 분포되어 있고 환경의 변화는 기생충 분포의 중요한 요소가 된다.

(2) 기생충의 종류에 따른 증세

① 선충류 : 회충, 구충, 요충, 사상충증, 편충, 선모충

② 원충류 : 이질 아메바증, 질트리코모나스증

③ 조충류 : 유구조충증, 무구조충증, 광절열두조충증

④ 흡충류 : 페디스토마증, 간디스토마증, 요꼬가와흡충증

❹ 성인병관리

성인병은 일반적으로 40세 이후에 발병률이 증가하는 병이다. 그 종류에는 뇌졸중, 심근경색, 고혈압, 당뇨병, 동맥경화, 퇴행성관절염, 각종 암이 있다. 적절한 음식 섭취로 영양관리를 철저히 하고 정기적인 건강검진을 통하여 질병의 상태를 파악하는 것이 중요하며 꾸준한 운동으로 피로를 풀어야 한다.

Section 03 가족보건

❶ 가족보건

(1) 목적

초산연령이 빨라질 수 있도록 결혼을 조절하고, 출산을 계획하여 출산 전·후의 관리 및 영유아의 건강관리까지 하기 위함이다.

(2) 인구문제와 가족계획

① 3P/3M : 급속한 인구 증가로 인해 문제화될 수 있는 것은 인구(population), 빈곤(poverty), 공해(pollution)를 말하는 3P와 기아(malnutrition), 질병(morbidity), 사망(mortality)을 말하는 3M을 들 수 있다.

② 국세조사 : 우리나라는 1925년 처음 실시되었으며, 기획재정부가 5년마다 조사하고 있는 인구정태조사이다.

③ 연령별 인구구성

㉠ 연령별 분류 : 영아인구(1세 미만), 소년인구(1~14세), 생산연령인구(15~59세), 노년인구(60세 이후)

㉡ 형태

• 피라미드형 – 출생률은 높고, 사망률은 낮은 형으로 인구 구성 중 14세 이하 인구가 66세 이상 인구의 2배를 초과하는 형이다.

• 종형 – 출생률과 사망률이 모두 낮은 인구정지형으로 인구 구성 중 14 이하가 65세 이상 인구의 2배 정도이다.

• 항아리형 – 출생률은 낮고 사망률은 높은 선진국형이다.

• 호로형 – 생산층 인구가 감소하는 농촌형이다.

• 별형 – 도시형으로 15~49세 인구가 전체 인구의 50%를 초과한다.

Section 04 환경보건

❶ 환경보건의 개념

① 기후와 온열 : 3대 요소로는 기온(온도), 기습(습도), 기류(바람)이다.

② 온열조건 : 생리적 지적온도는 18±2℃이고, 쾌적습도는 40~70%이다.

③ 불쾌지수 : 기온과 기습의 작용으로 느끼는 불쾌감을 숫자로 표시한 것으로 70이면 집합 인원의 10%가 불쾌감을 느끼며, 75에서는 50%의 사람이, 80에서는 전부가 불쾌감을 갖는다.

④ 소음 : dB(A)로 표시한다.

⑤ 구충구서 : 위생해충으로는 모기, 파리, 바퀴벌레, 벼룩, 이, 진드기, 쥐에 의해 피해를 본다.

  ㉠ 모기에 의한 피해 : 말라리아, 사상충증, 일본뇌염을 유행시키고 피부, 수면방해 등의 피해를 준다. 예방책으로 모기의 발생원을 제거하고 유충, 성충구제를 하는 방법이 있다.

  ㉡ 파리에 의한 피해 : 소화기계 감염병인 콜레라, 세균성 이질, 장티푸스, 파라티푸스를 유행시키고 기생충병인 요충, 회충, 편충에 감염시킨다. 또한 소아마비, 결핵균, 디프테리아, 화농균, 나균 등을 전파시키므로 약이나 도구를 이용하여 없애야 한다.

  ㉢ 바퀴에 의한 피해 : 소화기계 감염병인 콜레라, 세균성 이질, 장티푸스, 살모넬라증을 유행시킨다. 예방하기 위해서는 음식물을 위생적으로 처리해야 하며 발생 시에는 음식물에 소다, 붕산, 아비산석회를 희석하여 두어야 한다.

  ㉣ 벼룩에 의한 피해 : 발진열이나 페스트를 유행시키며 살충제를 두어 발생을 예방해야 한다.

  ㉤ 이에 의한 피해 : 발진티푸스, 페스트, 재귀열 등을 유행시키며 발진티푸스는 이의 대변과 함께 리케차로 인하여 감염된다. 예방책으로 60~100℃에서 15~30분간 증기 소독하는 방법이 있다.

  ㉥ 진드기에 의한 피해 : 쥐, 사람에게 기생하며 감염된다.

  ㉦ 쥐에 의한 피해 : 벼룩이나 진드기의 서식처 역할을 하고 유행성출혈열을 감염시킨다. 쥐의 구서작업을 하고 쥐덫이나 천적에 의한 구제로 예방해야 한다.

❷ 대기환경(공기)

정상공기의 성분은 산소(O_2), 질소(N_2), 이산화탄소(CO_2)로 이루어져 있으며, 공기의 유해성분으로는 1차 유해물질과 2차 유해물질로 구분한다.

(1) 정상공기 성분

① 산소(O_2) : 공기 중의 산소량이 10%가 되면 호흡곤란 상태가 오고, 7% 이하면 질식으로 사망한다.

  ㉠ 호흡에서 가장 중요하며, 성인 1일 산소 소비량은 500~700L 정도이다.

  ㉡ 14% 이하 시 저 산소증, 11% 이하 시 호흡 곤란, 7% 이하 시 질식사한다.

  ㉢ 산소 중독증 : 산소 과잉 시 폐부종, 호흡 억제, 폐출혈, 흉통이 유발된다.

② 질소(N_2) : 일반적으로 실내공기의 환기상태를 평가하는 지표로서 3기압에서는 자극작용, 4기압 이상에서는 마취작용, 10기압을 초과하면 의식이 상실되어 잠수 중에 발생되는 잠함병의 원인이 될 수도 있다.

  ㉠ 공기 중에 가장 많은 78%의 양을 차지한다.

  ㉡ 고압 환경에서 감압 시 잠함병(잠수병)을 유발한다.

  ㉢ 수소와 반응시켜 암모니아를 만드는 암모니아 합성에 가장 많이 사용되며, 암모니아로부터 질산, 비료, 염료 등 많은 질소 화합물을 제조한다.

  ㉣ 질소산화물 : 대기 오염의 주원인 물질 중 하나로 석탄이나 석유속에 포함되어있어 연소할 때 산화되어 발생하며, 만성 기관지염과 산성비 등을 유발한다.

③ 이산화탄소(CO_2) : 무색, 무취이며 약산성 가스로 환기가 안 되는 실내에서는 공기상태가 더 나빠진다.

  ㉠ 실내 공기 오염의 지표이다.

  ㉡ 지구의 온난화 현상의 주원인이다.

  ㉢ 서한량(실내 공기 허용 한계) : 0.1%(1,000ppm, 8시간 기준) 정도이다.

  ㉣ 7% 이상이면 호흡 곤란을 유발하고, 10% 이상이면 질식사한다.

(2) 유해물질

1) 1차 유해물질

대기 중에 직접적으로 버려지는 물질로 입자상과 가스상으로 구분된다.

① 일산화탄소(CO) : 무색이며 공기보다 가볍고 불완전 연소되며 헤모글로빈에 대한 결합력이 약 200~300배나 강하다.

  ㉠ 무색, 무취, 무리로 공기보다 가볍다.

  ㉡ 물체가 타기 시작할 때와 꺼질 때, 불완전 연소 시 발생한다.

  ㉢ 연탄 가스 중 인체에 중독 현상을 일으키는 주된 물질이다.

  ㉣ 헤모글로빈과의 친화성이 산소에 비해 높아 저산소증을 초래한다.

  ㉤ 서한량 : 0.01%(100ppm, 8시간 기준)이며, 0.1%(1,000ppm) 이상이면 생명이 위험하다.

② 질소산화물(NO) : 주배출원은 연료시설이며, 연소시킬 때 발생한다.

③ 황산화물(SO) : 무색이고 자극적인 냄새가 있는 기체이다.

④ 탄화수소(HC) : 연료나 유기용매 사용 중 휘발되면서 오염을 발생한다.

⑤ 아황산가스(SO_2) : 자동차의 배기가스에서 많은 양이 발생하며 피부나 호흡기를 자극한다.

  ㉠ 대기 오염을 측정하는 지표이다.

  ㉡ 도시 공해의 주범이며, 중유의 연소 과정에서 발생한다.

  ㉢ 대기 오염 측정 지표(0.02ppm) : 스모그 경보 기준이다.

  ㉣ 허용치 : 0.05ppm(연간 평균치), 0.15ppm(24 시간 평균치)이다.

  ㉤ 금속 부식, 자극성 취기, 점막의 염증, 호흡 곤란, 기관지염 등을 발생한다.

2) 2차 유해물질

대기 중의 온도나 지형에 따라 합성 분해되어 새롭게 발생되는 물질이다.

① 스모그현상 : 바람이 불지 않는 상태가 지속될 때 대도시나 공장 지대의 굴뚝에서 발생되는 연기 또는 자동차의 배기 가스 등이 지표 가까이 쌓여 안개처럼 보이는 현상이다.

② 기온역전현상 : 고도가 상승함에 따라 기온도 상승하여 상부의 기온이 하부의 기온보다 높게 되어 대기가 안정화되고 공기의 수직 확산이 일어나지 않게 되며, 대기 오염이 심화되는 현상이다.

❸ 수질환경

(1) 상수

① 물의 경도 : 경도는 현재 미국식 경도를 사용한다. 경수를 연수로 할 때는 끓여서 탄산나트륨, 붕사를 첨가한다.

② 물의 정수 : 침전, 여과, 산화, 급수에 의해 정수 · 정화시킨다.

③ 음용수의 조건

  ㉠ 유독 물질과 병원체가 함유되어 있지 않아야 하며, 경도가 10도 이하로 외관이 좋아야 한다.

  ㉡ 물색은 투명하고 냄새가 없으며, 색도는 5도, 탁도는 2도를 넘지 않고 온도는 7~10℃가 적당하다.

ⓒ 대장균수는 100ml 중 한 마리도 검출되지 않아야 한다.

④ **소독** : 염소소독이 주로 사용되는데, 염소의 강한 산화력으로 미생물의 살균작용에 유효하다. 주입 조작이 용이하고 침전물이 생기지 않는다. 또 소독효과가 매우 빠르고 크지만 냄새와 맛이 있고 독성이 강하다. 표백분은 소규모의 물 소독에 사용된다.

(2) 호기성 처리법

살수여상법과 활성오니법으로 구분할 수 있다.

① **살수여상법** : 제1침전지 → 살수여상지 → 최종침전지 → 소화조의 순서대로 실시하며 파리가 형성되고 냄새가 심하며 높은 수압이 필요하다. 수량이 변해도 조치가 가능하다.

② **활성오니법** : 활성오니를 투입하여 호기성균의 활동을 촉진시켜 유기물을 산화시키는 방법이다. 살수여상법에 비해서는 경제적 부담은 적으나 기계조작법이 어렵고 숙련이 필요하다. 처리면적은 좁아도 처리는 가능하다.

(3) 수질오염 지표

① **생화학적 산소요구량(BOD)** : 물속에 있는 호기물질이 호기성 상태에서 미생물에 의해 분해되어 안정화되는 데 소비되는 산소량을 말한다. 양은 ppm(mg/ℓ)으로 표시하며, 그 수치가 클수록 수질이 오염된다.
　ㄱ 산소가 존재하는 상태에서 어떤 물속의 미생물이 유기물을 20도에서 5일간 분해, 안정시키는데 요구되는 산소량을 말한다.
　ㄴ 오염된 물속에서 산소가 결핍될 가능성이 높음을 나타내는 지표이다.
　ㄷ 하천이나 도시 하수의 오염도를 나타내는 지표이다.
　ㄹ BOD가 높으면 수질 오염이 높다는 의미이다.

② **용존산소(DO)** : 물속에 용해되어 있는 산소의 양으로 하천의 오염이 심할수록 용존산소는 낮아진다. 어류에 필요한 용존산소는 5ppm 이상으로 생화학적 산소요구량은 5ppm 이하여야 한다.
　ㄱ 물속에 녹아있는 유리산소이다.
　ㄴ 용존산소가 부족하다는 것은 수질 오염도가 높다는 것이다.
　ㄷ 적조 현상, 생물의 증식이 높을 경우 용존산소량이 감소한다.

③ **화학적 산소요구량(COD)** : 물질의 산화 가능성 유기물질이 산화되는 데 소비되는 산소량으로 호수나 해양의 오염지표로 사용된다.
　ㄱ 물속의 산화 가능한 물질 즉 오염원이 될 수 있는 물질이 산화되어 주로 무기 산화물과 가스체가 되므로, 소비되는 산화제에 대응하여 산소량을 ppm(1/1,000,000)으로 나타낸 것이다.
　ㄴ COD가 높을수록 수질 오염도가 높다는 의미이다.

❹ 주거 및 의복환경

(1) 주거환경

① **대지** : 배수가 잘되는 곳이어야 하고 지질은 물의 침투성이 좋고 지반이 견고해야 한다. 형태는 장방형으로 동남향의 높은 중턱이 좋다.

② **주택** : 위생적 조건을 참고하여 주택의 방향은 동남향이 좋다.

③ **자연조명(채광)** : 태양광선을 말하며, 창을 통해 실내로 끌어들이는 역할을 하는 자연조명이라 할 수 있다. 거실은 남향이 좋고, 창의 면적은 바닥면적의 1/5~1/7 이상이 적당하다.

④ **인공조명** : 간접조명이 인체에 가장 해가 없는 조명으로 형광등이 대표적이다. 이·미용실에서의 형광등은 빛이 흔들리지 않고 광원의 폭이 넓으며 그림자가 생기지 않게 거울의 반사면을 고려하여 설치하는 것이 중요하다. 조도는 작업면에서 100룩스 이상을 유지해야 한다.

　ㄱ **직접 조명(전구, 형광등)** : 광원이 직접 비치는 것으로 조명 효율이 크고 경제적이나, 강한 음영으로 불쾌감을 준다. 그림자가 가장 뚜렷하게 나타날 수 있는 조명법이다.
　ㄴ **간접 조명** : 눈을 보호하기 위한 가장 좋은 방법이며, 광원을 다른 곳에 반사시키는 조명법이다.
　ㄷ **고려 사항** : 광색은 주광색에 가깝고 유해 가스의 발생이 없어야 한다. 열의 발생이 적고 폭발이나 발화의 위험이 없어야 한다. 충분한 조도를 위해 빛이 좌상방에서 비춰줘야 한다.

(2) 의복 환경

① **의복의 기능** : 신체 보호, 장식, 개성 표현, 직업 표시, 신체 청결 등의 기능을 한다.

② **의복의 구비 조건**
　ㄱ 함기성, 보온성, 통기성, 흡수성, 흡습성, 내열성, 오염성 등이 좋아야한다.
　ㄴ 옅은 색일수록 반사열이 크고, 짙은 색일수록 흡수성이 크다.

Section 05　산업보건

❶ 산업보건

(1) 개념

산업보건은 모든 근로자들이 육체적, 정신적으로 건강한 상태에서 높은 작업능률을 유지하면서 생산성을 높이기 위하여, 근로자의 근로 방법 및 생활 조건을 어떻게 관리, 정비해 나갈 것인가를 연구하는 학문이자 기술이다.

(2) 목표

1950년 세계보건기구(WHO)와 국제노동기구(ILO)의 산업보건합동위원회의 정의에 따르면, 산업보건은 근로자의 육체적, 정신적 및 사회적 복지를 최고도로 유지, 증진시키고 사업장의 환경 관리를 철저히 하여 유해 요인에 기인한 손상을 사전에 예방하며, 합리적인 노동 조건을 선정함으로써 건강 유지를 도모하고 정신적, 육체적 적성에 맞는 직종에 종사케 함으로써 사고를 예방하고 작업 능력을 최대한 올리는 것을 기본 목표로 삼고 있다.

(3) 소년 및 여성 근로자의 보호

13세 미만자는 근로자로 채용하지 못하며, 18세 미만자는 도덕상 또는 보건상 유해하거나 위험한 사업에 채용하지 못한다(우리나라 근로기준법).

❷ 산업재해

(1) 정의

산업안전보건법에서는 산업재해를 "근로자가 업무에 관계되는 건물, 설비, 원재료, 가스, 증기, 분진 등에 의하거나, 작업 기타의 업무에 기인하여 사망 또는 부상하거나 질병에 이환되는 것"으로 산업재해를 규정하고 있다.

(2) 3대 발생 인적 요인

관리 결함, 생리적 결함, 작업상의 결함이다.

(3) 지표

도수율, 발생률, 강도율이다.

(4) 직업병의 원인

① 고열 환경에 의한 직업병 : 열경련, 열사병, 열쇠약증, 열탈허증 등이 있다.

② 저온 환경에 의한 직업병 : 참호족염, 동상, 동창 등이 있다.

③ 고압 환경에 의한 직업병 : 잠함병(체액 및 혈액 속의 질소 기포 증가 현상이 직접 원인) 등이 있다.

④ 저압 환경에 의한 직업병 : 고산병 등이 있다.

⑤ 조명 불량에 의한 직업병 : 안정피로, 근시, 안구진탄증 등이 있다.

⑥ 분진에 의한 직업병 : 진폐증(먼지), 규폐증(유리규산), 석면폐증(석면), 활석폐증(활석), 탄폐증(연탄) 등이 있다.

⑦ 수은에 의한 직업병 : 미나마타병의 원인 물질로 언어 장애, 근육경련, 두통, 구내염 등이 있다.

⑧ 카드뮴에 의한 직업병 : 이타이이타이병의 원인 물질로 폐기종, 단백뇨, 신장 기능 장애 등이 있다.

⑨ 진동이 심한 작업장에 의한 직업병 : 레이노드씨병 등이 있다.

⑩ 식자공 직업병 : 근시안 등이 있다.

Section 06  식품위생과 영양

❶ 식품위생의 개념

(1) 개념

WHO는 "식품위생이란 식품 원료의 재배, 생산, 제조로부터 유통 과정을 거쳐 최종적으로 사람에게 섭취되기까지의 모든 수단에 대한 위생을 말한다"라고 규정하고 있다.

(2) 기생충 질환

① 선충류 : 소화기, 근육, 혈액 등에 기생한다.

㉠ 회충 : 우리나라 기생충 중 가장 많이 발생하며, 경피 감염으로 소장에서 기생한다.

㉡ 구충(십이지장충) : 오염된 흙 위를 맨발로 다닐 경우 경피, 경구 감염되며, 소장에서 기생한다.

㉢ 요충 : 어린이들이나 집단 생활하는 사람에게 발생한다. 항문 주위에 산란과 동시에 감염되며, 맹장에서 기생한다.

② 흡충류 : 숙주의 간, 폐 등 흡착하여 기생한다.

㉠ 간 흡충증(간디스토마) : 피낭 유충으로 기생 부위는 간의 담도이다. 민물 고기 생식, 오염된 물이나 조리 기구를 통해 감염된다. 第1중간 숙주(우렁이)-第2중간 숙주(민물고기)

㉡ 폐 흡충증(폐디스토마) : 민물 참게나 가재의 생식으로 감염된다. 第1중간 숙주(다슬기)-第2중간 숙주(참게, 참가재)

㉢ 요코가와 흡충증 : 감염된 은어 또는 황어 생식으로 감염된다. 第1중간 숙주(다슬기, 어패류), 第2중간 숙주(민물고기, 은어, 잉어, 황어)

③ 조충류 : 주로 숙주의 소화 기관에 기생한다.

㉠ 무구조충증(민촌충) : 감염된 소고기 생식으로 감염된다.

㉡ 유구조충증(갈고리촌충) : 감염된 돼지고기 생식으로 감염된다.

㉢ 광절열두조충증(긴촌충) : 감염된 송어나 연어 생식으로 감염된다. 第1중간 숙주(물벼룩)-第2중간 숙주(담수어 : 송어, 연어)

㉣ 아나사키스충 : 대구, 오징어, 고등어, 가다랭이 등에 의해 감염된다. 고래, 바다 표범 등 포유 동물 위에 기생한다.

❷ 영양소

음식물을 섭취하여 소화 기관에서 소화, 흡수하고 체내 조직에 공급하여 생명 과정을 조절하고 에너지를 공급하는 물질이다. 신체의 열량 공급, 신체의 조직 구성, 신체의 생기 기능 조절 작용을 한다.

❸ 영양상태 판정 및 영양장애

1) 세균성 식중독

세균에 의한 급성 위장염으로 콜레라, 이질, 장티푸스와 같은 소화 기계 감염병은 포함되지 않는다.

① 감염형 식중독 : 세균이 음식물을 통해 체내로 침입하여 증식함으로써 원인균 자체가 식중독의 원인이 되는 경우이다.

㉠ 살모넬라증 : 살모넬라 원인균에 오염된 식품을 섭취하여 감염되며 보균자, 가축인 소, 말, 닭, 돼지, 쥐들에 의해 감염된다. 원인식품은 두부, 유제품, 어패류, 어육제품이며, 증상은 복통, 두통, 급성위장염, 구토와 함께 열이 40℃에 이르는 것이며 1주일 이내에 회복된다. 예방책으로 쥐와 파리를 구제하고 식품의 가열, 냉장처리, 환자의 식품취급을 금지한다.

• 돼지 콜레라가 원인균(인수공통 감염병)

• 쥐, 소, 닭, 달걀, 분변 등에 광범위하게 분포

• 보균자에게서도 감염(어육, 유제품, 어패류 등)

• 잠복기 : 평균 20시간

• 증상 : 오심, 구토, 설사, 발열 등

㉡ 장염 비브리오 : 비브리오 병원균에 의해 오염된 음식물을 섭취하면서 여름철에 많이 발생하며 어패류와 생선류에 의해 오염된다. 증상은 복통, 설사, 고열, 두통을 일으키는 급성위장염이며, 예방책으로 식품의 가열, 수도물에 의한 세정, 어패류의 생식 금지가 있다.

• 7~9월 사이에 많이 발생되며, 어패류가 원인이 되어 발병

• 어패류 생식, 오염 어패류를 접한 도마, 칼, 행주 등에 의한 2차 감염

• 잠복기 : 평균 12시간

• 증상 : 급성 위장염

㉢ 병원성 대장균 식중독 : 병원성 대장균과 오염된 식품에 의해 일어나며 설사, 복통, 두통, 발열 증세가 있고 영유아에게 병원성이 강하다. 잠복기는 짧으나 증상은 심하다. 예방책으로 분변의 식품오염을 방지하고 보균자를 색출하며, 분변 처리를 철저히 하는 것이 있다.

• 감염된 우유, 햄, 치즈, 두부 등의 섭취로 감염

• 잠복기 : 10~30 시간

• 증상 : 심한 설사, 복통, 두통 등

② 독소형 식중독 : 세균이 음식물에서 번식하여 산출해내는 독소가 원인이 되는 식중독을 말한다.

㉠ 포도상구균 식중독 : 포도상구균, 병원균은 사람과 동물의 화농성질환이 가장 중요한 원인균이다. 면도 시 얼굴에 상처가 나거나 식품 취급자의 손에 화농성 질환이 있을 때 감염된다. 원인식품은 우유 및 유제품, 김밥이 있고 잠복기와 치유기간이 짧다. 발열은 거의 없고 2~3일 내에 완치된다. 조리기구와 식품의 살균이 중요하다.

• 우리나라에서 가장 많은 식중독

- 손가락 등의 화농성 질환의 병원균
- 균이 생성하는 장독소 엔텔톡소에 의해 감염
- 주로 여름철에 발병하며, 어패류 등의 생식이 원인
- 잠복기 : 평균 3시간
- 증상 : 복통, 설사, 급성 위장병

ⓒ 웰치균 식중독 : 자연계에 널리 분포되어 있으며 사람의 분변, 수육제품이 원인이다. 복통과 구토, 설사 등의 위장증세가 나타나고 발열은 적다. 예방책으로 식품 내 균의 증식을 방지하고 가열 조리한 식품의 오염을 방지하는 것이 있다.
- 육류와 가공품, 어패류 등에 의해 감염
- 잠복기 : 12~18시간
- 증상 : 복통, 설사

ⓒ 보툴리누스균 식중독 : 보툴리누스 병원균이 식품의 혐기성 상태에서 발생하는 신경독소가 원인균이다. 원인식품은 통조림, 소시지이며, 음식물의 가열처리, 위생적 보관과 가열이 필요하다.
- 사망률이 가장 높은 식중독으로 신경 독소 뉴로톡신에 의해 감염
- 통조림, 소시지 등 밀폐된 혐기성 상태의 식품에 의해 감염
- 잠복기 : 12~18시간
- 증상 : 신경 장애, 호흡 곤란, 시력 장애

2) 자연독에 의한 식중독
① 식물성 자연독
- ㉠ 감자 : 솔라닌
- ㉡ 독버섯 : 무스카린
- ㉢ 청매 : 아미그달린
- ㉣ 독미나리 : 시큐톡신

② 동물성 자연독
- ㉠ 복어 : 테트로톡신
- ㉡ 섭조개, 대합 : 삭시톡신
- ㉢ 모시조개, 굴, 바지락 : 베네루핀

3) 식품의 변질과 보존법
① 물리적 보존법
- ㉠ 가열법 : 식품에 부착된 미생물을 죽이거나 조직 내에 효소를 파괴하여 식품의 변질을 방지하는 방법이다. 일반적으로 미생물은 80℃에서 30분간 가열하면 사멸하는데, 아포는 내열성이므로 120℃에서 20분간 가열해야 완전 사멸한다.
- ㉡ 냉동법 : 식품을 얼려서 보존하므로 식품에 변화를 주어 장기간 보존이 가능하므로 널리 이용되며 0℃ 이하로 냉동한다.
- ㉢ 냉장법 : 식품을 0~4℃ 사이의 저온으로 보존하여 미생물의 활동을 정지시키는 방법이다.
- ㉣ 건조법 : 식품에 함유된 수분을 감소시켜서 미생물의 번식을 막아 식품을 보존하는 방법이다.
- ㉤ 자외선 살균법 : 자외선의 살균작용을 이용한 방법이다.

② 화학적 보존법
- ㉠ 방부제 첨가법 : 식품에 사용하는 방부제는 독성이 없고 무취, 무미하며 식품에 변화를 주지 않는다.
- ㉡ 염장법 : 고농도의 식염을 사용하는 방법으로 축산가공품 및 해산물의 저장, 채소, 육류에 널리 이용된다.
- ㉢ 당장법 : 설탕, 전화당을 사용해 저장하는 방법으로 잼, 젤리, 가당연유, 과실 등에 이용된다.
- ㉣ 훈연법 : 햄, 베이컨에 주로 사용되는 방법으로 수지가 적은 참나무, 떡갈나무 등을 불완전 연소시켜 연기를 내고 그 연기에 그을려서 미생물의 발육을 억제하고 수분을 건조시켜 식품의 저장성을 높이는 방법이다.
- ㉤ 산저장법 : 낮은 산을 이용하여 세균, 곰팡이, 효모와 같은 미생물의 발육을 억제하는 방법이다.

Section 07 보건행정

❶ 보건행정의 개념
(1) 정의
공중보건의 목적을 달성하기 위해 공공의 책임하에 수행하는 행정 활동으로 국민의 질병 예방, 생명 연장, 건강 증진을 도모하기 위해 국가 및 지방자치단체가 주도적으로 수행하는 공적인 행정 활동이다.

(2) 범위(WHO)
보건 통계 기록의 수집, 분석, 보존, 대중에 대한 보건 교육, 환경위생, 감염병 관리, 모자보건, 의료 및 보건 간호이다.

(3) 특성
공공성과 사회성, 과학성과 기술성, 조장성과 교육이다.

(4) 보건 계획 전개 과정
전제-예측-목표 설정- 구체적 행동 계획이다.

(5) 지방 보건 행정 조직
① 시,도 보건 행정 조직 : 복지여성국, 보건복지부 하에 의료위생복지 등이 업무 취급을 한다.
② 시, 군, 구 보건 행정 조직 : 보건소
- ㉠ 우리나라 지방 보건 행정의 최일선 조직으로 보건 행정의 말단 행정 기관이다.
- ㉡ 우리나라는 1962년 9월 24일에 새로운 보건소법을 제정하고 전국에 보건소를 설치하였다.
- ㉢ 국민 건강 증진 및 전염병 예방 관리 사업 등을 한다.

❷ 사회보장과 국제 보건기구
(1) 사회보장제도
사회 보장이란 국민이 안정적인 삶을 영위하는데 위험이 되는 요소 즉 빈곤이나 질병, 생활 불안 등에 대해 국가적인 부담 또는 보험 방법에 의하여 행하는 사회 안전망을 말한다.
① 건강 보험 : 질병이나 부상에 대한 예방, 진단, 치료, 재활과 출산, 사망 및 건강 증진을 대상으로 1989년 전 국민에게 의료 보험을 적용했다.
② 4대 보험 : 국민 연금, 건강 보험, 산재 보험, 고용 보험이다.

(2) 국제 보건기구
① 세계보건기구(WHO)의 구성 : 1948년 4월 7일 세계보건기구헌장을 발표하고 우리나라는 1949년 8월 17일 서태평양 지역에 65번째로 가입하였다.
② 지역사무국 : 스위스 제네바에 본부가 있음
③ 세계보건기구의 기능 : 정신보건, 보건요원의 훈련, 의료봉사, 모자보건, 환경위생, 산업보건, 주택위생, 감염병 관리, 공중보건과 의료 및 사회보장, 조사 연구사업, 국제검역대책, 각종 보건문제에 대한 협의, 규제, 권고안 제정, 식품, 약물, 생물학적 제제에 대한 국제적 표준화, 과학자 및 전문가들의 협력 도모, 재해예방 및 관리
④ 세계보건기구의 주요사업 : 모자보건 사업, 영양개선, 보건교육의 개선, 환경위생의 개선, 결핵, 말라리아, 성병 근절 사업

공중보건학 예상문제

01 공중보건 수준평가 기초자료로 사용되는 가장 대표적인 것은?

① 신생아사망률
② 영유아사망률
③ 출생아수
④ 평균수명

> **해설** 영유아사망률, 조사망률, 질병이환률, 모성사망률, 평균수명 등으로 평가할 수 있으며 영유아사망률이 가장 대표적인 지표이다.

02 공중보건의 개념에 해당하지 않는 것은?

① 질병예방
② 생명연장
③ 질병치료
④ 건강증진

> **해설** 공중보건은 질병을 예방하는 의학에 속하지만 치료개념은 아니다.

03 역학의 4대 현상 중의 하나인 생물학적 현상에 대한 설명으로 옳지 않은 것은?

① 유아층은 만성감염병이 잘 발생한다.
② 노년층은 성인병이 많이 발생한다.
③ 숙주의 연령, 성, 인종에 따라 다르다.
④ 남자는 장티푸스, 발진티푸스, 여자는 이질, 백일해 등이 잘 걸린다.

> **해설** 유아층은 급성감염병이 잘 발생한다.

04 다음 감염병 예방을 위해 생후 가장 먼저 예방접종을 실시하는 것은?

① 홍역
② 결핵
③ 백일해
④ 파상풍

> **해설** 결핵은 생후 4주, 백일해, 파상풍은 생후 2개월, 홍역은 생후 15개월에 예방접종을 실시한다.

05 감염병 관리에 가장 적합하지 않은 보균자는?

① 회복기 보균자
② 건강 보균자
③ 잠복기 보균자
④ 병후 보균자

> **해설** 건강 보균자는 병균을 보균하고 배출하지만 임상증상이 없고 건강인과 구별되지 않아 위험하다.

06 개달물의 종류에 속하는 것은?

① 침구, 완구, 의복
② 음식물
③ 우유
④ 파리, 모기

> **해설** 개달물은 비활성전파제로 수건, 서적, 침구, 완구 등에 감염체가 부착되어 있는 것을 말한다.

07 예방접종이 갖는 중요한 의미는?

① 급성감염병에만 가치가 크다.
② 방역대책의 큰 의미를 지닌다.
③ 모든 감염병의 예방책이다.
④ 개인의 감염예방의 의미만 있다.

> **해설** 예방접종은 방역대책으로 면역력을 증가시켜 전파를 방지하는 역할을 한다.

08 가장 이상적인 인구구성의 기본형은?

① 별형 ② 피라미드형
③ 항아리형 ④ 종형

> **해설** 종형은 인구 정지형으로 출생률과 사망률이 모두 낮은 형이다. 인구 구성 중 14세 이하가 65세 이상 인구의 2배 정도이다.

09 우리나라의 국세조사가 시작된 해는 언제부터인가?

① 1910년 ② 1919년
③ 1925년 ④ 1945년

> **해설** 국세조사는 인구 동태 및 그와 관련된 여러가지 조사를 하는 것으로 우리나라는 1925년 처음 실시한 이후 매 5년마다 조사하고 있다.

10 가족계획의 목적으로 적합하지 않은 것은?

① 피임계몽 ② 모자건강증진
③ 수태조정 ④ 성생활개방

> **해설** 가족계획의 목적은 계획 출산으로 원치 않는 아이의 출산을 미리 방지하는것이다.

11 공기의 성분에 대한 설명으로 적합하지 않은 것은?

① 공기 중의 산소량이 10%가 되면 호흡곤란이 온다.
② 아황산가스는 무취, 무자극이다.
③ 이산화탄소는 실내공기 오염도의 지표로 사용한다.
④ 공기 중의 일산화탄소량이 0.1%가 되면 중독을 일으킨다.

> **해설** 무취, 무자극인 가스는 일산화탄소이다.

12 일산화탄소와 헤모글로빈의 결합력은 산소에 비해 몇 배나 강한가?

① 100~150배
② 160~180배
③ 200~250배
④ 300~350배

> **해설** 일산화탄소와 헤모글로빈과의 친화성이 산소에 비하여 높아 조직 내 산소결핍증을 초래한다.

13 환기장치가 불완전한 실내가 인체에 해로운 이유로 적합한 것은?

① 공기의 물리적, 화학적 조성의 변화
② 이산화탄소의 증가
③ 산소의 감소
④ 일산화탄소의 증가

> **해설** 실온상승, 습도증가, 기류부족으로 체열발산의 저해가 원인이다.

정답 01 ② 02 ③ 03 ① 04 ② 05 ② 06 ① 07 ② 08 ④ 09 ③ 10 ④ 11 ② 12 ③ 13 ①

14 위생적인 조명의 조건으로 적합하지 않은 것은?

① 그림자가 생기지 않아야 한다.
② 눈이 부시지 않아야 한다.
③ 어느 정도의 색이 있어야 한다.
④ 충분한 조명량이 있어야 한다.

해설 광색이 자연광의 색에 가까운 효과를 내어야 적합하다.

15 우리나라 근로기준법상 1일 근로시간과 주당 근로시간은?

① 1일 6시간, 주당 36시간
② 1일 7시간, 주당 42시간
③ 1일 8시간, 주당 40시간
④ 1일 9시간, 주당 54시간

해설 우리나라 근로기준법은 13세미만자는 근로자로 채용하지 못하며, 여자와 18세 미만자는 도덕상 또는 보건상 유해하거나 위험한 사업에 채용하지 못한다.

16 식품의 보존법 중 화학적 보존법이 아닌 것은?

① 훈연법   ② 탈수법
③ 산저장법   ④ 염장법

해설 ③ 탈수법은 물기를 빼는 방법으로 물리적 보존법에 해당한다.

17 세균성 식중독 중 치사율이 가장 높은 것은?

① 포도상구균   ② 살모넬라균
③ 보툴리누스균   ④ 장염 비브리오균

해설 보툴리누스균은 독소형 식중독으로 통조림이나 소시지 등 밀폐된 혐기성 상태의 식품에 의해 감염되며 사망률이 가장 높은 식중독이다.

18 감염형 식중독에 속하는 것은?

① 장염 비브리오균   ② 보툴리누스균
③ 포도상구균   ④ 웰치균

해설 감염형 식중독에는 장염 비브리오균과 살모넬라균이 속한다.

19 이·미용사의 주요 업무를 관장하는 보건 부서는?

① 공중위생과   ② 위생감시과
③ 위생제도과   ④ 사회과

해설 이·미용업은 다수인을 대상으로 위생관리서비스를 제공하는 영업으로 공중위생과에서 주요 업무를 관장한다.

20 세계보건기구(WHO)의 기능으로 적합하지 않은 것은?

① 국제적 보건사업의 지휘 및 조정
② 회원국의 보건관계 자료공급
③ 회원국의 기술지원 및 자문
④ 회원국의 보건정책 조정

해설 세계보건기구(WHO)는 보건 교육, 보건 행정, 보건관계 법규의 기능을 한다.

21 18세기 말 "인구는 기하급수적으로 늘고 생산은 산술급수적으로 늘기 때문에 체계적인 인구 조절이 필요하다."라고 주장한 사람은?

① 프랜시스 플레이스
② 에드워드 윈슬로우
③ 토마스 R. 말더스
④ 포베르토 코흐

해설 토마스 R. 말더스는 인구는 기하급수적으로 늘고 생산은 산술급수적으로 늘기 때문에 체계적인 인구 조절이 필요하다고 주장했다.

22 식물성 자연독에서 독버섯에 들어 있는 독성분은 무엇인가?

① 아미그달린
② 무스카린
③ 에르고톡신
④ 테트로도톡신

해설 ① 청매, ③ 맥각, ④ 복어에 대한 독성분이다.

23 예방접종에 의해서 형성된 면역은 어느 것인가?

① 자연수동면역
② 인공수동면역
③ 인공능동면역
④ 자연능동면역

해설 인공능동면역은 생균백신, 사균백신, 순화독소의 예방 접종을 통해 형성된 면역으로 결핵, 홍역, 폴리오, 장티푸스, 파상풍, 디프테리아 등이 인공능동면역에 속한다.

24 다음 중 병원체와 병원소의 연결이 잘못된 것은?

① 쥐 – 콜레라
② 돼지 – 돈단독증
③ 개 – 광견병
④ 소 – 결핵

해설 쥐는 페스트, 발질열, 서교증, 양충병, 쯔쯔가무시증, 살모넬라증, 와일씨병 등의 병원체가 있다.

25 항문 주위에 산란을 하며 가족단위로 집단 감염이 가장 잘 걸리는 기생충은?

① 구충
② 원충류
③ 요충
④ 십이지장충

해설 요충은 직장에서 기생하고 항문 주위에 산란과 동시에 감염 능력이 있으며 어린이들이나 집단 생활을 하는 사람들에게 감염 발생이 높은 기생충이다.

정답 **14** ③ **15** ③ **16** ② **17** ③ **18** ① **19** ① **20** ④ **21** ③ **22** ② **23** ③ **24** ① **25** ③

Chapter 03 피부학

Section 01 피부와 피부 부속기관의 구조 및 기능

❶ 피부의 구조 및 기능

피부는 인체의 가장 넓은 표면을 둘러싸고 있는 막으로서 중요한 조직 중의 하나이다.

(1) 피부의 기능

1) 방어 · 보호기관(표피층)
① 피부는 압력이나 마찰, 화학적 자극, 세균의 침입, 광선에 대한 보호 작용을 한다.
② 산성막
  ㉠ 피부표면의 산성성분이 박테리아 등의 세균으로부터 피부를 보호한다.
  ㉡ 이상적인 피부는 pH 5.5 정도의 약산성이다.
③ 감각 · 지각기관(진피층)
  ㉠ 피부는 외부의 자극을 바로 뇌에 전달하여 통각, 압각, 온각, 냉각, 촉각, 소양감 등을 느끼게 한다.
  ㉡ 피부 감각 감지 순서는 통각 > 촉각 > 냉각 > 압각 > 온각 순서이다.
④ 분비기관
  땀샘을 통해 피부의 노폐물을 분비하고 발한작용과 수분증발을 억제한다.
⑤ 흡수기관
  피지선, 각질, 땀샘 등에 의한 흡수작용을 하며 피부 표면에 지방막을 형성한다.
⑥ 체온 조절기관
  외부의 변화에 따라 땀샘과 혈관을 통해 몸 내부의 온도를 유지시켜 피부의 향상성을 유지한다.
⑦ 영양분 교환기관
  에너지원은 신체의 신진대사 활성화를 위해 필요시 물에 용해되고, 탄수화물로 전환된다. 자외선의 자극을 받아 프로비타민 D를 비타민 D로 활성화한다.

(2) 피부의 구조

1) 표피
피부의 가장 바깥층으로 대략 0.03~1mm 두께로 외배엽에서 발생되고 혈관과 신경 조직이 없다.
① 각질층
  ㉠ 비닐 모양의 죽은 피부 세포가 엷은 회백색 조각으로 되어 떨어져 나가고 층이 라멜라 구조로 배열되어 있다.
  ㉡ 각화 작용에 의해 새로 형성된 세포들이 기저층을 떠나 박리될 때까지 약 28일 주기로 한다.
  ㉢ 각질형성세포가 표피층 내 세포의 약 80~90% 구성한다.
  ㉣ 천연보습인자(아미노산40%, 암모니아, 젖산염, 요소 등)가 수분조절 작용을 한다.

② 투명층
  ㉠ 손바닥, 발바닥에만 존재한다.
  ㉡ 세포질 속에서 엘라이딘이라는 반유동 지방 성분이 함유되어 있어 투명하게 보인다.
③ 과립층
  ㉠ 2~5층으로 이루어진 편평형 또는 방추형 세포층으로 자외선의 80%를 차단한다.
  ㉡ 케라토히알린과립과 라멜라 과립을 함유하고 있다.
  ㉢ 베리어존(수분저지막)이 체내의 수분 유출 방지와 외부로부터 피부를 보호한다.
  ㉣ 필라그린이 존재하며 30% 정도의 수분을 함유하고 있다.
④ 유극층(가시세포층)
  ㉠ 표피층에서 가장 두꺼운 층이다.
  ㉡ 림프액(피부 순환과 영양 공급)과 랑게르한스 세포(피부 면역)가 있다.
⑤ 기저층
  ㉠ 표피 가장 아래에 있는 단층의 원추상 세포로 진피층과 물결 모양으로 접하고 있다.
  ㉡ 각질형성세포, 멜라닌형성세포(피부색 결정), 메켈세포(감각세포)가 존재한다.
  ㉢ 새로운 세포 형성과 진피층 모세혈관으로 산소와 영양분을 공급받는다.

2) 진피
피부의 90% 이상을 차지하고, 두께가 약 2~3mm로 표피보다 20~40배 정도 두껍다. 혈관, 림프관, 신경관, 땀샘, 피지선, 피부의 부속 기관을 포함하고 있다. 주성분은 콜라겐, 엘라스틴, 기질(무토 다당류)이다.
① 유두층
  ㉠ 물결 모양으로 표피와 진피가 접하고 있는 부분이다.
  ㉡ 표피에 영양분과 산소를 운반하고 림프관으로 표피의 노폐물을 배설한다.
  ㉢ 혈관을 통해 기저층에 많은 영양분을 공급한다.
② 망상층
  ㉠ 피하조직과 연결되어 있다.
  ㉡ 콜라겐섬유(교원섬유)와 엘라스틴섬유(탄력섬유)가 존재한다.
  ㉢ 기질(간충물질), 히아론산(보습 성분), 대식세포(선천 면역 담당), 비만세포(알레르기 반응 유발), 섬유아세포(콜라겐, 엘라스틴, 기질을 합성)가 존재한다.

3) 피하조직
진피과 근육 사이에 위치한다. 체온 보호 기능, 외부의 압력이나 충격 시 완충 작용으로 피부 보호 기능, 신체 내부의 물리적 보호 기능, 남은 영양이나 에너지 저장 기능 등을 한다.

❷ 피부의 부속기관의 구조 및 기능

(1) 피부의 부속기관

1) 모발

① 모발의 구성 성분 : 약 70~80%의 케라틴 단백질, 멜라닌 색소 3%, 지질 1~8%, 수분 10~15%, 미량 원소 0.6~1%로 구성되어 있다.

② 모발의 pH : pH 4.5~5.5 전후이다.

③ 모발의 1일 성장량 : 0.34~0.35mm이다.

④ 모발의 구조

모간부	모표피	• 모발의 구성 중 피부 밖으로 나와 있는 부분이다. • 전체 모발의 10~15%를 차지하며 두꺼울수록 모발은 단단하고 저항성이 높다. • 에피큐티클 : 수증기를 통과하나 물은 통과하지 못하고, 물리적 작용에 약하며 모발의 손상도를 측정하는 기준이다 • 엑소큐티클 : 시스틴 함량이 많으며, 비정질의 케라틴 단백질층이다. 모발 전체를 보호하고 단백질 용해성 약품에 강하다. • 엔도큐티클 : 시스틴 함량이 낮고 기계적으로 가장 약한 층이다.
	모피질	• 모발의 70% 이상을 차지한다. • 멜라닌 색소를 함유하고 있어 모발 색을 결정하고 섬유질 및 간충 물질로 구성되어 있다.
	모수질	• 공동으로 가득찬 벌집 모양의 다각형의 세포가 길이 방향으로 나열되어 있다. • 모수질이 많은 모발은 퍼머넌트 웨이브 형성이 잘 되고 모수질이 적은 모발은 퍼머넌트 웨이브형성이 잘 되지 않는다.
모근부	모낭	• 모발을 둘러싸고 있는 주머니 모양의 기관이다. • 모발 생성을 위한 기본 단위로 모포라고도 한다.
	모구	• 모근부의 구근 모양으로 되어 있는 아랫 부분이다. • 진피의 결합 조직에 묻혀 있고 움푹 팬 부분에는 진피 세포층에서 나온 모유두가 들어있다.
	모유두	• 모세혈관과 감각 신경이 연결되어 있으며, 모모 세포에 영양을 공급한다. • 혈관과 림프관이 분포되어 있어 털에 영양을 공급하며 주로 발육에 관여한다.
	모모세포	• 세포의 분열 증식으로 모발이 만들어지는 곳이다. • 모발의 주성분인 케라틴 단백질을 만들어 모발의 형상을 갖추게 한다.
	입모근 (기모근)	• 피지선 아래쪽에 붙어있는 불수의근이다. • 털 세움근, 기모근, 모발근이라고도 한다. • 갑작스런 기후 변화나 공포감에 처했을때 작용하여 모공을 닫고 체온 손실을 막아주는 역할을 한다. • 추위가 감지되면 입모근을 수축시켜 털을 세운다.

⑤ 모발의 성장주기

ㄱ 성장기 : 전체 모발의 85~90%를 차지하며, 모발 성장기 초기 단계이다.

ㄴ 퇴행기 : 전체 모발의 1%을 차지하며, 세포 분열이 정지된 상태로 모발 형태를 유지하면서 대사 과정이 느려지는 단계이다.

ㄷ 휴지기 : 전체 모발의 14~15%를 차지하며, 모발의 성장이 멈추고 가벼운 빗질만으로도 모발이 쉽게 탈락되는 단계이다.

2) 피지선

① 피지를 분비하는 선으로 진피층에 위치하고 있다.

② 모낭벽에 포도송이처럼 달려있는 것으로, 하루 평균 1~2g 정도 분비를 한다.

③ 남성 호르몬인 안드로겐 영향을 받아 분비되며, 손바닥에는 전혀 없다.

④ 세안 후 원상태로 돌아오는 소요 시간은 1~2시간 정도이다.

3) 땀샘

① 종류

ㄱ 에크린샘 : 작은 땀샘이라고도 하며, 땀의 pH는 3.8~5.6으로 산성을 띤다. 자율신경계의 지배를 받아 손바닥, 발바닥, 이마에 가장 많고 음부와 음경 및 입과 입술 등에는 존재하지 않는다.

ㄴ 아포크린샘 : 큰 땀샘이라고도 하며 분비되는 땀은 극히 적고, pH는 5.5~6.5 정도이다. 겨드랑이, 성기 주변, 유두 주변 및 두피에 존재하며, 많은 단백질 함유로 개인 특유의 냄새를 지니고 있다.

② 기능

피부에 산성피지막을 형성하고, 체내의 수분이나 노폐물을 배설한다.

③ 땀의 이상분비

ㄱ 다한증 : 땀의 분비가 많아지는 것을 말한다.

ㄴ 소한증 : 땀의 분비가 감소되는 것을 말한다.

ㄷ 무한증 : 땀이 분비되지 않는 것을 말한다.

ㄹ 액취증(취한증) : 몸에서 악취가 나는 것을 말한다. 세균의 부패, 단백질의 파괴, 유전 등이 원인이다.

④ 산성피지막 : 땀과 피지로 이루어진 산성막으로 땀과 피지는 천연적으로 유화되며 이 유화 상태는 환경의 변화에 상응한다. 천연유화제로는 레시틴, 콜레스테롤 등이 있다.

(2) 피부의 장애와 질환

1) 원발진 : 1차적 피부 장애를 뜻하며, 피부 질환 또는 장애의 초기 병변으로 눈에 보이거나 손으로 만져지는 것이다.

① 구진 : 직경 1cm 미만으로 끝이 뾰족하거나 둥글고 단단한 여드름으로 사마귀 종류의 뾰루지이다.

② 결절 : 직경 1cm 이상으로 구진과 같은 크고 깊은 형태로 구진이 서로 엉켜서 큰 형태를 이룬 것이다.

③ 농포 : 투명하다가 농포로 변화하는 염증 형태로 주변 조직이 파손되지 않도록 빨리 짜주어야 한다.

④ 종양 : 직경 2cm 이상 액체가 있는 큰 결절로 양성과 악성이 있다.

⑤ 팽진 : 피부 발진 중 일시적인 증상으로 가려움증을 동반하며 불규칙적인 모양을 한 형태이다.

⑥ 홍반 : 모세혈관의 울혈에 의해 피부가 발적된 상태이다.

2) 속발진 : 2차적 피부 장애이다.

① 켈로이드 : 피부 손상 후 상처 치유 과정에서 결합 조직이 비정상적으로 성장 하면서 상처가 치유된 정상 피부를 침윤한 상태이다.

② 태선화 : 표피 전체와 진피의 일부가 가죽처럼 두꺼워지는 현상이다.

3) 여드름

① 심상성 좌상이라고도 하는 것으로 사춘기 때 잘 발생하는 피부 질환이다.

② 원인 : 80% 이상은 유전적 원인, 남성 호르몬인 안드로겐의 피지 분비 촉진 작용, 월경 전,후 경구 피임약 복용, 스트레스, 내장 질환, 잘못된 식습관, 환경의 영양 및 물리적 자극에 의해 발생한다.

③ 비염승성 여드름

ㄱ 패쇄 면포 : 모공이 막힌 단계이다.

ㄴ 검은 면포 : 공기의 접촉으로 피지가 산화되어 검게 보이고 모공이 벌어져 있는 상태이다.

④ 염증성 여드름

ㄱ 붉은 여드름 : 구진, 여드름 균에 의한 여드름 초기 단계이다.

ㄴ 화농성 여드름 : 농포, 고름이 잡혀있는 단계이다.

ⓒ 결절성 여드름 : 심한 통증과 흉터, 모낭 아래 조직이 파괴된 단계이다.

ⓔ 낭종성 여드름 : 화농 단계가 심하고 치료 후 흉터, 진피층까지 손상된 단계이다.

4) 바이러스성 피부 질환

① 단순 포진 : 수포가 입술 주위에 잘 생기고 흉터 없이 치유되나 재발이 잘 되는 질환이다.

② 대상 포진 : 연령층이 높은 층에 발생 빈도가 많고 심한 통증을 유발하는 질환이다.

③ 수족구염 : 주로 어린 아이의 손, 발, 입에 발생하는 수포와 구진 질환이다.

④ 사마귀 : 면역력 저하로 발생하는 질환이다.

⑤ 편평 사마귀 : 1~3mm 크기로 표면이 편평하고 조금 융기된 형태의 옅은 갈색에서 짙은 갈색 구진으로 얼굴, 턱, 입 주위, 손등에 발생하는 질환이다.

⑥ 수두 : 피부 및 점막의 전염성 수포 질환으로 주로 소아에게 발생하는 질환이다.

⑦ 홍역 : 우리나라 법정 전염병 중 가장 많이 발생하는 전염병으로 1~5년 간격으로 많은 유행을 하며 주로 어린이에게 강한 전염성으로 발생하는 질환이다.

⑧ 풍진 : 임신 초기에 이환되면 백내장아, 농아아, 선천성 기형아를 낳을 수 있는 질환이다.

⑨ 유행성이하선염(볼거리) : 합병증으로 고환염, 뇌수막염 등이 초래되어 불임이 될 수 있는 질환이다.

4) 진균성 피부 질환

① 무좀 : 곰팡이 균에 의해 발생하며, 주로 손발에 번식하여 가려움증을 동반하는 질환이다.

② 족부 백선 : 피부 진균에 의하여 발생하며, 습한 곳에서 발생 빈도가 가장 높은 피부 질환이다.

5) 과색소 침착 피부 질환

① 기미 : 비대칭형의 색소 침착으로 자외선 과다 노출, 경구 피임약 복용, 내부빈 장애, 선탠기 사용 등의 원인으로 중년 여성에서 주로 발생하는 질환이다.

② 노인성 반점 : 흑갈색 사마귀 모양으로 40대 이후 손등이나 얼굴에 발생하는 질환이다.

③ 벌록 피부염 : 향료에 함유된 요소가 원인인 광접촉 피부 질환이다.

6) 저색소 침착 피부 질환

① 백반증 : 후천적 탈색소 질환으로 멜라닌 색소 감소로 인해 색소 결핍으로 생기는 피부 질환이다.

② 백피증 : 멜라닌 색소 결핍의 선천적 질환으로 쉽게 일광 화상을 입는 피부 질환이다.

7) 열에 의한 피부 질환

① 1도 화상 : 피부가 붉게 변하면서 국소 열감과 동통이 발생하는 피부 상태이다.

② 2도 화상 : 피부에 수포가 발생된 상태로 진피층까지 손상된 피부 상태이다.

③ 3도 화상 : 피부의 전층 및 신경이 손상된 피부 상태이다.

8) 습진성 피부 질환

① 지루성 피부염 : 기름기가 있는 인설(비듬)이 특징이며, 호전과 악화를 되풀이하고 약간의 가려움증을 동반하는 피부 질환이다.

② 아토피성 피부염 : 강한 유전 경향을 보이는 특별한 습진으로 팔꿈치 안쪽이나 목 등의 피부가 거칠어지고 아주 심한 가려움증을 나타내는 피부 질환이다.

9) 기타 피부 질환

① 주사 : 주로 40~50대에 보이며 혈액 흐름이 나빠져 모세혈관이 파손되어 코를 중심으로 양 뺨이 나비 형태로 붉어지는 피부 질환이다.

② 비립종 : 1~2mm 크기의 둥근 백색 구진으로 눈 아래 모공과 땀구멍에 주로 발생하는 피부 질환이다.

③ 티눈 : 각질층의 한 부위가 두꺼워져 생기는 각질층 증식 현상의 피부 질환이다.

④ 흉터 : 세포 재생이 더 이상 되지 않으며, 기름샘과 땀샘이 없는 피부 질환이다.

⑤ 소양감 : 자각 증상으로서 피부를 긁거나 문지르고 싶은 충동에 의한 가려움증이다.

⑥ 셀룰라이트 : 지방의 일부가 섬유성 진피 결합 조직 사이에 결절을 이루를 울퉁불퉁한 피부 형태의 질환이다.

Section 02 　피부 유형 분석

❶ 정상피부의 유형 및 특징

유분과 수분 균형이 잘 이루어진 가장 이상적인 피부 형태이다.

❷ 건성피부 유형 및 특징

유분과 수분 부족으로 피부 결이 얇고 표면이 거칠고 탄력이 없는 피부 유형으로 핫 오일 마스크 팩이 효과적이다.

❸ 지성피부 유형 및 특징

피부가 두터워 보이고 모공이 크며, 화장이 쉽게 지워지는 타입으로 바니싱 크림(무유성 크림)이나 머드팩이 효과적이다.

❹ 민감성피부 유형 및 특징

① 모세혈관이 피부 표면에 보이고, 얼굴이 붉고 얇으며, 환경 변화나 화장품에 민감한 피부 유형이다.

② 자외선에 과도하게 노출되거나 칼슘이 부족할 경우 뒤따를 수 있는 피부 유형이다.

❺ 복합성피부 유형 및 특징

얼굴에 있는 T존 부위는 번들거리고 볼 부위는 당기는 피부 유형으로 T존 부위와 건조한 부위에 유분과 수분을 균형적으로 관리해야한다.

❻ 노화피부 유형 및 특징

콜라겐과 엘라스틴의 약화로 깊은 주름이 생기는 피부 유형으로 파라핀 마스크 팩이 효과적이다.

Section 03 피부와 영양

❶ 영양

(1) 영양의 개념

① 영양
생명을 유지하고 몸을 성장시켜 나가기 위하여 필요한 성분을 섭취하는 작용 또는 그 성분을 말한다.

② 영양소
식물로부터 섭취하는 생활현상 유지의 원동력이 되는 물질이다.

③ 열량
식품을 완전히 연소하는 데 필요한 열을 에너지 양으로 나타낸 것으로, 단위는 보통 칼로리(kcal)를 사용한다.

④ 기초대사량
체온유지 및 호흡, 혈액순환 등 몸을 유지하는 데 필요한 최소한의 기초량, 생명유지를 위한 최소열량이다.

⑤ 신진대사
영양소가 몸 안에 흡수되어 여러 가지 물질로 변화 및 이용되었다가 불필요한 물질이 체외로 배설되는 과정이다.

(2) 영양소의 3대 작용

① 신체의 열량공급작용
② 신체의 조직구성작용
③ 신체의 생리기능조절작용

(3) 5대 영양소

① 3대 영양소 : 탄수화물, 지방, 단백질
② 4대 영양소 : 탄수화물, 지방, 단백질, 무기질
③ 5대 영양소 : 탄수화물, 지방, 단백질, 무기질, 비타민

(4) 주요 영양소(3대 영양소 및 비타민, 무기질)

1) 탄수화물

① 75%가 에너지원으로 쓰이고 남은 것은 지방으로 전환되어 글리코겐 형태로 간에 저장된다.
② 에너지 공급, 혈당 유지, 단백질 조절, 필수 영양소로서의 작용을 한다.
③ 부족 시 : 단백질 분해로 에너지원 소모, 체중 감소, 기력 부족 증상이 나타난다.
④ 과다 시 : 혈액 산도를 높이고 피부의 저항력 약화로 세균 감염, 산성 체질 증상이 나타난다.

2) 지방

① 1g당 9kcal의 에너지 생산, 필수 영양소로서의 작용, 체온 유지 및 장기의 보호 작용을 한다.
② 필수 지방산
  ㉠ 지방이 분해되면 지방산이 되는데 이 중 불포화 지방산은 인체 구성 성분으로 중요한 위치를 차지한다.
  ㉡ 종류 : 리놀산, 리놀렌산, 아라키돈단, 오메가3, 오메가6가 있다.

3) 단백질

① 최종 가수분해 물질은 아미노산이며, 소장에서 아미노산 형태로 흡수한다.
② 모발, 손톱, 피부, 뼈, 혈관 등이 조직을 생성하고 체내 수분 및 체액의 pH 조절을 한다.
③ 콰시오르코르증 : 단백질과 무기질이 부족한 음식을 장기적으로 섭취함으로써 발생되는 단백질 결핍증이다.
④ 부족 시 : 피부 표면이 경화, 저단백질증, 성장 발육 저조, 부종, 빈혈 등의 증상이 나타난다.
⑤ 과다 시 : 혈액순환 장애, 불면증, 이명 증상이 나타난다.

4) 무기질(미네랄)

① 특징
조절 작용, 수분과 산, 염기의 평형 조절, 뼈와 치아 공급, 연조직과 체조직 구성, 완충 작용, 생리적인 pH 조절 기능, 근육의 수축과 이완 작용을 한다.

② 종류
  ㉠ 칼슘(Ca) : 뼈와 치아의 주성분이며, 결핍되면 혈액이 응고되는 작용을 한다.
  ㉡ 철분(Fe) : 헤모글로빈을 구성하는 매우 중요한 물질로 피부의 혈색과도 밀접한 관계가 있으며, 결핍되면 빈혈이 일어나는 작용을 한다.
  ㉢ 요오드(I) : 갑상성, 부신의 기능과 관계가 있으며, 모세혈관 기능을 정상화시키는 작용을 한다.

5) 비타민

① 특징
  ㉠ 에너지 생산 영양소는 아니지만 3대 영양소의 대사 과정에 꼭 필요한 영양소이다.
  ㉡ 세포의 성장 촉진, 생리 대사의 보조 역할, 신경 안정과 면역 기능 강화 등이 역할을 한다.
  ㉢ 인체 내에서 합성되지 않고 식품을 통해서 섭취한다.

② 지용성 비타민
기름이나 유기용매에 용해되며, 과잉섭취 시 체내에 저장된다.
  ㉠ 비타민 A
    • 작용 : 산과 합쳐지면 레티놀산, 피부의 각화 작용을 정상화, 피지 분비 억제, 각질 연화제로 사용, 상피 세포 조직의 성장과 유지, 점막 손상 방지, 피부 탄력 증진, 피부 노화 방지, 정자 생성, 면역 기능, 야맹증, 항상화 및 항암 작용, 약시 예방 및 치료 등
    • 결핍 시 : 야맹증, 안구건조증, 반점, 피부 건조증, 피부 각화증, 피부 감염증, 피부 표면 경화, 저항력 약화
    • 과용 시 : 탈모
    • 함유 식품 : 간유, 버터, 우유, 달걀, 녹황생 채소, 풋고추, 당근, 시금치, 달걀 노른자, 귤 등
  ㉡ 비타민 D
    • 작용 : 표피에서 자외선에 의해 합성, 칼슘과 인의 대상에 도움, 발육 촉진, 골격과 치아 형성, 피부 세포 생성, 민감성 피부 예방, 구루병, 골절 예방 등
    • 결핍 시 : 구루병, 골다공증, 골연화증, 소아 발육 부진 등
    • 함유 식품 : 달걀, 버섯, 효모, 버터, 마가린, 우유 제품, 생선 간류 등
  ㉢ 비타민 E
    • 작용 : 항산화 기능, 불포화 지방산과 비타민 A 산화 방지, 피부 노화 방지, 호르몬 생성, 임신, 세포의 화상이나 상처 치유, 갱년기 장애 등
    • 결핍 시 : 빈혈, 불임증 및 생식 불능, 신경계 장애, 유산, 조산, 건성 피부화, 노화 촉진 등

- 함유 식품 : 맥아, 간, 계란, 우유, 땅콩, 마가린, 푸른잎 채소, 식물성 기름, 곡물 배아 등
  - ㉣ 비타민 F : 피부와 모발의 기능을 증진시킨다.
  - ㉤ 비타민 K
    - 작용 : 혈액 응고 촉진, 모세혈관 벽 강화 등
    - 결핍 시 : 출혈, 혈액 응고 지연 현상, 모세혈관 벽 약화 등
    - 함유 식품 : 간, 브로콜리, 켈프, 푸른 채소, 콩기름 등
- ③ 수용성 비타민
  - ㉠ 물에 잘 녹고 열에 쉽게 파괴된다.
  - ㉡ 종류 : 비타민B$_1$(티아민), 비타민B$_2$(리보플라빈), 비타민B$_3$(나이아신), 비타민B$_5$(판토텐산), 비타민B$_6$(피리독신), 비타민B$_9$, 비타민B$_{12}$(시아노 코발라민), 비타민B$_{15}$, 비타민C
  - ㉢ 비타민C
    - 열에 매우 약하며, 조금만 가열해도 쉽게 파괴
    - 야채를 고온에서 요리할 때 가장 파괴가 쉬운 비타민
    - 작용 : 피부 미백, 백발화 촉진, 스트레스와 쇼크 예방, 멜라닌 색소 억제, 기미와 주근깨 완화, 피부 상처 재생, 모세혈관 강화, 피부 과민증 억제, 해독 작용, 교원질 형성 등
    - 결핍 시 : 색소 기미 발생, 괴혈병, 피부와 윗몸에 출혈, 빈혈 등
    - 함유 식품 : 감귤(과잉 섭취 시 카로틴 성분 함유로 인해 손바닥이 황색 증상), 야채, 과일, 레몬 등

Section 04 피부와 광선

❶ 자외선

(1) 개념

비타민 D를 활성화시키며 살균력이 강해서 화학선, 건강선이라고도 한다.

(2) 종류

- ① UV-A
  - ㉠ 320~400nm의 장파장 자외선이다.
  - ㉡ 파장이 가장 길고 인공 선탠 시 활용한다.
- ② UV-B
  - ㉠ 290~320nm의 중파장 자외선이다.
  - ㉡ 홍반 발생 능력이 자외선의 1,000배이다.
  - ㉢ 피부암의 원인이 된다.
- ③ UV-C
  - ㉠ 200~290nm의 단파장 자외선이다.
  - ㉡ 가장 강한 자외선이다.
  - ㉢ 살균 작용과 피부암을 발생시킨다.

(3) 자외선 차단지수

자외선 차단지수(SPF)란 피부가 자외선으로부터 차단되는 시간의 지속력과 피부보호 정도를 수치로 나타낸 것이다. 차단지수가 높을수록 자외선에 대한 차단능력이 높다는 뜻이다.

❷ 적외선

- ① 770~220,000nm의 파장을 지닌 적색의 불가시광선이다.
- ② 혈관 확장으로 혈액순환을 촉진, 노폐물 배설, 신진대사에 영향, 식균 작용에 영향을 준다.
- ③ 온열 작용, 세포 증식 작용, 모세혈관 확장 작용을 한다.

Section 05 피부 면역

❶ 면역의 종류와 작용

(1) 개념

질병으로부터 저항할 수 있는 인체의 능력을 말하며 어떤 질병을 앓고 난 후에 그 질병에 대한 저항력이 생기는 현상이다.

(2) 항원과 항체

- ① 항원 : 세균, 바이러스 등 외부에서 인체로 들어오는 병원소나 독소이다.
- ② 항체 : 항원에 대항하여 만들어진 방어 물질이다.

(3) 면역의 종류와 작용

- ① 선천적 면역(자연 면역) : 태어날 때부터 가지고 있는 1차적 면역 체계이다.
- ② 후천적 면역(획득 면역) : 전염병의 감염 후나 예방 접종으로 획득하는 2차적 면역 체계이다.
  - ㉠ 자연 능동 면역 : 전염병 감염 후 획득한 면역(홍역, 장티푸스)
  - ㉡ 인공 능동 면역 : 예방 접종을 통해 획득한 면역(BCG(결핵), 홍역, 폴리오, 장티푸스, 파상풍, 디프테리아)
  - ㉢ 자연 수동 면역 : 태반이나 모유를 통해서 모체로부터 획득한 면역(폴리오, 홍역, 디프테리아)
  - ㉣ 인공 수동 면역 : 항독소등 인공제제를 접종하여 획득한 면역(면역 혈청, 글로불린, 항독소)

01 다음 중 피부의 기능이 아닌 것은?

① 감각, 지각기관으로서의 기능
② 흡수기관으로서의 기능
③ 체온조절기관으로서의 기능
④ 영양분 생성기관으로서의 기능

해설 피부 표면 pH에 가장 영향을 주는 것은 땀의 분비이다.

02 각화현상이 나타나며, 무핵층과 유핵층으로 구별되는 피부조직은?

① 표피
② 진피
③ 피하조직
④ 부속기관

해설 표피는 피부의 가장 상층부에 존재하며, 무핵층과 유핵층으로 구별된다.

03 기저층의 세포는 몇 개의 층으로 구성되어 있는가?

① 단층
② 2층
③ 3층
④ 4층

해설 기저층은 물결모양으로 된 단층세포이다.

04 유극층 세포의 특징을 나타내는 것은?

① 피부에 영양과 혈액순환에 관여한다.
② 각화 산물이 과립의 형태로 존재한다.
③ 죽은 세포이며, 다리모양의 돌기가 있다.
④ pH가 5.5 이상인 층이다.

해설 ②는 과립층, ③와 ④는 각질층의 특징이다.

05 과립층에 대한 설명으로 옳지 않은 것은?

① 3~4층으로 구성된 편형 또는 방추상이다.
② 케라토히알린층이다.
③ 엘라이딘이 존재하지 않는다.
④ 상피 임파액이 흐르는 층이다.

해설 상피 임파액이 흐르는 층은 진피층이다.

06 다음 중 진피의 특징이 아닌 것은?

① 진피는 분비의 중요한 기능을 담당한다.
② 피부의 생리작용에 중요한 작용을 한다.
③ 단백질과 당질, 무기염류, 수분 등의 신진대사를 조절하는 작용을 한다.
④ 혈관과 임파관, 신경이 있어서 각질현상이 일어난다.

해설 진피에는 임파관이나 신경은 있으나 각질현상은 표피층에서 일어난다.

07 케라틴의 특징에 대한 설명으로 옳지 않은 것은?

① 피부의 기초를 이루고 보호하는 단백질층이다.
② 모발이나 손톱, 발톱에는 존재하지 않는다.
③ 피부 건조작용은 케라틴의 물 함유량에 따라 이루어진다.
④ 모근뿌리에도 위치한다.

해설 소프트 케라틴 : 털 뿌리에 위치 / 하드 케라틴 : 모발, 손톱, 발톱에 위치

08 멜라닌 세포가 서서히 표피로 이동하여 떨어져 나가는 것 즉, 기저층에서 세포가 변화하여 가는 신진대사현상을 무엇이라고 하는가?

① 각화작용
② 색소형성작용
③ 산성피지막 형성작용
④ 세포방어작용

해설 각화작용은 기저층에서 발생한 새로운 세포가 연속적으로 변화하는 과정이다.

09 다음 중 표피세포를 생성하는 층은 어디인가?

① 각질층
② 투명층
③ 유극층
④ 기저층

해설 기저층 : 표피의 가장 깊은 곳에 위치하며 진피와 경계를 이룬다. 가장 중요한 역할은 새로운 세포를 형성하는 것이다. 세포들이 왕성한 유사분열을 통해 각질층에서 떨어져 나가는 세포를 보충해 주는 역할을 한다.

10 다음 중 투명층에 대한 설명으로 올바른 것은?

① 많은 원형돌기 세포를 가지고 있다.
② 신진대사 과정이 일어나지 않는 죽은 세포로 표피의 가장 윗부분을 차지하고 있다.
③ 표피의 영양을 보충해주는 역할을 해주는 세포이다.
④ 손바닥과 발바닥에만 있는 피부이다.

해설 투명층은 손바닥과 발바닥에만 있는 피부이며, 6mm로 가장 두껍다.

11 다음 중 피부의 구조로 옳은 것은?

① 표피, 진피, 피하조직
② 한선, 피지선, 유선
③ 결합섬유, 탄력섬유, 형성세포
④ 각질층, 투명층, 과립층

해설 피부의 구조 : 표피(각질층, 투명층, 과립층, 유극층, 기저층), 진피(유두층, 망상층), 피하조직

12 피하조직에 대한 설명으로 올바르지 않은 것은?

① 피부의 가장 아래층에 자리하고 있다.
② 내부나 외부의 압력에 대처하는 능력을 가지고 있다.
③ 피부의 주체를 이루는 층으로 표피와 경계를 이룬다.
④ 열전열체의 역할을 하여 체열유지에 도움을 준다.

해설 표피와 경계를 이루는 층은 진피층이다.

13 다음 중 피지선의 특징이 아닌 것은?

① 피지선의 활동은 개인에 따라 다르며 호르몬 분비와 관련이 있다.
② 신체의 보호와 체온조절의 역할을 한다.
③ 크기와 분비량의 관계가 있다.
④ 피지선이 발달된 부위는 노화가 지연된다.

해설 피지선은 피지를 분비하는 선으로 진피층에 위치하고 있으며, 하루 평균 1~2g 정도 피지를 분비한다.

정답 01 ④ 02 ① 03 ① 04 ① 05 ④ 06 ④ 07 ② 08 ① 09 ④ 10 ④ 11 ① 12 ③ 13 ②

14 투명층 아래에 위치하며 물질의 흡수를 저지하고 피부의 외부로부터 이물질의 침입을 도와 주고, 체내에 필요한 물질이 체외로 나가는 것을 막아 피부가 건조해지는 것을 방지하는 것은?

① 멜라닌 세포막　　　　② 산성막
③ 피지막　　　　　　　　④ 수분증발저지막

해설 베리어 존(수분 저지막)은 과립층에 위치하고 있으며, 체내의 수분 유출 방지와 외부로부터 피부를 보호한다.

15 멜라닌 색소가 포함되어 있는 피부층은?

① 과립층　② 유극층　③ 기저층　④ 투명층

해설 기저층은 표피 가장 아래에 진피층과 물결 모양으로 접하고 있다.

16 모발에 있어서 가장 중요한 부분으로 영양, 색소, 공기를 공급해 주는 역할을 하는 곳은?

① 표피　② 피질　③ 수질　④ 털주머니

해설 피질은 모발의 70% 이상을 차지하고 멜라닌 색소와 섬유질 및 간충 물질로 구성되어 있다.

17 결핍 시 털이 부서지기 쉽고 갈라지기 쉬운 영양소는?

① 비타민 A　　　　　　② 비타민 B
③ 비타민 C　　　　　　④ 유황

해설 비타민 A와 단백질이 부족하면 일어나기 쉬운 증상이다.

18 모발의 주기 중 대사과정이나 모발의 성장이 점점 느려지는 시기는?

① 성장기　② 쇠퇴기　③ 휴지기　④ 정지기

해설 ① 성장기 : 모세포의 분열증식이 일어나는 시기로 3~5년 정도 걸린다.
② 쇠퇴기 : 대사과정이 느려지고 모발의 성장도 더뎌지는 시기이다.
④ 정지기 : 성장이 멈추는 정지단계로 모낭이 수축하고 모근이 빠진다.

19 에크린선에 대한 설명으로 올바른 것은?

① 작은 땀샘으로 불린다.　② 유백색의 땀이 분비된다.
③ 모공을 통하여 분비된다.　④ 모낭의 표피로부터 생성된다.

해설 ②, ③, ④는 아포크린샘의 특징이다.

20 다음 중 피부의 부속기관이 아닌 것은?

① 손톱, 발톱　　　　　　② 털
③ 기관지　　　　　　　　④ 피지선

해설 피부의 부속기관 : 치아, 젖샘, 손톱과 발톱, 털, 기름샘, 땀샘

21 다음 중 원발진이 아닌 것은?

① 부스럼　② 농포　③ 구진　④ 두드러기

해설 원발진의 종류 : 면포, 농포, 구진, 결절, 반점, 두드러기, 소수포, 수포, 낭종 등

22 다양한 크기를 지닌 부종성 용기로 수분 내에 갑자기 생성되었다가 사라지는 현상은?

① 반점　② 낭종　③ 두드러기　④ 태선화

해설 두드러기 : 대부분 타원형으로 갑자기 불규칙적인 모양으로 형성되었다가 서서히 사라지는 일시적 피부현상으로 가려움증을 동반한다.

23 다음 중 속발진의 종류가 아닌 것은?

① 비듬　② 궤양　③ 흉터　④ 반점

해설 속발진은 2차적 피부 장애이며 가피, 인설, 미란, 켈로이드, 태선화, 찰상, 균열, 반흔, 위축 등이 있다.

24 혈액순환의 장애로 인하여 발생하는 것으로 눈 주위가 검게 보이는 증상은?

① 한관종　② 비립종　③ 황색종　④ 다크서클

해설 다크서클 : 혈액순환의 장애로 발생하며, 지나친 과로나 스트레스로 인한 혈액의 저류로 혈관이 확장되어 검게 보이는 것이다.

25 만성습진의 일종으로 어린이에게 흔히 발생하며 피부가 건조하기 쉬운 계절에 많이 발생하는 것은?

① 단순포진　　　　　　② 아토피성 피부염
③ 유아습진　　　　　　④ 알레르기성 습진

해설 아토피성 피부염은 피부가 건조하기 쉬운 가을이나 겨울에 발생빈도가 높다.

26 피부를 문지르거나 긁고 싶은 자각증상으로 충동에 의한 가려움증은?

① 소양감　② 건선　③ 대상포진　④ 모반

해설 소양감은 피부를 긁고 싶거나 문지르고 싶은 충동증상이다.

27 정상 피부의 가장 큰 특징은?

① 유분의 분비량이 수분의 분비량보다 적다.
② 유분의 분비량이 수분의 분비량보다 많다.
③ 충분한 수분과 유분의 분비가 균형 있게 유지된다.
④ 유분·수분의 분비량이 모두 적다.

해설 정상 피부는 유·수분의 분비가 적당히 유지되어 매끄럽고 윤기 있는 피부를 말한다.

28 지성 피부의 특징이 아닌 것은?

① 모공이 넓다.　　　　② 각질층이 두꺼워진다.
③ 여드름 피부가 되기 쉽다.　④ 표면에 윤기가 없다.

해설 지성 피부는 피지분비의 증가로 인하여 피부에 윤기가 흐른다.

29 민감성 피부의 특징으로 볼 수 없는 것은?

① 환경에 민감하게 반응한다.
② 심해지면 알레르기를 동반한다.
③ 심리적인 면과는 무관하다.
④ 화학적 반응에 민감하다.

해설 민감성 피부는 모세혈관이 피부 표면에 보이고, 얼굴이 붉고 얇으며, 환경 변화나 화장품에 민감한 피부 유형이다.

30 복합성 피부의 가장 큰 특징은?

① 피지의 분비가 많다.
② T-존은 지루하고, U-존은 건성을 띤다.
③ 세안 후 당김이 온다.
④ 여드름을 유발하기 쉽다.

해설 복합성 피부란 균형을 이루지 못하여 두 가지 이상의 피부상태가 안면에 함께 존재하는 피부유형이다. 즉 건조한 동시에 예민하고, 여드름성 요소를 동반하지만 U-존은 건조하고 잔주름이 형성되기도 한다.

정답　14 ④　15 ③　16 ②　17 ①　18 ②　19 ①　20 ③　21 ①　22 ③　23 ④　24 ④　25 ②　26 ①　27 ③　28 ④　29 ③　30 ②

31 노화 피부의 특징으로 볼 수 없는 것은?

① 표피 · 진피의 퇴화가 원인   ② 피하지방의 감소
③ 착색현상   ④ 호르몬 불균형

🔎 해설 노화 피부는 기름샘과 땀샘의 역할이 감소하여 보습량과 탄력성이 줄어들어 근육이 늘어진다. 그러므로 각질의 형성이 빨라지며 거칠어지고 주름이 생긴다.

32 봄철 피부 상태의 가장 큰 특징은?

① 먼지나 꽃가루 등에 의해 알레르기가 유발될 수 있다.
② 자외선의 영향이 크다.
③ 기온의 변화가 심하여 피부의 기능이 저하된다.
④ 난방으로 인하여 수분 부족과 가려움까지 동반한다.

🔎 해설 봄에는 바람이 강하여 공기가 건조해지고, 건조해진 공기 중에 먼지나 꽃가루 등이 많이 있어 알레르기가 유발되고, 피지분비도 증가된다.

33 다음 중 영양소란 무엇인가?

① 식품으로부터 섭취하는 생활 현상 유지의 원동력이 되는 물질이다.
② 식품을 완전연소하는 데 필요한 열을 에너지 대사량으로 나타내어 주는 것이다.
③ 생명유지의 필요 성분을 섭취하는 작용과 그 성분이다.
④ 최소한의 기초대사량을 말하는 것이다.

🔎 해설 영양소란 음식물을 섭취하여 소화 기관에서 소화나 흡수하고 체내 조직에 공급하여 생명 과정을 조절하고 에너지를 공급하는 물질이다.

34 영양소의 3대 작용이 아닌 것은?

① 신체의 열량 공급 작용   ② 신체의 조직 구성 작용
③ 신체의 생리기능 조절 작용   ④ 신체의 질병 예방 작용

🔎 해설 영양소는 음식물 속에 인간의 생명 활동을 유지시키는 데 함유되어 있는 필요한 물질로 음식물을 섭취하여 소화 기관에서 소화 · 흡수하고 체내 조직에 공급하여 생명 과정을 조절하고 에너지를 공급하는 물질이다.

35 3대 영양소에 속하지 않는 것은?

① 무기질   ② 탄수화물   ③ 지방   ④ 단백질

🔎 해설 5대 영양소 : 탄수화물, 지방, 단백질, 무기질, 비타민

36 다음 중 무기질을 많이 함유한 식품이 아닌 것은?

① 미역   ② 파래   ③ 식염   ④ 버터

🔎 해설 버터는 지방이 많이 함유된 5군 유지류에 속한다.

37 탄수화물에 대한 설명이 아닌 것은?

① 1g당 9kcal의 열량을 낸다.
② 소장에서 포도당의 형태로 흡수된다.
③ 혈당량을 유지시키고 당질대사에 도움을 준다.
④ 결핍 시 발육부진이나 체중감소가 나타나기도 한다.

🔎 해설 탄수화물은 1g당 4kcal의 열량을 낸다.

38 다음 중 단당류에 속하지 않는 것은?

① 포도당   ② 과당   ③ 갈락토스   ④ 말토스

🔎 해설 이당류 : 말토스, 서당, 락토스

39 다음 중 지방의 특징이 아닌 것은?

① 체내에서 에너지를 효율적으로 이용하는 작용에 도움을 준다.
② 장기와 내부기관을 보호하는 역할을 한다.
③ 소장에서 아미노산의 형태로 흡수된다.
④ 과잉 섭취 시 비만, 고혈압 등의 부작용이 나타난다.

🔎 해설 지방은 소장에서 글리세롤의 형태로 흡수되고, 아미노산의 형태로 흡수되는 것은 단백질이다.

40 다음 중 철분의 특징에 대한 설명으로 옳은 것은?

① 결핍 시 골격과 치아의 쇠퇴를 가져온다.
② 체내의 에너지 대사에 작용한다.
③ 헤모글로빈 합성의 촉매역할을 한다.
④ 체내저장이 되지 않으므로 음식물을 통해 흡수해야 한다.

🔎 해설 철분이 부족하면 피곤이 쉽게 느껴지며 빈혈을 유발한다.

41 비타민 A의 역할이 아닌 것은?

① 세포의 감염력을 저하시킨다.
② 상피조직을 정상적으로 유지시키는 데 도움을 준다.
③ 건조한 피부를 회복시키는 역할을 한다.
④ 시력보호에 좋은 역할을 한다.

🔎 해설 비타민 A는 상피보호 비타민으로 결핍 시 야맹증, 성장방해의 원인이 된다.

42 비타민 C가 부족할 때 생기는 증상은?

① 변비   ② 건조성 피부
③ 지루성 피부염   ④ 색소침착

🔎 해설 비타민 C는 멜라닌 형성을 자극하여 미백작용에 도움을 준다.

43 다음 중 수용성 비타민이 아닌 것은?

① 비타민 A   ② 비타민 C
③ 비타민 B_2 ④ 비타민 B_3

🔎 해설 지용성 비타민 : 비타민 A, 비타민 D, 비타민 E, 비타민 F, 비타민 K

44 건강한 피부유지를 위한 방법이 아닌 것은?

① 적당히 수분을 공급해 준다.
② 영양이 고루 함유된 균형있는 식사를 한다.
③ 매일 일정량의 카페인을 복용하여 피부에 긴장감을 준다.
④ 산성과 알칼리성 식품을 골고루 흡수한다.

🔎 해설 니코틴, 카페인, 알코올 등은 피부에 해로운 영향을 준다.

45 비만에 대한 설명으로 옳지 않은 것은?

① 체중과다   ② 지방세포의 증가
③ 체내의 섭취량 증가   ④ 운동량 증가

🔎 해설 비만은 운동량과 소비량이 감소되어 체지방이 에너지로 활용되지 않고 세포 내에 축적되는 것이다.

46 인체에 있어서 피지선이 전혀 없는 곳은?

① 이마   ② 코
③ 귀   ④ 손바닥

🔎 해설 피지선은 손바닥과 발바닥을 제외한 얼굴, 두피, 가슴 부위에 집중적으로 분포되어 있고 전신의 피부에 존재한다.

❶ 화장품의 정의와 분류

(1) 화장품의 정의

인체를 청결·미화하여 매력을 더하고 용모를 밝게 변화시키거나 피부·모발의 건강을 유지 또는 증진하기 위하여 인체에 사용되는 물품으로서 인체에 대한 작용이 경미한 것을 말한다. 다만 약사법 제2조 4항의 의약품에 해당하는 물품은 제외한다.

(2) 화장품의 4대 요건

안전성, 안정성, 사용성, 유효성

(3) 화장품의 형태에 따른 분류

① 가용화제
   ㉠ 물에 소량의 오일 성분이 계면활성제에 의하여 투명하게 용해되는 제품이다.
   ㉡ 화장수, 에센스, 헤어토닉, 헤어 리퀴드, 향수 등
② 유화제(Emulsion)
   ㉠ 물에 오일 성분이 계면활성제에 의해 우윳빛으로 백탁화된 상태의 제품이다.
   ㉡ 크림(W/O형), 로션(O/W형)
③ 산제(Powder)
   ㉠ 물 또는 오일 성분에 미세한 고체 입자가 계면활성제에 의해 균일하게 혼합된 상태의 제품이다.
   ㉡ 파운데이션, 마스카라, 아이섀도, 트윈 케익 등

(1) 수성 원료

물, 에탄올, 보습제, 카보머 등이 해당한다.

(2) 유성 원료

① 오일 : 피부의 세정 작용, 유연 작용, 보습 작용을 한다.
   ㉠ 식물성 오일 : 피마자 오일, 올리브 오일, 윗점 오일, 로즈힙 오일, 코코넛 오일 등이 있다.
   ㉡ 동물성 오일 : 스쿠알렌, 밍크 오일 등이 있다.
   ㉢ 광물성 오일 : 미네랄 오일, 바세린, 실리톤 등이 있다.
② 왁스 : 고형의 유성 성분으로 고급 지방산에 고급 알코올이 결합된 에스테르를 나타내며, 화장품의 굳기를 증가 시켜 준다.
   ㉠ 동물성 왁스
      • 라놀린 : 양모에서 추출, 가열 압착하거나 용매로 추출하여 사용한다.
      • 경납 : 향유고래 (머리 부분)에서 추출하여 사용한다.
      • 밀납 : 꿀벌의 벌집에서 추출하여 사용한다.

   ㉡ 식물성 왁스 : 칸데릴라 왁스, 카르나우바 왁스 등이 있다.

(3) 계면활성제

물에 녹기 쉬운 친수성 부분과 기름에 녹기 쉬운 소수성 부분을 가지고 있는 화합물이다.

① 종류와 특징

종류	특징	제품
양이온성 계면활성제	• 음이온성 보다 약한 세정력 • 살균·소독·유연 작용, 정전기 발생 억제	헤어 린스, 헤어트리트먼트, W/O타입의 클렌징크림 등
음이온성 계면활성제	• 가장 먼저 개발된 계면활성제 • 세정 작용, 기포 형성 작용 • 세정력이 강해 피부가 거칠어짐	고형 비누, 샴푸, 클렌징 폼, O/W타입의 크림 등
양쪽성 계면활성제	• 음이온성과 양이온성을 동시에 가지고 있음 • 피부 자극과 독성이 적음 • 세정 작용, 살균 작용, 정전기 발생 억제	저자극 샴푸, 베이비 샴푸, 헤어 린스
비이온성 계면활성제	• 물에 용해되어도 이온화 되지 않음 • 피부 자극이 적다	화장수의 가용화제, 분산제 크림의 유화제, 클렌징 크림의 세정제

② 피부의 자극 순서 : 양이온성 〉음이온성 〉양쪽이온성 〉비이온성
③ 세정력이 강한 순서 : 음이온성 〉양쪽이온성 〉양이온성 〉비이온성
④ HLB(Hydrophilic Lipophilic Balance) : 계면활성제가 물에 잘 녹는가, 녹지 않는가를 나타내는 척도이다.

(4) 기타 원료와 작용

① 보습제
   ㉠ 피부를 촉촉하게 하는 작용으로 피부의 건조함을 막아주는 역할을 한다.
   ㉡ 조건
      • 적절한 흡착력과 지속력, 피부 친화력, 휘발성이 없어야 한다.
      • 다른 성분과 혼율성이 좋아야 한다.
      • 적절한 보습 능력이 있어야 한다.
      • 응고점이 낮아야 한다.
   ㉢ 종류 : 글리세린, 프로필렌 글리콜, 부틸렌글리콜, 솔비톨, 폴리에틸렌글리콜, 소디움 P.C.A, 천연보습인자(NMF) 등이 있다.
② 유연제 : 피부 표면의 수분 증발을 억제하여 피부를 부드럽게 해주는 역할을 한다.
③ 방부제
   ㉠ 미생물에 의한 화장품의 변질을 방지하기 위하여 세균의 성장을 억제 또는 방지하기 위해 첨가하는 물질이다.
   ㉡ 종류 : 파라벤류(파라옥시향산에스테르), 이미다졸리디닐 우레아, 페녹시에탄올, 이소치아졸리논 등이 있다.
   ㉢ 화장품에 사용되는 방부제는 파라옥시안식향산 물질이다.
   ㉣ 조건
      • 적용 농도에서 피부에 자극을 주어서는 안 된다.
      • 방부제로 인하여 효과가 상실되거나 변해서는 안 된다.
      • 일정 기간 동안 효과가 있어야 한다.

④ 착색료
　㉠ 화장품에는 색을 입히는 착색료가 필요하다.
　㉡ 종류
　　• 염료 : 물 또는 오일을 녹이는 색소이다.
　　• 안료 : 물 또는 오일에 녹지 않는 색소이다.
　　• 무기 안료 : 커버력이 우수하다.
　　• 유기 안료 : 빛, 산, 알칼리에 약하다.
⑤ 산화방지제
　㉠ 공기 중의 산소에 의해 화장품이 변질 되는 것을 방지하기 위해서 첨가하는 물질이다.
　㉡ 화장품의 보관, 유통, 사용 단계에서 안정된 품질을 유지한다.
⑥ 알코올
　㉠ 다른 물질과 혼합해서 그것을 녹이는 역할을 한다.
　㉡ 소독 작용이 있어 화장수, 양모제 등에 사용된다.
　㉢ 피부에 자극을 줄 수도 있다.
⑦ 에탄올 : 청량감, 수렴 효과, 소독 작용을 한다.
⑧ 맨톨 : 박하에 함유된 시원한 느낌으로 혈액 순환을 촉진하는 성분이다.
⑨ AHA
　㉠ 화학적인 필링제 성분으로 사용한다.
　㉡ 각질 세포 제거로 멜라닌 색소 제거를 한다.
　㉢ 종류 : 글리콜산, 젖산, 주석산, 능금산, 구연산
　　• 글리콜산 : 각질 제거제로 사용되는 알파-히드록시산 중에서 분자량이 작아 침투가 뛰어나며, 사탕수수에 함유된 것이다.
⑩ 아줄렌(카모마일 추출물) : 피부에 진정 작용을 하는 성분이다.
⑪ 캄퍼, 로즈마리 추출물, 하마멜리스 : 여드름 피부 제품에 사용되는 성분이다.

Section 03 **화장품의 종류와 작용**

(1) 기초 화장품

피부에 유해한 자외선, 바람, 산화로부터 피부를 보호하고, 향상성을 유지시켜 언제나 건강하고 아름다운 피부를 유지하는 것을 조절하는 역할을 한다.

① 화장수 = 토닉 : 수렴 작용, 각질층에 수분 공급, 피부의 pH 균형 유지, 청량감, 남아있는 잔여물 제거, 클렌징 후 피부의 지방 제거 역할을 한다.
　㉠ 유연 화장수
　　• pH5.5정도의 약산성 화장수이다.
　　• 수분 보충과 보습 효과로 피부를 매끄럽고 촉촉하게 한다.
　　• 피부에 남아있는 비누의 알칼리를 중화하고 보습제가 포함되어 있다.
　　• 제품 : 스킨 소프트너
　㉡ 수렴 화장수
　　• 피지 분비의 과잉을 억제하고 피부를 수축시켜주는 화장수이다.
　　• 모공 수축 작용이 목적이다.
　　• 알코올 함량이 많아 청량감과 소독 작용을 한다.
　　• 원료 : 습윤제, 알코올, 물
　　• 제품 : 스킨 토너, 아스트린젠트, 토닝 로션

② 로션
　㉠ 수분이 약 60~80%, 유분이 30% 이하인 O/W형의 유화제이다.
　㉡ 피부에 퍼짐성이 좋고 빨리 흡수되며, 사용감이 가볍고 수분과 유분을 공급해 준다.
③ 에센스
　㉠ 앰플, 컨센트레이트, 세럼이라고도 한다.
　㉡ 피부에 좋은 영양 성분을 고농축한 화장품이다.
　㉢ 각종 보습 성분과 유효 성분이 다량 함유되어 있다.
　㉣ 소량의 사용만으로도 큰 효과가 있다.
④ 크림
　㉠ 유분과 보습제가 다량 함유되어 있어 피부의 보습·유연 기능을 갖게 한다.
　㉡ 종류
　　• 바니싱 크림 : 지성 피부에 적합한 무유성 크림이다.
　　• 영양 크림 : 피부에 유분과 수분을 공급해주고, 피부 보호막을 형성하여 각질층의 수분 증발을 막아 외부의 자극으로부터 피부를 보호한다.
　　• 콜드 크림 : 유성이 많아 피부에 대한 친화력이 강하고, 거친 피부에 유분과 수분을 주어 윤기를 갖게 하는데 효과적이다.
⑤ 세안용 화장품
　㉠ 메이크업 잔여물과 피지 등의 노폐물을 제거해준다.
　㉡ 세정력을 높이기 위해 계면활성제와 에탄올을 배합한다.
　㉢ 구비 조건
　　• 안정성 : 물에 묻거나 건조해졌을 때 향과 질이 변하면 안 된다.
　　• 용해성 : 냉수나 온탕에 잘 풀려야 한다.
　　• 기포성 : 거품이 잘나고 세정력이 있어야 한다.
　　• 자극성 : 피부를 자극시키지 않고 쾌적한 방향이 있어야 한다.
　㉣ 제품 : 클렌징, 폼 클렌징 등
⑥ 세정제
　㉠ 가능한 한 피부의 생리적 균형에 영향을 미치지 않는 제품을 사용한다.
　㉡ 대부분 비누는 알칼리성의 성질을 가지고 있으며, 피부의 산·염기 균형에 영향을 준다.
　㉢ 피부 노화를 일으키는 활성 산소로부터 피부를 보호하기 위해 비타민 C·비타민 E를 사용한 기능성 세정제를 사용한다.

(2) 팩과 마스크

적당한 두께로 발라 일정시간 외부로부터 공기를 차단하여 원하는 효과를 얻는 것이다.

① 팩의 종류와 특징
　㉠ 머드 팩
　　• 피부를 수축시키고 과잉 피지를 제거하는 적합하다.
　　• 카올린이나 벤토나이트 성분을 함유하고 있다.
　㉡ 왁스 마스크 팩 : 피부에 강한 긴장력을 주어 잔주름을 없애는데 효과적이다.
　㉢ 에그 팩 : 잔주름을 없애 주어 건조성 피부와 중년기의 쇠퇴한 피부에 효과적이다.
　㉣ 핫 오일 마스크 팩 : 중탕한 오일에 탈지면이나 거즈에 적셔서 10분 정도하는 방법이며, 건성 피부에 효과적이다.
　㉤ 파라핀 팩 : 피부에 강한 긴장력을 주어 잔주름을 없애는데 효과적이다.
　㉥ 감자 팩, 수박 팩, 살구 팩 : 소염과 진정 작용에 효과적이다.

② 마스크의 종류와 특징

  ㉠ 고무 마스크

  • 팩을 개어서 얼굴에 붙인 뒤에 마르면 떼어내는 형태의 필 오프 타입이다.

  • 외부의 공기를 차단시켜 모공이 확장되어 영양 성분을 피부 속으로 흡수시킨다.

  • 알긴 성분은 주성분으로 굳으면 탄성이 생겨 고무 형태로 형성된다.

  • 여드름 등의 민감성 피부도 사용 가능하다.

  ㉡ 콜라겐 벨벳 마스크

  • 얼굴의 유분기를 완전히 제거한 상태에서 도포한다.

  • 토너나 증류수를 이용하여 얼굴의 크기나 모양에 맞게 자른 벨벳을 덮고 기포가 생기지 않도록 도포한다.

  • 피부 탄력 증진, 잔주름 완화 효과가 있으며, 모든 피부에 사용이 적합하다.

  ㉢ 석고 마스크

  • 분말 형태의 석고를 물과 개어 사용한다.

  • 건성 피부와 노화 피부에 효과적이고 민감성 피부는 부적합하다.

(3) 메이크업 화장품

① 메이크업 베이스 : 파운데이션의 피부 흡수를 막고 파운데이션의 밀착성과 발림성을 좋게 만들어 지속성을 유지시킨다.

  ㉠ 색상과 특징

  • 베이지 : 피부색과 유사하기 때문에 자연스럽고 무난하다.

  • 분홍색 : 유난히 창백하고 혈색이 없는 피부색에 사용한다.

  • 보라색 : 노란기가 도는 동양인의 피부색을 화사하게 표현한다.

  • 녹색 : 얼굴색이 어둡거나 기미나 잡티가 많은 피부에 사용한다.

  • 흰색 : 피부 톤을 한 톤 밝게 표현하여 맑은 느낌을 주고 싶은 경우에 사용한다.

② 파운데이션 : 피부의 결점을 감추어 주고, 피부를 보호해 준다.

  ㉠ 종류와 특징

  • 리퀴드 파운데이션 : O/W형으로 수분 함량이 가장 많으며, 사용감이 가볍다.

  • 크림 파운데이션 : W/O형으로 커버력이 좋고 땀이나 물에 쉽게 지워지지 않는다.

  • 유성 파운데이션 : 유연 효과가 좋아 동절기에 사용이 적당하며, 퍼짐성과 부착성이 좋아 심한 기미 · 주근깨 등의 피부 반점 커버에 사용한다.

  • 스킨 커버 : 오일과 왁스 양이 50~60% 정도로 커버력이 우수하며, 사진 촬영이나 무대 화장과 같은 특수 화장 시 사용한다.

  • 트윈 케이크 : 안료에 오일을 압축시킨 형태로 친유 처리 안료가 배합되어 뭉침이 없고 지속력이 좋다.

  • 스틱 파운데이션 : 스킨 커버와 유사한 기능을 하며, 피부 결점을 커버하는데 사용한다.

  ㉡ 파운데이션 선택 시 자신의 피부색과 동일한 색상을 선택해야 한다.

③ 파우더

  ㉠ 파운데이션의 번들거림을 완화하고 피부 화장을 마무리하기 위해 사용한다.

  ㉡ 블루밍 효과 : 보송 보송하고 투명감 있는 피부 표현법으로 파우더에서 얻을 수 있는 효과이다.

④ 포인트 메이크업

  ㉠ 아이섀도 : 눈두덩 이에 색채와 음영을 주어 입체감을 부여한다.

  ㉡ 아이브로우 : 눈썹 모양을 그리고 눈썹 색을 조정하기 위해 사용한다.

  ㉢ 아이라이너 : 눈의 윤곽을 뚜렷하게 한다.

  ㉣ 마스카라 : 속눈썹이 짙고 길게 보이며 눈동자가 또렷해 보인다.

  ㉤ 블러셔 : 볼에 도포 하여 음영과 입체감을 부여한다.

  • 하이 라이트 컬러 : 돌출되어 보이도록 하거나 혹은 돌출된 부분에 경쾌함을 준다.

  • 섀도 컬러 : 넓은 얼굴을 좁아 보이게 하거나 진하게 표현하는 경우에 사용한다.

  ㉥ 립스틱

  • 냉각기에 의해 제조된다.

  • 성분 : 색조, 라놀린, 알란토인

(4) 모발용 화장품

① 정의 : 모발을 청결히 유지하고 원하는 스타일을 연출하기 위해 사용하는 화장품이다.

② 종류

  ㉠ 세정용 : 헤어 샴푸, 헤어 린스 등

  ㉡ 정발용 : 헤어 오일, 무스, 스프레이, 젤, 리퀴드, 포마드, 로션, 크림 등

(5) 전신용 화장품

① 세정용

  ㉠ 노폐물 제거로 청결한 상태를 유지시켜 준다.

  ㉡ 종류 : 비누, 바디 샴푸, 버블 바스 등

② 보습제

  ㉠ 촉촉한 피부를 유지시켜 건조함을 예방한다.

  ㉡ 종류 : 바디 로션, 바디 오일 등

③ 액취 방지제

  ㉠ 신체의 불쾌한 냄새를 없애거나 방지한다.

  ㉡ 데오드란트 : 피부 상재균의 증식을 억제하는 향균 기능으로 발생한 체취를 억제시켜 준다.

(6) 방향 화장품

① 향수

  ㉠ 플로랄 부케 : 여러 가지 꽃향기가 혼합된 세련되고 로맨틱한 향으로 아름다운 꽃다발을 안고 있는 듯한 화려하면서도 우아한 느낌을 주는 향수 타입이다.

  ㉡ 헝가리 워터 : 현대 향수의 시초이며, 1370년경 개발되었다.

  ㉢ 향의 농도

  • 퍼퓸 : 3일 정도 지속되는 매우 강한 향이다.

  − 부향률 : 15~30%

  − 지속 시간 : 6~7 시간

  • 오드퍼퓸 : 퍼퓸에 비해 부향률이 조금 낮은 향이다.

  − 부향률 : 9~12%

  − 지속 시간 : 5~6 시간

  • 오드트왈렛 : 현재 가장 많이 사용하는 향이며, 상쾌하면서도 풍부한 향이다.

  − 부향률 : 6~8%

  − 지속 시간 : 3~5 시간

- 오데코롱 : 향수를 처음 사용할 때 적합하며, 가볍고 상쾌한 느낌에 향이다.
  - 부향률 : 3~5%
  - 지속 시간 : 1~2 시간
- 샤워코롱 : 바디용 방향 제품으로 운동 및 목욕 후 사용한다.
  - 부향률 : 1~3%
  - 지속 시간 : 약 1시간
- 향수의 농도 : 퍼퓸 〉오드퍼퓸 〉오드트왈렛 〉오데코롱〉샤워코롱

ⓔ 향의 휘발 속도
- 탑 노트 : 향의 처음 느낌으로 향수를 뿌린 후 처음 나는 향기이다.
- 미들 노트 : 향의 중간 느낌으로 알코올이 휘발된 후 나타나는 향기이다.
- 베이스 노트 : 향의 마지막 느낌으로 자신의 체취와 함께 나는 향기이다.

ⓜ 향수 구비 조건
- 향에 특징이 있어야 한다.
- 향은 적당히 강하고 지속성이 좋아야 한다.
- 시대성에 부합되는 향이어야 한다.

ⓗ 향수 사용법과 주의 사항
- 향 발산을 목적으로 맥박이 뛰는 손목이나 목에 분사한다.
- 자외선에 반응하여 피부에 광 알레르기를 유발하는 경우에 주의하여야 한다.
- 시간이 지나면 향의 농도가 변하는데 그것은 조합 향료 때문이다.

(7) 기능성 화장품

기능성 화장품 표시 및 기재사항 : 제품의 명칭, 내용물의 용량 및 중량, 제조 번호

① 미백 화장품
ⓐ 알부틴, 코직산, 상백피 추출물, 닥나무 추출물, 감초 추출물은 티로시나아제의 작용을 억제한다.
- 알부틴 : 진달래과의 월귤 나무의 잎에서 추출한 하이드로 퀴논 배당페로 멜라닌 활성을 도와주고 티로시나아제 효소의 작용을 억제하는 미백 화장품 성분이다.
ⓑ 비타민 C는 도파의 산화를 억제한다.
ⓒ 하이드로 퀴논은 멜라닌 세포를 사멸한다.

② 자외선 차단 제품
ⓐ 자외선 차단지수(SPF)
- 자외선으로부터 차단되는 시간의 정도를 수치로 나타낸 것이다.
- 제품을 사용했을 때 홍반을 일으키는 자외선의 양을 제품을 사용하지 않았을 때 홍반을 일으키는 자외선의 양으로 나눈 값이다.
ⓑ 자외선 차단제의 효과는 자신의 멜라닌 색소의 양과 자외선 민감도에 따라 달라질 수 있다.
ⓒ 자외선 산란제(물리적 차단제) : 이산화티탄, 산화아연, 탈크, 카올린 등
- 이산화티탄 : 피부 표면에 물리적인 장벽을 만들어 자외선을 반사하고 분산하는 자외선 차단 성분이다.
ⓓ 자외선 흡수제(화학적 차단제) : 살리실산계, 벤조페논계, 벤조트리아졸계

③ 주름 방지 및 노화 방지 제품
ⓐ 주름 방지 성분 : 비타민 A(세포 생성 촉진), 레티노이드(콜라겐과 엘라스틴의 회복 촉진)
ⓑ 보습 성분과 항산화제
- 보습 성분 : NMF(천연보습인자), 세라마이드, 무코다당류(하아루론산, 콘드로이친황산)
- 항산화제 : 비타민 C, 비타민 E
④ 바세린 : 피부를 데었을 때(화상) 치료 약품으로 사용한다.
⑤ 새니타이저 : 손을 대상으로 하는 제품 중 알코올을 주 베이스로 하며, 청결 및 소독이 주된 목적인 제품이다.

(8) 아로마 오일 및 캐리어 오일

① 아로마 오일
ⓐ 식물의 꽃, 잎, 줄기, 열매, 뿌리 등에서 추출한다.
ⓑ 에센셜 오일
- 식물의 꽃, 잎, 줄기, 뿌리, 씨, 과피, 수지 등에서 방향성이 높은 물질을 수증기 증류법으로 추출한 것이다.
- 100% 휘발성 오일로 캐리어 오일과 희석하여 사용한다.
- 안전성 확보를 위해서 사용 전에 패치 테스트를 실시해야 한다.
- 공기 중의 산소 · 빛 등에 의해 변질될 수 있으므로 갈색병에 보관하여 사용한다.
- 블랜딩한 오일은 반드시 암갈색 유리병에 담아 냉장 보관하고 6개월 정도 사용 가능하다.
- 레몬 에센셜 오일 : 햇빛에 노출했을 때 색소 침착의 우려가 있어 사용 시 주의해야 한다.
- 라벤더 에션셜 오일 : 재생 작용, 화상 치유 작용, 이완 작용을 한다.
- 사용 시 주의 사항
  - 반드시 희석해서 적정 용량을 사용해야 한다.
  - 민감 피부는 패티 테스트 후 사용하고 눈 부위는 직접 닿지 않도록 한다.
  - 임산부, 고혈압 환자, 간질 환자 등은 적용 범위와 성분 파악 후 정확히 사용한다.
② 캐리어 오일(베이스 오일) : 에센셜 오일을 추출할 때 오일과 분리되어 나오는 증류액이다.

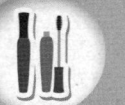

01 클렌징의 가장 기본적인 목적은?

① 각질제거　　　　　② 색소침착, 잡티제거
③ 피지, 노폐물제거　　④ 피부보호

> 해설　클렌징의 가장 기본적인 목적은 공기나 외부환경에서 얻어지는 더러움, 피지 노폐물, 메이크업 잔여물을 깨끗하게 제거하는 데 있다.

02 클렌징 로션에 대한 설명으로 옳지 않은 것은?

① 식물성 기름을 함유하고 있다.
② 진한 화장은 2~3번 반복한다.
③ 물에도 쉽게 잔여물이 제거된다.
④ 가격이 싸지만 쉽게 변질될 우려가 없다.

> 해설　클렌징 로션은 피부타입별로 사용하는 것이 좋으며, 쉽게 변질될 우려가 있기 때문에 장기간 보관하는 것은 좋지 않다.

03 화장수의 용도는?

① 피부에 남아있는 잔여물을 닦아내 준다.
② 영양물질을 침투시킨다.
③ 알코올을 함유한 화장수는 피부의 자극을 준다.
④ 여드름, 지성 피부는 알코올을 4% 이내 함유한 화장수를 사용하여 강한 소독력을 준다.

> 해설　화장수는 피부에 수분을 공급하여 산뜻한 느낌으로 클렌징 후 잔여물까지 닦아내준다. 알코올 성분이 4% 이내일 때는 무알코올 화장수, 4~10% 정도는 모공 수축효과를 주며, 15% 이상은 소독성이 강하다.

04 마사지의 기본 동작이 아닌 것은?

① 경찰법　　　　　② 강찰법
③ 진동법　　　　　④ 스쿠핑법

> 해설　경찰법은 쓰다듬기, 강찰법은 문지르기, 진동법은 떨기 동작이다. 스쿠핑법은 복부 마사지 시의 동작이다.

05 피부의 탄력을 증가시키며, 두드림의 세기에 따라 피부에 자극을 주어 생기를 주는 동작은?

① 고타법　　　　　② 유연법
③ 진동법　　　　　④ 마찰법

> 해설　유연법은 반죽하기 동작, 진동법은 흔들기 동작, 마찰법은 문지르기 동작이다.

06 영양 공급 효과의 천연팩은?

① 달걀 흰자팩　　　② 사과팩
③ 벌꿀팩　　　　　④ 감자팩

> 해설　③ 벌꿀팩은 피부에 윤기를 공급하며 비타민 B, 미네랄, 포도당, 과당이 풍부하다. 우유와 밀가루에 섞어 사용하면 효과적이다. ① 달걀 흰자팩과 ② 사과팩은 과잉피지를 제거하고, ④ 감자팩은 진정효과가 우수하다.

07 기초화장품의 기능이 아닌 것은?

① 청결기능　　　　② 건조함 예방
③ 자외선 차단　　　④ 피부결점 커버

> 해설　기초화장품의 기본은 피부의 청결이며, 기미, 주근깨, 잡티 등의 색소침착을 예방할 수 있다.

08 비누의 제조 조건이 아닌 것은?

① 용해성　　　　　② 기포성
③ 세정성　　　　　④ 자극성

> 해설　비누의 제조 조건에는 무자극성, 무변성, 방향성이 포함된다.

09 클렌징 크림에 대한 설명으로 옳지 않은 것은?

① 피부의 불순물을 제거한다.
② 피부에 자극이 적다.
③ 수중유형은 W/O이다.
④ 지성 피부는 O/W를 사용한다.

> 해설　수중유형은 O/W형으로 물 중에 기름 분자가 분산되어 있는 것이고, 유중수형은 W/O형으로 기름 중에 물의 입자가 분산되어 있는 것이다.

10 알칼리성 화장수에 대한 설명이 아닌 것은?

① 글리세린, 에탄올 5~10%를 함유하고 pH를 조절한다.
② 중년 이후에 사용하는 것이 좋다.
③ 가벼운 정도의 더러움을 제거하는 데 이용한다.
④ 아스트린젠트라고도 불린다.

> 해설　알칼리성 화장수는 알코올이나 글리세린의 함량이 많고, pH 10에 가까우므로 세정용 화장수 대신으로도 사용된다. 아스트린젠트 작용을 하는 것은 수렴화장수이다.

11 유성원료가 아닌 것은?

① 동 · 식물제　　　② 광물제
③ 점액질　　　　　④ 합성제

> 해설　점액질, 알코올류, 보습제는 수성원료이다.

12 수성원료가 아닌 것은?

① 보습제　　　　　② 점액질
③ 합성제　　　　　④ 알코올류

> 해설　합성제, 동 · 식물제, 광물제는 유성원료이다.

13 점액질 성분이 아닌 것은?

① 올리브유　　　　② 참기름
③ 카올린　　　　　④ 젤라틴

> 해설　카올린은 분말의 형태이다.

14 보습제 성분은?

① 글리세린　　　　② 폴리비닐 알코올
③ 펙틴　　　　　　④ 젤라틴

> 해설　보습제는 피부를 촉촉하게 하는 작용으로 피부의 건조함을 막아주는 역할을 한다. ②, ③, ④번은 피막제(점액질) 성분이다.

15 분말형태의 원료가 아닌 것은?

① 카올린　　　　　② 아연화
③ 탄산마그네슘　　④ 펙틴

> 해설　펙틴은 피막제(점액질) 성분이다.

정답 **01** ③ **02** ④ **03** ① **04** ④ **05** ① **06** ③ **07** ④ **08** ④ **09** ③ **10** ④ **11** ③ **12** ③ **13** ③ **14** ① **15** ④

16 색조 화장품의 원료에서 백색안료의 역할은?

① 색의 농도 조절   ② 커버력

③ 가루의 부착   ④ 피복력 조절

해설 안료는 물 또는 오일에 녹지 않는 색소이며, 백색안료는 파우더나 파운데이션 등이 주요 원료로 사용된다.

17 크림 파운데이션의 가장 큰 특징은?

① 고체 지방산을 많이 배합

② 연한 화장용으로 쓰임

③ 분체 원료의 표면을 계면활성제로 코팅 압축

④ 기름이나 계면활성제의 양이 적은 것

해설 ③, ④는 케이크상 파운데이션의 특징이다.

18 페이스 파우더의 원료 중 가루형 파우더의 주성분은?

① 폴리에틸렌글리콜   ② 산화아연

③ 소르비톨   ④ 글리세린

해설 ①, ③, ④번은 피막제의 주성분이며, 페이스 파우더는 산화아연, 산화티타늄이 대부분이다.

19 립스틱의 성분으로 가장 많이 조합하는 것은?

① 왁스   ② 유지   ③ 착색료   ④ 기름

해설 왁스 20~25%, 유지 60~70%, 착색료는 10% 정도이다.

20 큐티클 리무버에 들어가는 성분이 아닌 것은?

① 수산화칼륨   ② 수산화나트륨

③ 글리세린   ④ 산화티타늄

해설 네일 폴리시는 산화석, 산화티타늄 분말 90%에 이산화규소 분말이나 탄산칼슘 분말을 혼합한 것이다.

21 식물성 향료 설명이 아닌 것은?

① 에센셜 오일   ② 증기 증류법

③ 엡솔루트법   ④ 무스크

해설 무스크는 동물의 생식선 분비물이다.

22 음이온 계면활성제에 대한 설명은?

① 크림이나 유액의 유화제   ② 살균제

③ 대전방지제   ④ 샴푸, 린스에 사용

해설 ②, ③, ④는 양이온 계면활성제의 설명이다.

23 비이온성 계면활성제의 설명으로 옳지 않은 것은?

① 안정성   ② 유화

③ 가용화   ④ 음이온, 양이온으로 구분

해설 ④번은 이온성 계면활성제에 대한 설명이다.

24 에멀전(emulsion)이란?

① O/W형과 W/O형이 있다.

② 가용화를 목적으로 한다.

③ 가용화되는 용질이다.

④ Micelle 수용액이 유기물질을 용해한다.

해설 에멀전은 상호 혼합되지 않는 두 액체의 한 쪽이 작은 방울로 되어 다른 액체에 분산한 것이다.

25 호호바 오일(jojoba oil)에 대한 설명이 아닌 것은?

① 액체의 납 에스테르이다.

② 피부에 깊이 침투된다.

③ 지루성 피부에는 좋지 않다.

④ 인간의 지방과 비슷하다.

해설 보습, 재생력이 강하고 박테리아의 공격에 강하며 지루성 피부 및 건성 피부에도 좋다. 또한 방부성이 뛰어나 오래 보관된다.

26 라놀린(lanolin)의 설명으로 옳지 않은 것은?

① 광물성 오일이다.

② 양 털에서 추출하였다.

③ 지방산과 고급 알코올로 된 에스테르이다.

④ 사람의 피지와 유사하다.

해설 라놀린은 화장품 원료로 널리 사용되며, 뛰어난 에멀전으로 크림, 유액, 립스틱, 두발용품에 이용된다.

27 아로마 테라피에 대한 설명으로 틀린 것은?

① 아로마 테라피는 피부와 인체에 영향을 미칠 수 있다.

② 임산부는 사용을 금하는 것이 좋다.

③ 아로마는 식물의 잎, 꽃, 나무, 뿌리 등에서 추출한다.

④ 어린이나 어른에게 동일한 양을 사용한다.

해설 어린이나 노약자에게는 1/2을 사용한다.

28 아로마 오일 보관 방법에 대한 설명으로 옳지 않은 것은?

① 푸른색 또는 갈색 유리병에 담아 보관한다.

② 순수 식물성 오일이며, 사용 시작 후 6개월 이내에 무조건 사용해야 한다.

③ 블랜딩 된 오일은 가능한 한 빨리 사용하는 것이 좋다.

④ 그늘에 보관한다.

해설 아로마 오일은 순수 식물성 오일이지만 오일의 종류와 보관상태에 따라 6개월~3년 정도까지 사용할 수 있다.

29 피부 미용에서 아로마 적용방법이 아닌 것은?

① 흡입법   ② 음용법

③ 마사지법   ④ 스팀법

해설 피부 미용에서의 음용법은 피부미용사 영역이 아니다.

30 캐리어 오일에 대한 설명으로 옳지 않은 것은?

① 베이스 오일이다.

② 에센셜 오일과 동량의 비율로 블랜딩한다.

③ 마사지시 아로마 오일을 침투시키기 위한 매개체 역할을 한다.

④ 호호바, 알몬드, 윗점, 아보카도의 씨를 볶아서 추출한 것이다.

해설 블랜딩 혼합 비율은 캐리어 오일에 에센셜 오일을 1~3% 희석한다.

31 항산화 효과가 우수하며 건성, 습진, 임신선에 좋고 세포재생 효과와 피부탄력에 좋은 캐리어 오일로 적당한 것은?

① 윗점 오일   ② 아몬드 오일

③ 헤이즐럿 오일   ④ 그레이프씨드 오일

해설 ② 아몬드 오일은 건조하고 민감한 피부에 사용하며, 가려움증을 제거한다. ③ 헤이즐넛 오일은 지성, 복합성 피부에 사용하며, ④ 그레이프씨드 오일은 지성피부에 좋다.

정답 **16** ② **17** ① **18** ② **19** ② **20** ④ **21** ④ **22** ① **23** ④ **24** ① **25** ③ **26** ① **27** ④ **28** ② **29** ② **30** ② **31** ①

❶ 소독관련 용어정의

① 살균 : 미생물을 물리적, 화학적 작용에 의해 급속하게 죽이는 것이다.

② 멸균
  ㉠ 미생물 기타 모든 균을 죽이는 것이다.
  ㉡ 병원성, 비병원성 미생물 및 포자를 가진 미생물 모두를 사멸 또는 제거하는 것이다.

③ 소독
  ㉠ 병원성 미생물의 생활력을 파괴, 멸살시켜서 감염 및 증식력을 없애는 것이다.
  ㉡ 여러가지 물리적, 화학적 방법으로 병원성 미생물을 가능한 제거하여 사람에게 감염의 위험이 없도록 하는 것이다.
  ㉢ 비교적 약한 살균력을 작용시켜 병원 미생물의 생활력을 파괴하거나 감염의 위험성을 없애는 조작이다.

④ 방부 : 병원성 미생물의 발육과 그 작용을 제거하거나 정지시켜서 음식물의 부패나 발효를 방지하는 것이다.

⑤ 희석 : 미용 용품이나 기구 등을 일차적으로 청결하게 세척하는 방법이다.

⑥ 가열 : 세균의 단백질 변성과 응고 작용에 의한 기전을 이용하여 살균하고자 할 때 주로 이용하는 방법이다.

⑦ 아포
  ㉠ 세균이 영양 부족, 건조, 열 등의 증식 환경이 부적당한 경우 균의 저항력을 키우기 위해 형성하게 되는 형태이다.
  ㉡ 미생물의 증식을 억제하는 영양의 고갈과 건조 등이 불리한 환경 속에서 생존하기 위하여 세균이 생성하는 것이다.

⑧ 수용액 : 소독약 1g을 물에 녹이면 1%의 수용액이 된다.

⑨ 용액 : 용질(액체에 녹는 물질)+용매(용질을 녹이는 물질)이다.

❷ 소독기전

① 산화 작용 : 과산화수소, 오존, 염소, 과망간산칼륨
② 균체 단백의 응고 작용 : 석탄산, 알코올, 크레졸, 포르말린, 승홍수
③ 균체 효소의 불활성화 작용 : 알코올, 석탄산, 중금속염
④ 가수분해 작용 : 강산, 강알칼리, 열탕수
⑤ 탈수 작용 : 식염, 설탕, 알코올
⑥ 중금속염의 형성 작용 : 승홍, 머큐로크롬, 질산은
⑦ 핵산의 작용 : 자외선, 방사선, 포르말린, 에틸렌옥사이드
⑧ 세포막의 삼투성 변화 작용 : 석탄산, 중금속용, 역성비누 등

❸ 소독법의 분류

(1) 물리적 소독법

1) 건열에 의한 소독법

① 소각법
  ㉠ 불에 태워 멸균시키는 방법으로 가장 쉽고 안전한 소독법이다.
  ㉡ 객담이 묻은 휴지의 소독 방법으로 가장 좋은 방법이다.
  ㉢ 일반 폐기물 처리 방법 중 가장 위생적인 방법이다.
  ㉣ 감염병 환자의 배설물 등을 처리하기 가장 적합한 방법이다.
  ㉤ 쓰레기, 환자 분뇨, 결핵 환자 객담 등을 대상으로 한다.

② 화염소독법
  ㉠ 알코올 램프나 분젠 버너 불꽃에 20초 이상 접촉시키는 방법이다.
  ㉡ 표면의 미생물 살균, 주사침, 백금선, 유리, 금속 제품 등을 대상으로 한다.

③ 건열멸균법
  ㉠ 건열 멸균기를 사용하여 150~170도에서 1~2시간 멸균 처리하는 방법이다.
  ㉡ 주사기, 유리, 글리세린, 분말 등을 대상으로 한다.

2) 습열에 의한 소독법

① 자비소독법
  • 100도의 유통 증기를 30~60분간 24시간 간격으로 3회 가열하는 방법이다.
  • 아포를 형성하는 내열성균도 사멸하는 완전 멸균법이다.
  • 아놀드와 코흐 증기 솥을 사용한다.

② 증기소독법(증기멸균법)
  ㉠ 유통증기멸균법
    • 100도의 유통 증기를 30~60분간 24시간 간격으로 3회 가열하는 방법이다.
    • 아포를 형성하는 내열성균도 사멸하는 완전 멸균법이다.
    • 아놀드와 코흐 증기 솥을 사용한다.
  ㉡ 고압증기 멸균법
    • 100도~135도 고온의 수증기를 미생물과 아포 등을 접촉시켜 가열 살균하는 방법이다.
    • 고압 증기 멸균기를 사용하여 아포를 포함한 모든 미생물을 완전히 멸균하는 가장 좋은 방법이다.
    • 소독 방법 중 완전 멸균으로 가장 빠르고 효과적인 방법이다.
    • 10 LB(파운드) : 115도에서 30분간, 15 LB(파운드) : 121도에서 20분간, 20 LB(파운드) : 127도에서 15분간 소독한다.
    • 기구, 의류, 고무 제품, 거즈, 약액 등을 대상으로 한다.
  ㉢ 저온 멸균법(파스퇴르법)
    • 근대 면역의 아버지로 불리는 프랑스의 세균학자 파스퇴르가 발명하였다.
    • 보통 60~70도에서 약 30분간 가열하는 방법이다.
    • 대장균은 저온 멸균으로 사멸되지 않는 균이다.
    • 우유는 63도에서 30분간, 아이스크림은 80도에서 30분간 소독 시 병원균이 사멸된다.
    • 우유, 과즙, 맥주 등의 액체 병조림 식품 등을 대상으로 한다.

3) 그 외 물리적 소독법

① 자외선소독법
  ㉠ 소독할 물건을 태양광선에 장기간 쪼이는 방법으로 결핵균, 장티푸스, 콜레라균 등을 사멸한다.
  ㉡ 이불, 플라스틱, 브러시, 빗, 도구 등을 대상으로 한다.
  ㉢ 소독 시 냄새가 없으며 물건을 상하지 않게 하고, 모든 균에 효과적으로 작용한다.
  ㉣ 오전 10시에서 오후 2시 사이의 조사가 가장 좋으며, 파장 2,000~2,800Å일 때 살균력이 가장 강하다.

ⓜ 자외선 전기소독기 사용 시 가장 강한 파장 2,537Å에서 20분 간 쬐어준다.

② 여과 멸균법
ㄱ 가열 할 수 없는 특수 물질을 여과기에 통과 시키는 방법이다.
ㄴ 미생물은 제거 되지만 바이러스는 제거되지 않는다.
ㄷ 특수 약품이나 혈청, 백신 등 열에 불안정한 액체를 대상으로 한다.

③ 에틸렌 옥사이드 가스 멸균법
ㄱ 50~60도의 저온에서 멸균하는 방법으로 EO 가스의 폭발 위험성을 감소시키기 위해서 프레온 가스 또는 이산화탄소를 혼합한다.
ㄴ 멸균 후 장기간 보존 가능하나 비용이 비교적 비싸다.
ㄷ 고무장갑, 플라스틱, 전자 기기, 열에 불안정한 제품 등을 대상으로 한다.

④ 초음파 멸균법
ㄱ 초음파 기기의 8,800Hz의 음파를 10분 정도 이용하는 방법이다.
ㄴ 가청주파 영역을 넘는 주파수를 이용하여 미생물을 불활성화시킬 수 있는 방법이다.
ㄷ 나선균은 초음파에 가장 예민한 세균이다.

(2) 화학적 소독법

소독약을 사용하여 균 자체에 화학 반응을 일으켜 세균의 생활력을 빼앗아 살균하는 방법이며, 농도에 가장 많은 영향을 준다.

1) 소독약의 구비조건
① 살균력이 강해야 하며 경제적이고 사용이 간편해야 한다.
② 물품의 부식성, 표백성이 없어야 한다.
③ 용해성이 높고, 안정성이 있어야 하며 침투력이 강해야 한다.
④ 인체에 무독해야 하며, 식품에 사용 후에도 씻어낼 수 있어야 한다.
⑤ 생산과 구입이 용이하고 냄새가 없어야 한다.

2) 소독약의 사용과 보관상의 주의 사항
① 모든 소독약은 사용할 때마다 제조해서 사용한다.
② 약품은 암냉장고에 보관하고 라벨이 오염되지 않도록 한다.
③ 소독 물체에 따라 적당한 소독약이나 소독 방법을 선정한다.
④ 병원 미생물이 종류, 저항성 및 멸균·소독의 목적에 의해서 그 방법과 시간을 고려한다.

3) 소독액의 농도 표시법
① 푼(分), 혼합비
푼이라는 것은 몇 개로 등분한 것 중 하나를 가리키는 것이다. 혼합물에 대해서는 각각의 혼합비를 표시할 때 사용된다.

② 퍼센트(%)
희석액 100 중에 포함되어 있는 소독약의 양을 말한다.
$$\text{퍼센트}(\%) = \frac{\text{용질(소독약)}}{\text{용액(희석액)}} \times 100(\%)$$

③ 퍼밀리(‰)
소독액 1,000 중에 포함되어 있는 소독약의 양을 말한다.
$$\text{퍼밀리}(‰) = \frac{\text{용질(소독약)}}{\text{용액(희석액)}} \times 1,000(‰)$$

④ ppm
용액량 100만 중에 포함되어 있는 용질량을 말한다.
$$\text{피피엠}(ppm) = \frac{\text{용질(소독약)}}{\text{용액(희석액)}} \times 1,000,000(ppm)$$

4) 소독액의 종류 및 특징
① 석탄산(페놀)
ㄱ 특징
• 살균력의 표준 지표로 사용하며, 승홍수의 1,000배의 살균력을 보유하고 있다.

• 염산 첨가 시 소독 효과가 상승하고 온도 상승에 따라 살균력도 비례하여 증가한다.
• 석탄산 살균 작용 기전 : 단백질의 응고 작용, 세포의 용해 작용, 균체 내 침투 작용
• 석탄산 계수 : 소독약의 살균력을 비교하기 위한 계수
$$\text{석탄산 계수} = \frac{\text{특정 소독약의 희석배수}}{\text{석탄산의 희석배수}}$$
ㄴ 장점
• 싼 가격, 경제적, 넓은 사용 범위, 화학 변화가 없다.
• 살균력이 안정적이고 모든 균에 효과적이다.
• 단백질을 응고시키지 않고 객담, 토사물에도 사용이 적합
ㄷ 단점
• 피부점막에 대한 강한 자극성이 있고 금속을 부식시키고 냄새가 있다.
• 바이러스와 아포에 약하며, 저온에서는 효력이 낮아진다.
• 취기와 독성이 강하며 크레졸 용액보다 살균력이 낮다.
ㄹ 방법
• 석탄산 3% + 물 97% 사용한다.
• 10분 이상은 소독하지 않도록 주의 한다.
• 보통 소독 농도(방역용) : 3% 수용액, 손 소독 : 2% 수용액
• 오염된 환자의 의류, 분비물, 용기, 오물, 변기 등에 적합

② 크레졸 비누액(크레졸)
ㄱ 특징
• 석탄에서 얻어지는 것으로 비누액을 사용 한다.
• 물에 잘 녹지 않아 칼륨 비누액과 혼합하여 사용한다.
ㄴ 장점
• 경제적이고 모든 균에 효과가 있어 적용 범위가 넓다.
• 피부에 자극이 없고 유기 물질·세균 소독에 효과적이다.
• 소독력이 석탄산보다 2~3배 정도로 강하다.
• 결핵균에 대한 살균력이 강해서 객담 소독에 적합하다.
ㄷ 단점 : 냄새가 강하며, 바이러스에 대한 소독력이 약하다.
ㄹ 방법
• 크레졸 비누 액3% +물97% 사용, 10분 이상 담궈 사용한다.
• 피부나 손의 소독은 1~2%, 바닥이나 화장실은 10% 용액 사용한다.
• 수지, 오물, 객담, 고무제, 플라스틱제, 브러시, 변기, 의류, 침구, 피부 등의 소독 및 이·미용실 바닥, 실내 소독에 적합하다.

③ 포름알데히드
ㄱ 메틸 알코올을 산화시켜 만든 가스 상태의 소독약이다.
ㄴ B형간염 바이러스에 가장 유효한 소독제이다.
ㄷ 밀폐된 실내 소독, 내부 물건 소독을 대상으로 한다.

④ 포르말린
ㄱ 포름알데히드가 37% 포함된 수용액으로 수증기를 동시에 혼합하여 사용한다.
ㄴ 온도가 높을수록 소독력이 강하며, 훈증 소독법으로도 사용한다.
ㄷ 세균의 포자를 사멸하는 방법이다.
ㄹ 의류, 금속 기구, 도자기, 나무 제품, 플라스틱, 고무 제품 등을 대상으로 한다.

⑤ 승홍수
ㄱ 특징
• 무색, 무취하며, 살균력이 강하고 단백질을 응고시킨다.
• 온도가 높을수록 강한 살균력이 있어 가온하여 사용한다.
• 맹독성이 강하여 아무데나 방치하면 위험하므로 착색(적색 또는 청색)하여 보관한다.

ⓛ 장점
- 적은 양으로도 살균력이 강하고 여러 가지 균에 효과적이다.
- 냄새가 없고 값이 저렴하다.

ⓒ 단점
- 금속을 부식시키고 독성이 강하다.
- 단백질을 응고시키므로 객담, 토사물, 분뇨 소독에는 부적합하다.
- 유기물에 대한 완전한 소독이 어렵다.
- 피부 점막에 자극성이 강하므로 상처 있는 피부에는 적합하지 않다.

ⓔ 방법
- 1,000배(0.1%)의 수용액을 사용한다.
- 조제법 : 승홍 1g + 식염 1g + 물 998ml
- 기구, 유리, 목제 등을 대상으로 한다.

⑥ 알코올제(에탄올)
ⓐ 특징
- 에틴 알코올(에탄올) 이 주로 소독에 이용된다.
- 단백질을 응고 시키고 세균의 활성을 방해한다.
- 50% 이하의 농도에서는 소독력이 약하고, 70~75% 농도에서 1시간 이상 소독해야 소독력이 강하다.

ⓑ 장점
- 사용이 간편하고 구입이 편리하다.
- 독성이 거의 없고 얼룩이 남지 않는다.
- 세균과 바이러스에 모두 효과적이며 인체에 무해하다.

ⓒ 단점
- 가격이 비싸고 고무나 플라스틱을 용해 시킨다.
- 아포 형성균에는 효과가 없고 휘발성으로 인화의 위험이 있다.

ⓔ 방법
- 70~75%로 희석하여 사용한다.
- 칼이나 가위 등은 날이 무뎌지기 쉬우므로 거즈나 탈지면에 알코올을 묻혀 닦아 낸다.
- 가위, 브러시, 칼, 피부 소독, 미용 기구, 유리 제품 등을 대상으로 한다.

⑦ 계면활성제(역성비누, 양성비누)
ⓐ 특징
- 유화, 침투, 세척, 분산, 기포 등의 특성을 가지고 있다.
- 염화벤젤코늄액과 염화벤젤토늄액이다.
- 연한 황색, 또는 무색의 액체로 이 · 미용실에서 많이 사용한다.

ⓑ 장점
- 강한 살균력과 침투력, 무색 · 무취로 자극이 적다.
- 무독성으로 금속을 부식시키지 않으며 물에 잘 녹는다.

ⓒ 단점
- 세정력이 약하고 값이 비싸다.
- 일반 비누와 사용하면 살균력이 떨어진다.
- 아포와 결핵균에 대해서는 효과가 없다.

ⓔ 방법
- 0.01~0.1%의 농도를 사용한다.
- 손 소독의 경우 10% 용액을 100~200배 희석하여 사용한다.
- 기구나 식기는 0.25~0.5% 수용액에 30분 이상 담근다.
- 수지, 식기, 기구, 손 소독, 식품 소독을 대상으로 한다.

⑧ 염소제(표백분, 클로르석회)
ⓐ 균체에 염소가 직접 결합하거나 산화하여 효력이 발생한다.
ⓑ 염소(클로린, Cl_2)
- 기체 상태로서는 살균력이 크고 자극성과 부식성이 강하다.
- 상수도, 하수도 소독과 같은 대규모 소독 이외에는 별로 사용되지 않는다.

ⓒ 표백분(클로르석회, $CaOCl_2$)
- 음료수나 수영장 소독 및 야채, 식기 소독에 사용한다.
- 음료수 소독 때는 0.2~0.4ppm정도를 사용한다.

⑨ 생석회
ⓐ 냄새가 없는 백색의 고형이거나 분말 형태이다.
ⓑ 화장실, 분뇨, 토사물, 분뇨 통, 쓰레기통, 하수도 주위 등을 대상으로 한다.

⑩ 과산화수소
ⓐ 2.5~3.5% 수용액으로 소독에 사용한다.
ⓑ 살균력과 침투성이 약하고 자극이 없다.
ⓒ 살균 및 탈취뿐만 아니라 특히 표백의 효과가 있어 두발 탈색제에도 사용된다.
ⓔ 발포 작용에 의해 인후염, 구내염, 구내 세척제, 창상 부위 소독 등을 대상으로 한다.

⑪ 요오드
염소와 마찬가지로 바이러스, 세균, 포자, 곰팡이, 원충류 및 조류 같이 광범위한 미생물에 대한 살균력을 갖고 페놀에 비해 강한 살균력을 갖는 반면 독성이 훨씬 적은 소독제이다.

⑫ 머큐로크롬
ⓐ 수은에 에오딘 색소를 결합시킨 것으로 분말이 녹아서 선홍색이 된다.
ⓑ 수용액 2%를 사용하고 피부 상처 및 점막 소독을 대상으로 한다.

(3) 소독 대상에 따른 소독법

① 대소변, 배설물, 토사물 : 소각법, 석탄산수, 크레졸수, 생석회 분말등
② 의복, 침구류, 모직물 : 일광 소독, 증기 소독, 자비 소독, 크레졸수, 석탄산수등
③ 초자기구, 목죽제품, 도자기류 : 석탄산수, 크레졸수, 승홍수, 포르말린수, 증기 소독, 자비 소독 등
④ 고무 제품, 피혁 제품, 모피, 칠기 : 석탄산수, 크레졸수, 포르말린수 등
⑤ 분변, 쓰레기통, 하수구
ⓐ 분변 : 생석회 / 변기
ⓑ 변소 : 석탄산수, 크레졸수, 포르말린수 등
⑥ 음료수 : 자비 소독, 자외선, 염소, 표백분, 차아염소산나트륨 등
⑦ 야채, 과일 : 차아염소산나트륨, 표백분, 역성비누 등
⑧ 병실 : 석탄산수, 크레졸수, 포르말린수 등
⑨ 환자 및 환자 접촉자(손) : 석탄산수, 크레졸수, 승홍수, 역성 비누
⑩ 미용실 실내 소독 : 포르말린, 크레졸
⑪ 미용실 기구 소독 : 크레졸, 석탄산
⑫ 미용실 내 타월 소독 : 자비 소독, 증기 소독, 역성 비누, 일광 소독
⑬ 피부 관리실 내 기구 소독 : 알코올
⑭ 전염병 환자 퇴원 시 병원 소독 : 종말 소독

(4) 이 · 미용 기구의 소독 기준 및 방법(공중위생관리법 제5조, 일반 기준)

① 자외선 소독 : 1㎠당 85㎼ 이상의 자외선을 20분 이상 쐬어 준다.
② 건열 멸균소독 : 섭씨 100℃ 이상의 건조한 열에 20분 이상 쐬어 준다.
③ 증기 소독 : 섭씨 100℃ 이상의 습한 열에 20분 이상 쐬어 준다.
④ 열탕 소독 : 섭씨 100℃ 이상의 물속에 10분 이상 끓여 준다.
⑤ 석탄산수 소독 : 석탄산수(석탄산 3%, 물 97%의 수용액)에 10분 이상 담가 둔다.
⑥ 크레졸 소독 : 크레졸수(크레졸 3%, 물 97%의 수용액)에 10분 이상 담가둔다.
⑦ 에탄올 소독 : 에탄올 수용액(에탄올이 70%인 수용액)에 10분 이상 담가 두거나 에탄올 수용을 머금은 면 또 거즈로 기구의 표면을 닦아준다.

01 다음 중 미생물의 운동기관은?

① 편모
② 아포
③ 세포질
④ 핵

⊕해설 편모는 운동성을 지닌 세균의 사상 부속 기관이다.

02 다음 중 미생물의 발육과 그 생활작용을 제지 및 정지시켜 부패나 변질을 방지하는 것은 무엇인가?

① 소독
② 방부
③ 냉장
④ 살균

⊕해설 방부는 생활 환경을 불리하게 만들거나 발육을 저지시키는것을 말한다.

03 다음 중 소독의 세기 순서로 올바른 것은?

① 멸균 〉 소독 〉 방부
② 소독 〉 멸균 〉 방부
③ 소독 〈 방부 〈 멸균
④ 방부 〈 멸균 〈 소독

⊕해설 소독력의 크기는 멸균 〉 살균 〉 소독 〉 방부 〉 청결 순서이다.

04 소독의 정의를 가장 잘 나타낸 것은?

① 모든 균을 사멸시키는 것을 말한다.
② 병원균을 파괴하여 감염성을 없게 하는 것을 말한다.
③ 병원균의 발육과 성장을 억제시키는 것을 말한다.
④ 병원균의 침입을 예방하는 것을 말한다.

⊕해설 ① 멸균에 관한 설명이다. ③ 방부에 관한 설명이다.

05 살균작용의 일반적인 작용이 아닌 것은?

① 균체 단백질의 응고작용
② 가수분해작용
③ 산화작용
④ 환원작용

⊕해설 ④ 환원작용은 퍼머넌트 웨이브 제1제의 작용을 말하는 것이다.

06 다음 소독에 가장 적은 영향을 미치는 것은?

① 대기압
② 온도
③ 수분
④ 시간

⊕해설 미생물의 환경
① 습도 : 세균의 증식에 필요한 영양소는 물을 필요로 하여 많은 수분이 필요
② 온도 : 최저온도 28～38℃
③ 수소이온농도 : pH 5.0～8.0

07 병원성 박테리아는 성장과 생장을 위해 무엇이 필요한가?

① 열
② 기생 동·식물
③ 피지
④ 고름

⊕해설 박테리아는 자신의 생존을 위해서는 반드시 기생할 수 있는 개체가 필요하다.

08 미생물의 종류 중 가장 크기가 작은 것은?

① 곰팡이
② 세균
③ 효모
④ 바이러스

⊕해설 미생물이 크기는 바이러스 〈 리케차 〈 세균 〈 효모 〈 곰팡이 순서이다.

09 병원 미생물의 크기에 따라 나열한 것 중 옳은 것은?

① 바이러스 〈 리케차 〈 세균
② 리케차 〈 세균 〈 바이러스
③ 세균 〈 바이러스 〈 리케차
④ 바이러스 〈 세균 〈 리케차

⊕해설 바이러스 : 가장 크기가 작은 여과성 병원체, 리케차 : 세균과 바이러스의 중간 크기, 세균 : 단세포로 된 미생물

10 소독약품의 구비조건으로 잘못된 것은?

① 표백성이 있을 것
② 가격이 저렴할 것
③ 사용이 간편할 것
④ 용해성이 높을 것

⊕해설 소독약의 구비 조건
① 살균력이 강해야 하며 경제적이고 사용이 간편해야 한다.
② 물품의 부식성, 표백성이 없어야 한다.
③ 용해성이 높고, 안정성이 있어야 하며 침투력이 강해야 한다.
④ 인체에 무독해야하며 식품에 사용 후에도 씻어낼 수 있어야 한다.
⑤ 생산과 구입이 용이하고 냄새가 없어야 한다.

11 다음 중 소독액의 농도표시법에 있어서 소독액 1,000㎖ 중에 포함되어 있는 소독약의 양을 나타내는 단위는?

① 퍼밀리(‰)
② 퍼센트(%)
③ 피피엠(ppm)
④ 푼

⊕해설 ② 퍼센트(%) : 희석액 속에 소독약이 어느 정도 포함되어 있는가를 표시하는 수치 ③ 피피엠(ppm) : 용액량 100만 중에 포함되어 있는 용질량 ④ 푼 : 혼합물에서 각각의 혼합비를 표시할 때 사용

12 자비소독에 대한 설명으로 옳은 것은?

① 금속제 기구는 물이 끓기 전에 넣고 가열한다.
② 유리기구는 물이 끓기 전에 넣고 가열한다.
③ 자비소독은 아포형성균을 비롯해서 모든 균을 사멸시킬 수 있다.
④ 비등 후 15～20분 정도가 지나면 충분히 자비소독의 효과를 거둘 수 있다.

⊕해설 자비 소독법
• 약 100℃의 끓는 물에 10분 이상 끓이는 방법이다.
• 금속 제품 소독 시 물이 끓기 시작한 후에 넣고 소독한다.
• 금속 부식 방지 및 소독력 상승을 위해서 붕사 2%, 탄산나트륨 1～2%, 크레졸 비누액 2～3%, 석탄산 5%를 첨가한다.

13 다음 중 자비소독에 첨가하면 살균력을 높여 주는 것은?

① 탄산나트륨
② 승홍수
③ 알코올
④ 포르말린

⊕해설 탄산나트륨이나 크레졸액 등을 넣으면 살균력이 증가한다.

⊙정답 **01** ① **02** ② **03** ① **04** ② **05** ④ **06** ① **07** ② **08** ④ **09** ① **10** ① **11** ① **12** ④ **13** ①

14 다음 중 건열멸균법으로 적당한 것은?

① 도자기류
② 타월류
③ 면도기구
④ 이발기구

해설 건열멸균법 : 유리기구, 도자기류, 주사침 등

15 건열멸균법을 사용할 경우 가장 적당한 시간과 온도는?

① 60℃에서 2시간
② 100℃에서 2시간
③ 120~150℃에서 2시간
④ 160~170℃에서 2시간

해설 건열멸균법은 160~170℃에서 2시간 정도 처리해 준다.

16 물리적 소독법에 속하지 않는 것은?

① 건열멸균법
② 고압증기소독법
③ 크레졸소독법
④ 자비소독

해설 물리적 소독 : 화염멸균소독, 건열멸균소독, 자비소독, 간헐멸균소독, 저온소독, 자외선멸균소독, 일광소독, 세균여과법 등

17 다음 역성비누의 특징을 설명한 것 중 틀린 것은?

① 1~3%의 수용액일 때 사용하기에 가장 적당하다.
② 피부에 자극이 거의 없다.
③ 독성이 없다.
④ 식품소독용으로도 사용이 가능하다.

해설 보통 0.01~0.1% 수용액 사용

18 다음 중 피부의 상처소독에 가장 적당한 것은?

① 석탄산수
② 머큐로크롬액
③ 크레졸수
④ 승홍수

해설 피부에 상처를 소독할 경우에는 머큐로크롬액 사용

19 다음 중 채소류 소독에 가장 적당한 소독액은?

① 역성비누액
② 크레졸 용액
③ 과산화수소
④ 승홍수

해설 역성비누액 : 무미, 무해하고 냄새가 거의 없으며, 자극이 적어 채소나 과일류의 소독이 가능

20 기기류를 고압증기멸균하려고 한다. 이 때의 온도와 압력, 소요시간으로 가장 적당한 것은?

① 60℃, 10파운드, 20분간 소독
② 120℃, 15파운드, 10분간 소독
③ 250℃, 15파운드, 20분간 소독
④ 100℃, 10파운드, 10분간 소독

해설 고압증기멸균법 : 고압증기멸균기(Autoclave)를 사용하여 아포를 포함한 모든 미생물을 완전히 멸균하는 가장 좋은 방법이다.

21 다음 중 석탄산에 대한 설명으로 올바르지 않은 것은?

① 30%의 수용액을 사용한다.
② 의류, 일반 용기 등의 소독에 주로 사용한다.
③ 살균력이 안정적이고 유기물에도 산화되지 않는다.
④ 금속부식성이 있으므로 주의해야 한다.

해설 석탄산수는 일반적으로 3%의 수용액을 사용한다.

22 일광소독에서 살균작용을 하는 인자는 다음 중 어느 것인가?

① 적외선
② 자외선
③ 가시광선
④ X선

해설 일광소독 : 주로 자외선 작용에 의한 것이다. 자외선 소독은 고체의 표면, 가구, 용기 등의 멸균과 무균실, 제약실에 잘 이용되며, 보통 이·미용실 등의 업소에서는 자외선 소독기를 사용하고 있다. 주로 플라스틱 제품이나 브러시 등의 소독에 사용된다.

23 다음 중 화학적 소독법이 아닌 것은?

① 자외선
② 석탄산
③ 생석회
④ 승홍수

해설 화학적 소독 : 석탄산수 소독, 크레졸액 소독, 포름알데히드 소독, 승홍수 소독, 알코올 소독, 역성비누 소독, 생석회 소독 등

24 다음 중 미생물 소독의 치료가 되는 것은 어느 것인가?

① 석탄산수
② 크레졸
③ 알코올
④ 염산

해설 보통 소독 시 높은 농도의 석탄산수는 세균벽을 침투하여 멸균효과를 가지고 낮은 농도의 것은 세균의 작용을 저해시킨다.

25 다음의 소독제 중에서 할로겐계의 것이 아닌 것은?

① 염소
② 표백분
③ 석탄산
④ 차아염소산나트륨

해설 할로겐계 : 차아염소산나트륨, 표백분, 요오드, 염소 등이 있다.

26 이·미용실에 소독약품을 보관할 때 반드시 착색을 하여 보관해야 하는 것은?

① 크레졸수
② 승홍수
③ 석탄산수
④ 포르말린수

해설 승홍수는 맹독으로 취급이나 보존, 사용에 주의하여야 하며, 무색의 용액이므로 반드시 색소를 넣어 착색해서 보관하여야 안전하다.

27 구내염, 입 안 세척 및 상처소독에 다같이 쓸 수 있는 가장 적당한 소독제는?

① 알코올
② 과산화수소
③ 승홍수
④ 크레졸수

해설 과산화수소는 자극성이 적어 상처 부위의 소독이나 구내염 등 구내 세척제로 이용된다.

28 생석회에 대한 설명으로 옳지 않은 것은?

① 결핵균, 아포형성균에는 효과가 없다.
② 화장실 소독에 적합하다.
③ 공기 중에 노출되면 살균력이 저하된다.
④ 가격이 비싸고 사용이 불편하다.

> **해설** 생석회 : 냄새가 없는 백색의 고형이거나 분말형으로 화장실, 분뇨, 토사물, 분뇨통, 쓰레기통, 하수도 주위 등에 적합하다.

29 인체의 피부를 소독할 경우 적당하지 않은 소독제는?

① 생석회수　　　　　　② 과산화수소수
③ 머큐로크롬액　　　　④ 승홍수

> **해설** 피부에 사용 가능한 소독제 : 과산화수소, 승홍수, 머큐로크롬액

30 화학약품으로 소독할 경우 그 약품이 갖추어야 할 조건으로 옳지 않은 것은?

① 용해성이 낮을 것
② 경제적이고 사용방법이 편리할 것
③ 안정성이 높을 것
④ 살균력이 있을 것

> **해설** 소독약품의 조건은 용해성과 안전성이 높아야 한다.

31 미용실의 수건을 통해서 감염될 수 있는 감염병은?

① 페스트　　　　　　② 뇌염
③ 트라코마　　　　　④ 홍역

> **해설** 트라코마 : 병원체는 바이러스이며, 전염원은 환자의 눈물이나 콧물 등으로 인해 수건을 통해 감염되는 실명의 원인이 되는 눈병이다.

32 다음 중 세균의 단백질을 응고시키는 방법으로 살균을 이용하는 것은?

① 석탄산수소독법　　　② 승홍수소독법
③ 자외선소독법　　　　④ 자비소독법

> **해설** 석탄산 살균 작용 기전 : 단백질의 응고 작용, 세포의 용해 작용, 균체 내침투 작용

33 다음 중 가장 정확한 멸균법은?

① 고압증기멸균법
② 자외선멸균법
③ 저온소독법
④ 유통증기소독법

> **해설** 고압증기멸균법은 모든 미생물을 완전히 멸균시키는 방법이다.

Chapter 06 공중위생관리법규

Section 01 🌸 목적 및 정의

❶ 공중위생관리법의 목적 및 정의

(1) 목적

공중이 이용하는 영업과 시설의 위생관리 등에 관한 사항을 규정함으로써 위생수준을 향상시켜 국민의 건강증진에 기여함을 목적으로 한다.

(2) 정의

① 공중위생영업

다수인을 대상으로 위생관리 서비스를 제공하는 영업으로서 숙박업·목욕장업·이용업·미용업·세탁업·건물위생관리업을 말한다.

② 미용업

손님의 얼굴·머리·피부 등을 손질하여 손님의 외모를 아름답게 꾸미는 영업을 말한다.

Section 02 🌸 영업의 신고 및 폐업

❶ 영업의 신고 및 폐업신고

(1) 영업의 신고

① 공중위생영업을 하고자 하는 자는 공중위생영업의 종류별로 보건복지부령이 정하는 시설 및 설비를 갖추고 시장·군수·구청장에게 신고해야 한다.

② 보건복지부령이 정하는 중요사항을 변경하고자 하는 때에도 또한 같다.

ㄱ 영업소의 명칭 또는 상호

ㄴ 영업소의 소재지

ㄷ 신고한 영업장 면적의 3분의 1 이상의 증감

ㄹ 대표자의 성명 또는 생년월일(법인의 경우에 한함)

ㅁ 미용업 업종 간 변경

③ 규정에 의한 신고의 방법 및 절차 등에 관하여 필요한 사항은 보건복지부령으로 정한다.

(2) 영업신고의 첨부서류

① 영업시설 및 설비개요서

② 교육필증

(3) 변경신고 첨부서류

① 영업신고증(신고증을 분실하여 영업 신고 사항 변경 신고서에 분실사유를 기재하는 경우 첨부 안함)

② 변경사항을 증명하는 서류

(4) 공중위생영업의 시설 및 설비기준

① 미용기구는 소독을 한 기구와 소독을 하지 아니한 기구를 구분하여 보관할 수 있는 용기를 비치하여야 한다.

② 소독기·자외선 살균기 등 미용기구를 소독하는 장비를 갖추어야 한다.

③ 작업장소, 응접장소, 상담실 등을 분리하기 위해 칸막이를 설치할 수 있으나, 설치된 칸막이에 출입문이 있는 경우 출입문의 3분의 1 이상을 투명하게 하여야 한다. 다만, 탈의실의 경우에는 출입문을 투명하게 하여서는 아니 된다.

(5) 폐업신고

폐업한 날부터 20일 이내에 시장·군수·구청장에게 신고하여야 한다. 법에 따른 영업 정지 등의 기간 중에는 폐업 신고를 할 수 없다.

❷ 영업의 승계

(1) 미용업 승계

① 미용업자의 지위승계는 1월 내에 보건복지부령이 정하는 바에 따라 시장·군수 또는 구청장에게 신고하여야 한다.

② 공중위생영업자가 그 공중위생영업을 양도하거나 사망한 때 또는 법인의 합병이 있을 때는 그 양수인, 상속인 또는 합병 후 존속하는 법인이나 합병에 의해 설립되는 법인은 그 공중위생영업자의 지위를 승계한다.

③ 민사집행법에 의해 경매 「채무자 회생 및 파산에 관한 법률」에 의한 환가나 국세징수법, 관세법 또는 「지방세 징수법」에 의한 압류재산의 매각 그밖에 이에 준하는 절차에 따라 공중 위생영업 관련 시설 및 설비의 전부를 인수한 자는 이 법에 의한 공중위생영업자의 지위를 승계한다.

④ 이용업 또는 미용업의 경우 제6조의 규정에 의한 면허를 소지한 자에 한하여 공중위생영업자의 지위를 승계할 수 있다.

Section 03 🌸 영업자 준수사항

❶ 위생관리

① 점 빼기, 귓불 뚫기, 쌍꺼풀 수술, 문신, 박피술, 그 밖에 이와 유사한 의료 행위를 해서는 안 된다.

② 피부 미용을 위하여 「약사법」에 따른 의약품 또는 「의료기기법」에 따른 의료 기기를 사용해서는 안 된다.

③ 미용 기구 중 소독을 한 기구와 소독을 하지 아니한 기구는 각각 다른 용기에 넣어 보관해야 한다.

④ 1회용 면도날은 손님 1인에 한하여 사용해야 한다.

⑤ 영업장 안의 조명도는 75룩스(Lux) 이상이 되도록 유지해야 한다.

⑥ 영업소 내부에 미용업 신고증 및 개설자의 면허증 원본을 게시해야 한다.

⑦ 영업소 내부에 최종지불요금표를 게시 또는 부착해야 한다.

❷ 공중위생영업자의 불법카메라 설치 금지

공중위생영업자는 영업소에 「성폭력범죄의 처벌 등에 관한 특례법」 제14조제1항에 위반되는 행위에 이용되는 카메라나 그 밖에 이와 유사한 기능을 갖춘 기계장치를 설치해서는 아니 된다(2019.06.12부터 시행).

Section 04 이·미용사의 면허

1 면허 발급 및 취소

(1) 면허 발급

미용사가 되고자 하는 자는 보건복지부령이 정하는 바에 의하여 시장·군수·구청장의 면허를 받아야 한다.

① 전문대학 또는 이와 동등 이상 학력이 있다고 교육부장관이 인정하는 학교에서 이·미용에 관한 학과를 졸업한 자

② 「학점인정 등에 관한 법률」에 따라 대학 또는 전문대학을 졸업한 자와 동등 이상의 학력이 있는 것으로 인정되어 이용 또는 미용에 관한 학위를 취득한 자

③ 고등학교 또는 이와 동등 학력이 있다고 교육부장관이 인정하는 학교에서 이·미용에 관한 학과를 졸업한 자

④ 교육부장관이 인정하는 고등기술학교에서 1년 이상 이·미용에 관한 소정의 과정을 이수한 자(*초·중등교육법령에 따른 특성화고등학교, 고등기술학교나 고등학교 또는 고등기술학교에 준하는 각종학교에서 1년 이상 이·미용에 관한 소정의 과정을 이수한 자)
*시행일 : 2020. 6. 4.

⑤ 국가기술자격법에 의한 미용사의 자격을 취득한 자

(2) 미용사의 면허첨부서류

이용사 또는 미용사의 면허를 받으려는 자는 면허 신청서(전자 문서로 된 신청서 포함)와 함께 다음의 서류를 첨부하여 시장·군수·구청장에게 제출해야 한다.

① 졸업증명서 또는 학위증명서 1부

② 이수증명서 1부

③ 면허를 받을 수 없는 '공중위행관리법 제6조 제2항 제2호(정신 질환자)'에 해당되지 아니함을 증명하는 최근 6개월 이내의 의사의 진단서 1부

④ 법에 따른 정신 질환자에 해당하나 전문의가 이용사 또는 미용사로서 적합하다고 인정하는 경우 이에 증명을 할 수 있는 전문의의 진단서 1부

⑤ 감염병 환자 및 약물 중독자에 해당되지 아니함을 증명하는 최근 6개월 이내의 의사의 진단서 1부

⑥ 면허 신청 전 6개월 이내에 모자 등을 쓰지 않고 촬영한 가로 3.5cm 세로 4.5cm의 천연색 상반신 정면 사진 1장 또는 전자적 파일 형태의 사진

(3) 면허취소

① 시장·군수·구청장은 이용사 또는 미용사가 다음에 해당하는 때는 그 면허를 취소하거나 6월 이내에 기간을 정하여 그 면허의 정지를 명할 수 있다.

  ㉠ 공중위생관리법 제6조 제2항 제1호(피성견후견인)에 해당하게 된 때

  ㉡ 공중위생관리법 제6조 제2항 제2호(정신 질환자) 또는 제4호(약물 중독자)에 해당하게 된 때

  ㉢ 면허증을 다른 사람에게 대여한 때

  ㉣ 「국가기술자격법」에 따라 자격이 취소된 때

  ㉤ 「국가기술자격법」에 따라 자격 정지 처분을 받을 때 (「국가기술

자격법」에 따른 자격정지처분 기간에 한정한다)

  ㉥ 이중으로 면허를 취득한 때(나중에 발급받은 면허를 말한다)

  ㉦ 면허 정지 처분을 받고도 그 정지 기간 중 업무를 한 때

  ㉧ 「성매매 알선 등 행위의 처분에 관한 법률」이나 「풍속영업의 규제에 관한 법률」을 위반하여 관계 행정 기관의 장으로부터 그 사실을 통보받은 때

② 면허 취소·정지 처분의 세부적인 기준은 그 처분의 사유와 위반 정도 등을 감안하여 보건복지부령으로 정한다.

(4) 미용사 면허를 받을 수 없는 자

① 피성년후견인

② 정신건강복지법에 따른 정신 질환자(단, 전문의가 적합하다고 인정하는 자는 예외)

③ 공중의 위생에 영향을 미칠 수 있는 감염병환자로서 보건복지부령이 정하는 자

④ 마약 기타 대통령령으로 정하는 약물 중독자

⑤ 면허가 취소된 후 1년이 경과되지 아니한 자

(5) 면허의 반납

① 면허가 취소되거나 면허의 정지 명령을 받은 자는 지체 없이 관할 시장·군수·구청장에게 면허증을 반납해야 한다.

② 면허의 정지 명령을 받는 자가 반납한 면허증은 그 면허 정지 기간 동안 관할 시장·군수·구청장이 이를 보관해야 한다.

(6) 면허증의 재교부

1) 재교부 받을 수 있는 경우

① 면허증의 기재사항에 변경이 있는 때

② 면허증을 잃어버린 때

③ 면허증이 헐어 못쓰게 된 때

2) 면허증의 재교부 신청 서류

다음의 서류(전자문서 신청서 및 첨부 서류 포함)를 첨부하여 면허를 받은 시장·군수·구청장에게 제출하여야 한다.

① 면허증 원본 : 기재사항이 변경되거나 헐어 못쓰게 된 경우

② 최근 6월 이내에 찍은 가로 3.5cm, 세로 4.5cm의 탈모 정면 상반신 사진 1매

3) 분실면허증 찾았을 경우

면허증을 잃어버린 후 재교부 받은 자가 그 잃어버린 면허증을 찾은 때에는 지체 없이 면허를 한 시장·군수·구청장에게 이를 반납하여야 한다.

2 면허수수료

① 이용사 또는 미용사 면허를 받고자 하는 자는 대통령령이 정하는 바에 따라 수수료를 납부하여야 한다.

② 수수료는 지방자치단체의 수입증지 또는 정보통신망을 이용한 전자화폐·전자결제 등의 방법으로 시장·군수·구청장에게 납부하여야 하며, 그 금액은 다음과 같다.

  ㉠ 이·미용사 면허를 신규로 신청하는 경우 : 5,500원

  ㉡ 이·미용사 면허증을 재교부 받고자 하는 경우 : 3,000원

Section 05 🙎 이 · 미용사의 업무

❶ 이 · 미용사의 업무

(1) 이용사

이발, 아이론, 면도, 머리피부 손질, 머리카락 염색 및 머리 감기 등

(2) 미용사

2016년 6월 1일 이후 법에 따라 미용사(일반) 자격을 취득한 자로서 미용사 면허를 받은 자는 파마 · 머리카락 자르기 · 머리카락 모양 내기 · 머리 피부 손질 · 머리카락 염색 · 머리 감기 · 의료기기나 의약품을 사용하지 아니하는 눈썹손질을 할 수 있다(다만, 2016년 6월 1일 이전에 미용사(일반) 자격을 취득한 사람의 경우에는 얼굴의 손질 및 화장에 관한 업무를 추가로 할 수 있다).

(3) 업무범위

① 이용사 또는 미용사의 면허를 받은 자가 아니면 이용업 또는 미용업을 개설하거나 그 업무에 종사할 수 없다. 다만, 이용사 또는 미용사의 감독을 받아 이용 또는 미용 업무의 보조를 행하는 경우에는 그러하지 아니하다.
② 이용 및 미용의 업무는 영업소 외의 장소에서 행할 수 없다. 다만, 보건복지부령이 정하는 특별한 사유가 있는 경우에는 그러하지 아니하다.
③ 이용 및 미용사의 업무범위에 관하여 필요한 사항은 보건복지부령으로 한다.

(4) 영업소 외에서의 미용업무

① 질병 및 기타의 사유로 인하여 영업소에 나올 수 없는 자에 대하여 미용을 하는 경우
② 혼례 및 기타 의식에 참여하는 자에 대하여 그 의식 직전에 미용을 하는 경우
③ 「사회복지사업법」에 따른 사회복지시설에서 봉사 활동으로 미용을 하는 경우
④ 방송 등의 촬영에 참여하는 사람에 대하여 그 촬영 직전에 미용을 하는 경우
⑤ 위의 4가지 경우 외에 특별한 사정이 있다고 시장 · 군수 · 구청장이 인정하는 경우

Section 06 🙎 행정지도 · 감독

❶ 영업소 출입검사

관계 공무원은 그 권한을 표시하는 증표를 지녀야 하며, 관계인에게 이를 내보여야 한다.

❷ 영업제한

시 · 도지사는 공익상 또는 선량한 풍속을 유지하기 위하여 필요하다고 인정하는 때에는 공중위생영업자 및 종사원에 대하여 영업시간 및 영업행위에 관한 필요한 제한을 할 수 있다.

❸ 영업소 폐쇄

① 시장 · 군수 · 구청장은 공중위생영업자가 다음 중 어느 하나에 해당하면 6월 이내의 기간을 정하여 영업의 정지 또는 일부 시설의 사용중지를 명하거나 영업소 폐쇄 등을 명할 수 있다.
㉠ 영업신고를 하지 아니하거나 시설과 설비기준을 위반한 경우
㉡ 변경신고를 하지 아니한 경우
㉢ 지위승계신고를 하지 아니한 경우
㉣ 공중위생영업자의 위생관리 의무 등을 지키지 아니한 경우
㉤ 「성폭력범죄의 처벌 등에 관한 특례법」에 위반하는 행위에 이용되는 카메라나 기계 장치를 설치한 경우
㉥ 영업소 외의 장소에서 이용 또는 미용 업무를 한 경우
㉦ 법에 따른 보고를 하지 아니하거나 거짓으로 보고한 경우 또는 관계 공무원의 출입, 검사 또는 공중위생영업 장부 또는 서류의 열람을 거부 · 방해하거나 기피한 경우
㉧ 법에 따른 개선 명령을 이행하지 아니한 경우
㉨ 「성매매알선 등 행위의 처벌에 관한 법률」, 「풍속영업의 규제에 관한 법률」, 「청소년 보호법」, 「아동 · 청소년의 성보호에 관한 법률」 또는 「의료법」을 위반하여 관계 행정기관의 장으로부터 그 사실을 통보받은 경우
② 시장 · 군수 · 구청장은 법에 따른 영업정지처분을 받고도 그 영업정지 기간에 영업을 한 경우에는 영업소 폐쇄를 명할 수 있다.
③ 시장 · 군수 · 구청장은 다음 중 어느 하나에 해당하는 경우에는 영업소 폐쇄를 명할 수 있다.
㉠ 공중위생영업자가 정당한 사유 없이 6개월 이상 계속 휴업하는 경우
㉡ 공중위생영업자가 법에 따라 관할 세무서장에게 폐업 신고를 하거나 관한 세무서장이 사업자 등록을 말소한 경우
④ 법에 따른 행정처분의 세부기준은 그 위반행위의 유형과 위반 정도 등을 고려하여 보건복지부령으로 정한다.
⑤ 영업소 폐쇄명령을 받고도 계속하여 영업을 하는 때에는 관계 공무원으로 하여금 당해 영업소를 폐쇄하기 위하여 다음의 조치를 하게 할 수 있다. 법을 위반하여 신고를 아니하고 공중위생영업을 하는 경우에도 또한 같다.
㉠ 당해 영업소의 간판, 기타 영업표지물의 제거
㉡ 당해 영업소가 위법한 영업소임을 알리는 게시물 등의 부착
㉢ 영업을 위하여 필수 불가결한 기구 또는 시설물을 사용할 수 없게 하는 봉인
⑥ 시장 · 군수 · 구청장은 봉인을 한 후 봉인을 계속할 필요가 없다고 인정되는 때와 영업자등이나 그 대리인이 당해 영업소를 폐쇄할 것을 약속하는 때 및 정당한 사유를 들어 봉인의 해제를 요청하는 때에는 그 봉인을 해제할 수 있다.(게시물 등의 제거 요청의 경우도 같음)
⑦ 동일한 영업 금지
㉠ 「성매매알선 등 행위의 처벌에 관한 법률」, 「아동 · 청소년의 성보호에 관한 법률」, 「풍속 영업의 규제에 관한 법률」 또는 「청소년 보호법」 등을 위반하여 폐쇄 명령을 받은 자(법인의 경우 그 대표자 포함)는 그 폐쇄 명령을 받은 후 2년이 경과하지 아니한 때에는 같은 종류의 영업을 할 수 없다.
㉡ 「성매매알선 등 행위의 처벌에 관한 법률」등 외의 법률을 위반하여 폐쇄 명령을 받은 자는 그 폐쇄 명령을 받은 후 1년이 경과하지 아니한 때에는 같은 종류의 영업을 할 수 없다.

ⓒ 「성매매알선 등 행위의 처벌에 관한 법률」등의 위반으로 폐쇄 명령이 있은 후 1년이 경과하지 아니한 때에는 누구든지 그 폐쇄 명령이 이루어진 영업장소에서 같은 종류의 영업을 할 수 없다.

ⓔ 「성매매알선 등 행위의 처벌에 관한 법률」등 외의 법률의 위반으로 폐쇄 명령이 있은 후 6개월이 경과하지 아니한 때에는 누구든지 그 폐쇄 명령이 이루어진 영업장소에서 같은 종류의 영업을 할 수 없다.

❹ 공중위생감시원

ⓐ 관계 공무원의 업무를 행하게 하기 위하여 특별시 · 광역시 · 도 및 시 · 군 · 구에 공중위생감시원을 둔다.

ⓑ 공중위생감시원의 자격 · 임명 · 업무 범위 기타 필요한 사항은 대통령령으로 정한다.

(1) 공중위생감시원의 자격 및 임명

① 시 · 도지사 또는 시장 · 군수 · 구청장은 다음에 해당하는 소속 공무원 중에서 공중위생감시원을 임명한다.

ⓐ 위생사 또는 환경기사 2급 이상의 자격증이 있는 사람

ⓑ 「고등교육법」에 의한 대학에서 화학 · 화공학 · 환경공학 또는 위생학 분야를 전공하고 졸업한 사람 또는 법령에 따라 이와 같은 수준 이상의 학력이 있다고 인정되는 사람

ⓒ 외국에서 위생사 또는 환경기사의 면허를 받은 사람

ⓓ 1년 이상 공중위생 행정에 종사한 경력이 있는 사람

② 시 · 도지사 또는 시장 · 군수 · 구청장은 공중위생감시원의 인력확보가 곤란하다고 인정되는 때에는 공중위생 행정에 종사하는 사람 중 공중위생 감시에 관한 교육훈련을 2주 이상 받은 사람을 공중위생 행정에 종사하는 기간 동안 공중위생감시원으로 임명할 수 있다.

(2) 공중위생감시원의 업무범위

① 시설 및 설비의 확인

② 공중위생영업 관련 시설 및 설비의 위생상태 확인 · 검사, 공중위생영업자의 위생관리 의무 및 영업자 준수사항 이행 여부의 확인

③ 위생지도 및 개선명령 이행 여부의 확인

④ 공중위생영업소의 영업의 정지, 일부 시설의 사용중지 또는 영업소 폐쇄명령 이행 여부의 확인

⑤ 위생교육 이행 여부의 확인

(3) 명예공중위생감시원

① 시 · 도지사는 공중위생의 관리를 위한 지도, 계몽 등을 행하게 하기 위하여 명예공중위생감시원을 둘 수 있다.

② 명예공중위생감시원의 자격 및 위촉방법, 업무범위 등에 관하여 필요한 사항은 대통령령으로 정한다.

(4) 명예공중위생감시원의 자격 등(공중위생관리법 시행령 제9조 2)

명예공중위생감시원(이하 "명예감시원"은 시 · 도지사가 다음에 해당하는 자중에서 위촉한다.

① 공중위생에 대한 지식과 관심이 있는 자

② 소비자 단체, 공중위생 관련 협회 또는 단체의 소속 직원 중에서 당해 단체 등의 장이 추천하는 자

(5) 명예 감시원의 업무

① 공중위생감시원이 행하는 검사 대상물의 수거 지원

② 법령의 위반 행위에 대한 신고 및 자료 제공

③ 그 밖에 공중위생에 관한 홍보 · 계몽 등 공중위생 관리 업무와 관련하여 시 · 도지사가 따로 정하여 부여하는 업무

Section 07 업소 위생등급

❶ 위생평가

① 시 · 도지사는 공중위생영업소의 위생관리수준을 향상시키기 위하여 위생서비스 평가계획을 수립하여 시장 · 군수 · 구청장에게 통보하여야 한다.

② 시장 · 군수 · 구청장은 평가계획에 따라 관할지역별 세부평가 계획을 수립한 후 공중위생영업소의 위생서비스수준을 평가하여야 한다.

③ 시장 · 군수 · 구청장은 위생서비스 평가의 전문성을 높이기 위하여 필요하다고 인정하는 경우에는 관련 전문기관 및 단체로 하여금 위생서비스 평가를 실시하게 할 수 있다.

④ 위생서비스는 평가의 주기, 방법, 위생관리 등급의 기준, 기타 평가에 관하여 필요한 사항은 보건복지부령으로 정한다.

❷ 위생등급

(1) 위생관리등급의 평가

① 최우수업소 : 녹색등급

② 우수업소 : 황색등급

③ 일반관리 대상업소 : 백색등급

(2) 위생관리등급 공표

① 시장 · 군수 · 구청장은 보건복지부령이 정하는 바에 의해 위생 서비스 평가의 결과에 따른 위생 관리 등급을 해당 공중위생영업자에게 통보하고 이를 공표해야 한다.

② 공중위생영업자는 시장 · 군수 · 구청장으로부터 통보받은 위생 관리 등급의 표지를 영업소의 명칭과 함께 영업소의 출입구에 부착할 수 있다.

③ 시 · 도지사 또는 시장 · 군수 · 구청장은 위생 서비스 평가의 결과 위생 서비스의 수준이 우수하다고 인정되는 영업소에 대하여 포상을 실시할 수 있다.

④ 시 · 도지사 또는 시장 · 군수 · 구청장은 위생 서비스 평가의 결과에 따른 위생 관리 등급별로 영업소에 대한 위생 감시를 실시하여야 한다. 이 경우 영업소에 대한 출입 · 검사와 위생 감시의 실시 주기 및 횟수 등 위생 관리 등급별 위생 감시 기준은 보건복지부령으로 정한다.

Section 08 보수교육

❶ 영업자 위생교육

① 공중위생영업자는 매년 위생 교육을 받아야 하며, 위생 교육은 3시간으로 한다.

② 공중위생영업의 신고를 하고자 하는 자는 미리 위생 교육을 받아야 한다. 다만, 보건복지부령이 정하는 부득이한 사유로 미리 교육을 받을 수 없는 경우에는 영업 개시 후 6개월 이내에 교육을 받을 수 있다.

③ 위생 교육을 받아야 하는 자 중 영업에 직접 종사하지 아니하거나 2개 이상의 장소에서 영업을 하는 자는 종업원 중 영업장별로 공중위생에 관한 책임자를 지정하고 그 책임자로 하여금 위생교육을 받게 해야 한다.

④ 위생 교육은 보건복지부장관이 허가한 단체 또는 공중위생관리법 제16조에 따른 단체가 실시할 수 있다.

⑤ 위생 교육의 방법 · 절차 등에 관한 필요한 사항은 보건복지부령으로 정한다.

❷ 위생교육기관

① 위생교육 실시단체는 교육교재를 편찬하여 교육대상자에게 제공하여야 한다.

② 위생교육 실시단체의 장은 위생교육을 수료한 자에게 수료증을 교부하고, 교육실시 결과를 교육 후 1개월 이내에 시장 · 군수 · 구청장에게 통보하여야 하며, 수료증 교부대장 등 교육에 관한 기록을 2년 이상 보관 · 관리하여야 한다.

③ 위생 교육 대상자 중 보건복지부장관이 고시하는 섬 · 벽지 지역에서 영업을 하고 있거나 하려는 자에 대하여는 교육 교재를 배부하여 이를 익히고 활용하도록 함으로써 교육을 대신할 수 있다.

Section 09 🦁 벌칙

❶ 위반자에 대한 벌칙, 과징금

(1) 벌칙

① 1년 이하의 징역 또는 1천만 원 이하의 벌금

㉠ 시장 · 군수 · 구청장에게 규정에 의한 공중위생영업의 신고를 하지 아니한 자

㉡ 영업정지 명령 또는 일부 시설의 사용중지 명령을 받고도 그 기간 중에 영업을 하거나 그 시설을 사용한 자

㉢ 영업소 폐쇄명령을 받고도 계속하여 영업을 하는 자

② 6월 이하의 징역 또는 500만 원 이하의 벌금

㉠ 공중위생영업의 변경신고를 하지 아니한 자

㉡ 공중위생영업자의 지위를 승계한 자로서 규정에 의한 신고를 하지 아니한 자

㉢ 건전한 영업질서를 위하여 영업자가 준수해야 할 사항을 준수하지 아니한 자

③ 300만 원 이하의 벌금

㉠ 면허의 취소 또는 정지 중에 이용업 또는 미용업을 한 사람

㉡ 면허를 받지 아니하고 이용업 또는 미용업을 개설하거나 그 업무에 종사한 사람

(2) 과징금 부과 및 납부

① 시장 · 군수 · 구청장은 영업 정지가 이용자에게 심한 불편을 주거나 그 밖에 공익을 해할 우려가 있는 경우에는 영업 정지 처분에 갈음하여 1억원 이하의 과징금을 부과할 수 있다. 다만, 「성매매알선 등 행위의 처벌에 관한 법률」, 「아동 · 청소년의 성보호에 관한 법률」, 「풍속영업의 규제에 관한 법률」 또는 이에 상응하는 위반 행위로 인하여 처분을 받게 되는 경우를 제외한다.

② 과징금을 부과하는 위반 행위의 종별 · 정도 등에 따른 과징금의 금액 등에 관하여 필요한 사항은 대통령령으로 정하며, 과징금의 금액은 위반 행위의 종별 · 정도 등을 감안하여 보건복지부령이 정하는 영업 정지 기간에 과징금 선정 기분을 적용하여 선정한다.

③ 통지를 받은 날부터 20일 이내에 시장 · 군수 · 구청장이 정하는 수납 기관에 납부해야 한다. 다만, 천재, 지변 그 밖의 부득이한 사유로 인하여 그 기간 내에 과징금을 납부할 수 없을 때에는 그 사유가 없어진 날부터 7일 이내에 납부해야 한다.

④ 시장 · 군수 · 구청장은 규정에 의한 과징금을 납부해야 할 자가 납부기한까지 이를 납부하지 아니한 경우에는 대통령령이 정하는 바에 따라 과징금 부과 처분을 취소하고 영업 정지 처분을 하거나 「지방세외수입금의 징수 등에 관한 법률」에 따라 이를 징수한다.(과징금을 기한내에 납부하지 않은 자는 1회의 독촉을 받는다)

⑤ 과징금 징수 절차는 보건복지부령으로 정한다.

(3) 과징금의 귀속

시장 · 군수 · 구청장이 부과 · 징수한 금액은 당해 시 · 군 · 구에 귀속된다.

❷ 과태료, 양벌규정

(1) 과태료

① 300만 원 이하의 과태료

㉠ 규정에 의한 보고를 하지 아니하거나 관계공무원의 출입 · 검사 기타 조치를 거부 · 방해 또는 기피한 자

㉡ 규정에 의한 개선명령에 위반한 자

㉢ 이용업 신고를 하지 아니하고, 이용 업소 표시등을 설치한 자

② 200만 원 이하의 과태료

㉠ 이 · 미용업소의 위생관리 의무를 지키지 아니한 자

㉡ 영업소 외의 장소에서 이용 또는 미용업무를 행한 자

㉢ 위생교육을 받지 아니한 자

(2) 과태료 부과 · 징수

① 규정에 따른 과태료는 대통령령이 정하는 바에 따라 보건복지부장관 또는 시장 · 군수 · 구청장이 부과 · 징수한다.

② 시장 · 군수 · 구청장은 공중위생영업자의 사업 규모 · 위반 행위의 정도 및 횟수 등을 고려하여 과장금의 2분의 1 범위에서 과징금을 늘리거나 줄일 수 있다.

(3) 청문

보건복지부장관 또는 시장 · 군수 · 구청장은 신고 사항의 직권 말소, 면허 취소 또는 면허 정지, 영업 정지명령, 일부 시설의 사용 중지명령 또는 영업소 폐쇄명령에 해당하는 처분을 하려면 청문을 실시해야 한다.

(4) 양벌규정

법인의 대표자나 법인 또는 개인의 대리인, 사용인, 그 밖의 종업원이 그 법인 또는 개인의 업무에 관하여 위반 행위를 하면 그 행위자를 벌하는 외에 그 법인 또는 개인에게도 해당 조문의 벌금형을 과한다.(다만, 법인 또는 개인이 그 위반 행위를 방지하기 위하여 해당 업무에 관하여 상당한 주의와 감독을 게을리 하지 아니한 경우에는 예외이다)

Section 10 행정처분

위 반 행 위	행 정 처 분 기 준			
	1차 위반	2차 위반	3차 위반	4차 이상 위반
1. 영업신고를 하지 않거나 시설과 설비기준을 위반한 경우				
가. 영업신고를 하지 않은 경우	영업장 폐쇄명령			
나. 시설 및 설비기준을 위반한 경우	개선명령	영업정지 15일	영업정지 1월	영업장 폐쇄명령
2. 변경신고를 하지 않은 경우				
가. 신고를 하지 않고 영업소의 명칭 및 상호 또는 영업장 면적의 3분의 1 이상을 변경한 경우	경고 또는 개선명령	영업정지 15일	영업정지 1월	영업장 폐쇄명령
나. 신고를 하지 아니하고 영업소의 소재지를 변경한 경우	영업정지 1월	영업정지 2월	영업장 폐쇄명령	
3. 지위승계신고를 하지 않은 경우	경고	영업정지 10일	영업정지 1월	영업장 폐쇄명령
4. 공중위생영업자의 위생관리의무 등을 지키지 않은 경우				
가. 소독을 한 기구와 소독을 하지 않은 기구를 각각 다른 용기에 넣어 보관하지 않거나 1회용 면도날을 2인 이상의 손님에게 사용한 경우	경고	영업정지 5일	영업정지 10일	영업장 폐쇄명령
나. 피부미용을 위하여 「약사법」에 따른 의약품 또는 「의료기기법」에 따른 의료기기를 사용한 경우	영업정지 2월	영업정지 3월	영업장 폐쇄명령	
다. 점빼기·귓볼뚫기·쌍꺼풀수술·문신·박피술 그 밖에 이와 유사한 의료행위를 한 경우	영업정지 2월	영업정지 5일	영업정지 10일	
라. 미용업 신고증 및 면허증 원본을 게시하지 않거나 업소 내 조명도를 준수하지 않은 경우	경고 또는 개선명령	영업정지 10일	영업장 폐쇄명령	
마. 개별 미용서비스의 최종 지불가격 및 전체 미용서비스의 총액에 관한 내역서를 이용자에게 미리 제공하지 않은 경우	경고	영업정지 5일	영업정지 10일	영업정지 1월
5. 카메라나 기계장치를 설치한 경우	영업정지 1월	영업정지 2월	영업장 폐쇄명령	
6. 면허 정지 및 면허 취소 사유에 해당하는 경우				
가. 피성년후견인, 정신질환자(단, 전문의가 이·미용사로서 적합하다고 인정하면 예외), 감염병환자, 마약 기타 대통령령으로 정하는 약물 중독자	면허취소			
나. 면허증을 다른 사람에게 대여한 경우	면허정지 3월	면허정지 6월	면허취소	
다. 「국가기술자격법」에 따라 자격이 취소된 경우	면허취소			
라. 「국가기술자격법」에 따라 자격정지처분을 받은 경우(「국가기술자격법」에 따른 자격정지처분 기간에 한정한다)	면허정지			
마. 이중으로 면허를 취득한 경우(나중에 발급받은 면허를 말한다)	면허취소			
바. 면허정지처분을 받고도 그 정지 기간 중 업무를 한 경우	면허취소			
7. 영업소 외의 장소에서 미용 업무를 한 경우	영업정지 1월	영업정지 2월	영업장 폐쇄명령	
8. 공중위생관리상 필요한 보고를 하지 않거나 거짓으로 보고한 경우 또는 관계 공무원의 출입, 검사 또는 공중위생영업 장부 또는 서류의 열람을 거부·방해하거나 기피한 경우	영업정지 10일	영업정지 20일	영업정지 1월	영업장 폐쇄명령
9. 개선명령을 이행하지 않은 경우	경고	영업정지 10일	영업정지 1월	영업장 폐쇄명령
10. 「성매매알선 등 행위의 처벌에 관한 법률」, 「풍속영업의 규제에 관한 법률」, 「청소년 보호법」, 「아동·청소년의 성보호에 관한 법률」 또는 「의료법」을 위반하여 관계 행정기관의 장으로부터 그 사실을 통보받은 경우				
가. 손님에게 성매매알선 등 행위 또는 음란행위를 하게 하거나 이를 알선 또는 제공한 경우				
(1) 영업소	영업정지 3월	영업장 폐쇄명령		
(2) 미용사	면허정지 3월	면허취소		
나. 손님에게 도박 그 밖에 사행행위를 하게 한 경우	영업정지 1월	영업정지 2월	영업장 폐쇄명령	
다. 음란한 물건을 관람·열람하게 하거나 진열 또는 보관한 경우	경고	영업정지 15일	영업정지 1월	영업장 폐쇄명령
라. 무자격안마사로 하여금 안마사의 업무에 관한 행위를 하게 한 경우	영업정지 1월	영업정지 2월	영업장 폐쇄명령	
11. 영업정지처분을 받고도 그 영업정지 기간에 영업을 한 경우	영업장 폐쇄명령			
12. 공중위생영업자가 정당한 사유 없이 6개월 이상 계속 휴업하는 경우	영업장 폐쇄명령			
13. 관할 세무서장에게 폐업신고를 하거나 관할 세무서장이 사업자 등록을 말소한 경우	영업장 폐쇄명령			

01 다음 중 보건복지부령이 정하는 미용사 면허를 받을 수 없는 조건에 해당하지 않는 자는?

① 성인병 환자　　　　② 결핵환자
③ 약물중독자　　　　④ 피성년후견인

ⓞ 해설　성인병 환자는 관계없다.

02 공중위생영업에 속하지 않는 것은?

① 숙박업　　　　② 목욕장업
③ 미용업　　　　④ 조리업

ⓞ 해설　공중위생영업은 다수인을 대상으로 위생관리서비스를 제공하는 숙박업, 목욕장업, 이용업, 미용업, 세탁업, 건물위생관리업을 말한다.

03 공중위생영업자가 준수하여야 할 위생관리기준 및 기타 위생관리 서비스의 제공에 관해 건전한 영업질서를 유지하기 위하여 영업자가 준수하여야 할 사항은 누구의 명령으로 하는가?

① 대통령령　　　　② 보건복지부령
③ 시ㆍ도지사령　　　　④ 광역시장령

ⓞ 해설　보건복지부령의 위생관리기준
① 점 빼기, 귓불 뚫기, 쌍꺼풀 수술, 문신, 박피술, 그 밖에 이와 유사한 의료 행위를 해서는 안 된다.
② 피부 미용을 위하여 「약사법」에 따른 의약품 또는 「의료기기법」에 따른 의료 기기를 사용 해서는 안 된다.
③ 미용 기구 중 소독을 한 기구와 소독을 하지 아니한 기구는 각각 다른 용기에 넣어 보관해야 한다.
④ 1회용 면도날은 손님 1인에 한하여 사용해야 한다.
⑤ 영업장 안의 조명도는 75룩스(Lux) 이상이 되도록 유지해야 한다.
⑥ 영업소 내부에 미용업 신고증 및 개설자의 면허증 원본을 게시해야 한다.
⑦ 영업소 내부에 최종지불요금표를 게시 또는 부착해야 한다.

04 규정에 의해 면허취소 및 업무정지명령을 받은 자는 언제 누구에게 면허증을 반납하여야 하는가?

① 1월 이내에 시장ㆍ군수ㆍ구청장에게
② 1월 이내에 보건복지부장관에게
③ 지체 없이 대통령에게
④ 지체 없이 시장ㆍ군수ㆍ구청장에게

ⓞ 해설　법 제7조 제1항의 규정에 의해 면허취소, 정지명령을 받은 자는 지체 없이 시장ㆍ군수ㆍ구청장에게 면허증을 반납하고 시장ㆍ군수ㆍ구청장은 면허증을 정지기간 동안 보관하여야 한다.

05 미용사 면허증 재교부신청은 누구에게 하는가?

① 보건복지부장관　　　　② 시장ㆍ군수ㆍ구청장
③ 보건원장　　　　④ 협회장

ⓞ 해설　이ㆍ미용사는 면허증의 기재사항 변경 시, 면허증 분실, 면허증이 헐어 재발급 받아야 하는 경우 면허증의 재교부를 신청할 수 있는데 영업소를 관할하는 시장ㆍ군수ㆍ구청장에게 제출한다.

06 과태료의 부과, 징수절차는 누구의 명령으로 하는가?

① 시장ㆍ군수ㆍ구청장　　　　② 보건복지부장관
③ 대통령　　　　④ 시ㆍ도지사

ⓞ 해설　과태료는 대통령령이 정하는 바에 의하여 시장ㆍ군수ㆍ구청장이 부과ㆍ징수한다.

07 미용업소에 폐쇄조치를 하는 경우 관계 공무원이 취해야 할 조치 중 잘못된 것은?

① 업소 간판 및 표시물을 제거한다.
② 기구나 시설물을 사용하지 못하게 압수한다.
③ 폐쇄조치를 하는 경우에는 업소에 미리 서면으로 알려준다.
④ 업소가 위법임을 알리는 게시물을 부착한다.

ⓞ 해설　폐쇄조치를 통해 영업을 위하여 필수불가결한 기구 또는 시설물을 사용할 수 없게 봉인시킬 수 있다.

08 미용업무는 영업소 외의 장소에서는 행할 수 없으나 행할 수 있는 예외의 경우가 있다. 해당되지 않는 사항은?

① 질병 기타 사유로 인하여 영업소에 나올 수 없는 자에 대해 미용을 하는 경우
② 혼례 기타 의식에 참여하는 자에 대하여 그 의식 직전에 미용을 하는 경우
③ 특별한 사정이 있다고 하여 시장ㆍ군수ㆍ구청장이 정하는 경우
④ 특별한 사정이 있다고 하여 보건복지부장관이 정하는 경우

ⓞ 해설　특별한 사정이 있어 시장ㆍ군수ㆍ구청장이 인정하는 경우여야 한다.

09 미용사의 업무범위에 해당되지 않는 것은?

① 머리피부 손질　　　　② 머리카락 자르기
③ 염색　　　　④ 면도

ⓞ 해설　면도는 이용사의 업무에 해당된다.

10 다음 중 청문을 실시해야 할 행정처분은?

① 영업정지　　　　② 경고
③ 시설개수　　　　④ 시정명령

ⓞ 해설　시장ㆍ군수ㆍ구청장은 신고 사항의 직권 말소, 면허취소, 면허정지, 공중위생영업의 정지, 일부 시설의 사용중지 및 영업소 폐쇄명령 등의 처분을 하고자 하는 때에는 청문을 실시하여야 한다.

11 다음 중 청문을 실시해야 하는 경우에 해당하지 않는 것은?

① 미용사 면허취소　　　　② 공중위생영업의 정지
③ 영업장 폐쇄명령　　　　④ 개선명령

12 다음 위생교육에 관한 사항 중 잘못된 설명은?

① 위생교육은 3시간으로 한다.
② 위생교육을 실시하고자 하는 경우에는 미리 교육교재를 편찬하여 교육대상자에게 배부하여야 한다.
③ 위생교육을 받아야 하는 자의 범위, 교육방법, 절차 기타 필요한 사항은 지방자치단체장이 정한다.
④ 보건위생 정책상 필요하다고 인정하는 때에는 공중위생영업에 종사하는 자에 대하여 위생교육을 실시할 수 있다.

ⓞ 해설　위생교육의 방법, 절차, 기타 필요한 사항은 보건복지부령으로 정한다.

정답　01 ①　02 ④　03 ②　04 ④　05 ②　06 ③　07 ②　08 ④　09 ④　10 ①　11 ④　12 ③

13 이 · 미용업소에 게시하지 않아도 되는 것은?

① 면허증 원본
② 신고필증
③ 최종 지불요금표
④ 영업시간표

🔎해설 영업소 내부에 미용업 신고증 및 개설자의 면허증 원본, 최종지불요금표를 게시 또는 부착해야한다.

14 다음 중 위생교육을 받아야 하는 자는?

① 공중위생업 업소를 개설한 자
② 건강진단을 받지 않은 자
③ 전문지식이 없고 기술이 미비한 자
④ 면허증이 없는 자

🔎해설 위생교육
① 공중위생영업자는 매년 위생 교육을 받아야 하며, 위생 교육은 3시간으로 한다.
② 공중위생영업의 신고를 하고자 하는 자는 미리 위생교육을 받아야 한다. 다만, 보건복지부령이 정하는 부득이한 사유로 미리 교육을 받을 수 없는 경우에는 영업 개시 후 6개월 이내에 위생 교육을 받을 수 있다.
③ 위생 교육을 받아야 하는 자 중 영업에 직접 종사하지 아니하거나 2 이상의 장소에서 영업을 하는 자는 종업원 중 영업장별로 공중위생에 관한 책임자를 지정하고 그 책임자로 하여금 위생 교육을 받게 해야 한다.
④ 위생 교육은 보건복지부장관이 허가한 단체 또는 공중위생관리법 제16조에 따른 단체가 실시할 수 있다.
⑤ 위생 교육의 방법 · 절차 등에 관하여 필요한 사항은 보건복지부령으로 정한다.

15 다음 중 면허를 받을 수 있는 자격요건이 안 되는 자는?

① 전문대학 또는 이와 같은 수준 이상의 학력이 있다고 교육부장관이 인정하는 학교에서 미용에 관한 학과를 졸업한 자
② 교육부장관이 인정하는 고등기술학교에서 1년 이상 미용에 관한 소정의 과정을 이수한 자
③ 국가기술자격법에 의한 미용사자격을 취득한 자
④ 사설 강습소에서 6개월 교육과정을 이수한 자

🔎해설 면허 발급 기준(공중위생관리법 제6조)
① 전문대학 또는 이와 같은 수준 이상의 학력이 있다고 교육부장관이 인정하는 학교에서 이용 또는 미용에 관한 학과를 졸업한 자
② 「학점인정 등에 관한 법률」에 따라 대학 또는 전문대학을 졸업한 자와 동등 이상의 학력이 있는 것으로 인정되어 이용 또는 미용에 관한 학위를 취득한 자
③ 고등학교 또는 이와 같은 수준의 학력이 있다고 교육부장관이 인정하는 학교에서 이용 또는 미용에 관한 학과를 졸업한 자
④ 교육부장관이 인정하는 고등기술학교에서 1년 이상 이용 또는 미용에 관한 소정의 과정을 이수한 자(*초 · 중등교육법령에 따라 특성화고등학교, 고등기술학교나 고등학교 또는 고등기술학교에 준하는 각종학교에서 1년 이상 이용 또는 미용에 관한 소정의 과정을 이수한 자) * 시행일 : 2020. 6. 4.
⑤ 국가기술자격법에 의한 이용사 또는 미용사의 자격을 취득한 자

16 공중위생관리법상 미용사 관련 위생교육은 몇 시간을 받는가?

① 3시간
② 8시간
③ 12시간
④ 24시간

🔎해설 위생교육은 3시간으로 한다.

17 위생관리등급 공표와 관련된 내용으로 올바르지 않은 것은?

① 위생관리등급의 표시를 영업소의 명칭과 함께 영업소의 출입구에 부착할 수 있다.
② 위생서비스 평가 결과 위생서비스 수준이 우수하다고 인정되는 영업소에 대하여 포상을 실시할 수 있다.

③ 위생서비스 평가의 결과에 따른 위생관리등급을 해당 공중위생 영업자에게 통보할 필요는 없다.
④ 영업소에 대한 출입, 검사와 위생검사의 실시주기 및 횟수 등 위생관리 등급별 위생 감시기준을 보건복지부령으로 정한다.

🔎해설 시장 · 군수 · 구청장은 위생등급표를 해당 공중위생영업자에게 통보하고 이를 공표해야 한다.

18 미용업을 하는 자가 위생관리의무 시 지켜야 할 사항으로 옳지 않은 것은?

① 의료기구와 의약품을 사용하지 아니하는 순수한 화장 또는 피부미용을 할 것
② 미용기구는 소독을 한 기구와 소독을 하지 아니한 기구를 따로 분리 · 보관하지 않아도 된다.
③ 면도기는 1회용 면도날만을 손님 1인에 행하여 사용할 것
④ 미용사는 면허증을 영업소 안에 게시할 것

🔎해설 미용기구는 소독을 한 기구와 하지 아니한 기구로 따로 분리, 보관해야 한다.

19 위생서비스 수준평가는 몇 년마다 실시하는가?

① 1년
② 2년
③ 3년
④ 5년

🔎해설 공중위생영업소의 위생서비스평가는 2년마다 실시하되, 공중위생영업소의 보건, 위생관리를 위하여 특히 필요한 경우에는 보건복지부장관이 정하여 평가주기를 달리할 수 있다.

20 미용업소를 개설하거나 영업장 소재지를 변경할 때에는 누구에게 통보하여야 하는가?

① 시장 · 군수 · 구청장
② 보건복지부장관
③ 대통령
④ 시 · 도지사

🔎해설 미용업소를 개설하고자 신고 또는 변경할 경우 첨부서류를 구비하여 시장 · 군수 · 구청장에게 제출한다.

21 다음 1차 위반 시 가장 무거운 행정처분 기준은?

① 영업정지 처분을 받고도 그 영업정지기간 중 영업을 한 때
② 위생교육을 받지 아니한 때
③ 관계공무원의 출입, 검사를 거부, 기피하거나 방해한 때
④ 면허증을 다른 사람에게 대여한 때

🔎해설 영업정지처분을 받고 그 영업정지기간 중 영업을 할 경우 1차 위반 행정처분은 영업장 폐쇄명령으로 가장 무겁다.

22 점빼기, 귓불뚫기, 쌍꺼풀수술, 문신, 박피술 기타 이와 유사한 의료행위를 한 때의 1차 행정처분기준은?

① 영업정지 2월
② 영업정지 3월
③ 영업장 폐쇄명령
④ 경고

🔎해설 2차 위반 시 영업정지 5일, 3차 위반 시 영업정지 10일, 4차 위반 시 영업장 폐쇄명령이다.

23 다음 중 소독을 한 기구와 소독을 하지 아니한 기구를 각각 다른 용기에 보관하지 아니한 때 1차 위반 시 행정처분 기준은?

① 경고
② 영업정지 10일
③ 영업정지 1월
④ 영업장 폐쇄명령

🔎해설 2차 위반 시는 영업정지 5일, 3차 위반 시는 영업정지 10일, 4차 위반 시는 영업장 폐쇄명령이다.

정답 **13** ④ **14** ① **15** ④ **16** ① **17** ③ **18** ② **19** ② **20** ① **21** ① **22** ① **23** ①

24 공중위생감시원의 자격, 임명, 업무범위 기타 필요한 사항은 누구의 령으로 하는가?

① 보건복지부령　　　　② 대통령령
③ 시 · 도지사령　　　　④ 국무총리령

⊙해설 관계 공무원의 업무를 행하게 하기 위하여 특별시, 광역시, 도 및 시, 군, 구에 공중위생감시원을 두며 필요한 사항은 대통령령으로 정한다.

25 미용의 영업소 외의 장소에서 업무수행에 관한 내용 중 가장 옳은 것은?

① 학교 등의 구내장소에서는 미용업무를 행할 수 있다.
② 호텔 등의 구내장소에서는 미용업무를 행할 수 있다.
③ 시장의 상인이 거주하는 구내에서는 미용업무를 행할 수 있다.
④ 보건복지부령이 정하는 특별한 사유가 있는 경우의 장소에서는 미용업무를 행할 수 있다.

⊙해설 보건복지부령이 정하는 특별한 사유에는 질병 기타 사유로 영업소에 나올 수 없는 자, 혼례 기타 의식에 참여하는 자, 사회복지시설에서의 봉사활동, 방송 등의 촬영에 참여하는 자, 시장 · 군수 · 구청장이 인정하는 특별한 사정이 있는 자가 해당된다.

26 다음 벌칙 중 3백만 원 이하의 벌금에 해당되지 않는 것은?

① 면허가 취소된 후 계속하여 업무를 행한 자
② 면허정지기간 중에 업무를 행한 자
③ 면허를 받지 아니한 자가 업소를 개설하거나 업무에 종사할 때
④ 건전한 영업질서를 위하여 영업자가 준수하여야 할 사항을 준수하지 아니한 자

⊙해설 ④는 500만 원 이하의 벌금에 해당된다.

27 다음 벌칙 중 2백만 원 이하의 과태료에 해당되는 것은?

① 관계 공무원의 출입, 검사 기타 조치를 거부 방해 또는 기피한 자
② 미용업의 위생관리 의무를 지키지 아니한 자
③ 영업자 준수사항을 준수하지 아니한 자
④ 위생관리 기준 또는 오염허용 기준을 지키지 아니하고 개선명령에 따르지 아니한 자

⊙해설 2백만 원 이하의 과태료에 해당되는 경우는 위생관리 의무를 지키지 아니한 자, 위생교육을 받지 아니한 자, 영업소 외의 장소에서 이용 또는 미용 업무를 행한 자에 해당된다.

28 영업소 이외의 장소에서 미용업무를 행한 자에 대한 조치는?

① 5백만 원 이하의 벌금　　② 3백만 원 이하의 과태료
③ 2백만 원 이하의 과태료　　④ 1백만 원 이하의 벌금

⊙해설 보건복지부령으로 영업소 외의 장소에서 미용 업무를 행하는 경우
　① 질병이나 그 밖의 사유로 영업소에 나올 수 없는 자에 대하여 이 · 미용을 하는 경우
　② 혼례나 그 밖의 의식에 참여하는 자에 대해서 그 의식 직전에 이 · 미용을 하는 경우
　③ 「사회복지사업법」에 따른 사회복지시설에서 봉사 활동으로 이 · 미용을 하는 경우
　④ 방송 등의 촬영에 참여하는 사람에 대하여 그 촬영 직전에 이 · 미용을 하는 경우
　⑤ 위의 4가지 경우 외에 특별한 사정이 있다고 시장 · 군수 · 구청장이 인정하는 경

29 시장 · 군수 · 구청장은 법에 의한 명령에 위반한 때에는 기간을 정하여 영업의 정지, 또는 일부시설의 사용중지를 명하거나 영업소 폐쇄 등을 명할 수 있다. 이때 기간은 어느 정도인가?

① 9월　　　　　　　② 6월
③ 1년　　　　　　　④ 2년

⊙해설 시장 · 군수 · 구청장은 공중위생영업자가 다음의 어느 하나에 해당하면 6개월 이내의 기간을 정하여 영업의 정지 또는 일부 시설의 사용 중지를 명하거나 영업소 폐쇄 등을 명할 수 있다.
　① 영업 신고를 하지 아니하거나 시설과 설비 기준을 위반한 경우
　② 변경 신고를 하지 아니한 경우
　③ 지위승계 신고를 하지 아니한 경우
　④ 공중 위생영업자의 위생 관리 의무 등을 지키지 아니한 경우
　⑤ 「성폭력범죄의 처벌 등에 관한 특례법」에 위반하는 행위에 이용되는 카메라나 기계 장치를 설치한 경우 공중 위생영업자의 위생 관리 의무 등을 지키지 아니한 경우
　⑥ 영업소 외의 장소에서 이용 또는 미용 업무를 한 경우
　⑦ 법에 따른 보고를 하지 아니하거나 거짓으로 보고한 경우 또는 관계 공무원의 출입, 검사 또는 공중위생영업 장부 또는 서류의 열람을 거부 · 기피한 경우
　⑧ 법에 따른 개선 명령을 이행하지 아니한 경우
　⑨ 「성매매알선 등 행위의 처벌에 관한 법률」, 「풍속영업의 규제에 관한 법률」, 「청소년 보호법」, 「아동 · 청소년의 성보호에 관한 법률」 또는 「의료법」에 위반하여 관계 행정 기관의 장으로부터 그 사실을 통보받은 경

30 다음 중 건전한 영업질서를 위하여 영업자가 준수하여야 할 사항을 준수하지 아니한 자의 벌칙은?

① 6개월 이하의 징역이나 3백만 원 이하의 벌금
② 5백만 원 이하의 벌금
③ 3백만 원 이하의 벌금
④ 2백만 원 이하의 벌금

⊙해설 5백만 원 이하의 벌금은 변경신고를 아니한 자, 공중위생영업자의 지위를 승계한 자로 신고를 하지 아니한 자, 공중위생영업자가 준수하여야 할 사항을 준수하지 아니한 자에 해당된다.

31 이중으로 면허를 취득한 때는 어느 것을 면허취소 조치해야 하는가?

① 처음 발급받은 것　　② 나중에 발급받은 것
③ 둘 다 면허취소 된다.　　④ 둘 중 아무거나 상관없다.

⊙해설 이중으로 면허를 발급 받은 경우 나중에 발급 받은 면허는 면허 취소가 된다.

32 공중위생영업자가 풍속관리법령 등 다른 법령에 위반하여 관계 행정기관의 장의 요청이 있을 때 당국이 취할 수 있는 조치사항은?

① 일정기간 동안의 업무정지　② 6월 이내 기간의 영업정지
③ 국가기술 자격취소　　　　④ 개선명령

⊙해설 시장 · 군수 · 구청장은 「풍속영업의 규제에 관한 법률」 등 다른 법령에 위반하면 6개월 이내 기간을 정하여 영업의 정지 또는 일부 시설의 사용 중지를 명하거나 영업소 폐쇄 등을 명할 수 있다.

33 공중위생영업소를 개설한 자는 몇 개월 이내에 위생교육을 받아야 하는가?

① 1개월　　　　　　② 2개월
③ 3개월　　　　　　④ 6개월

⊙해설 위생 교육은 공중위생영업의 신고를 하고자 하는 자는 미리 교육을 받아야 한다. 다만, 보건복지부령으로 정하는 부득이한 사유로 미리 교육을 받을 수 없는 경우에는 영업 개시 후 6개월 이내에 위생 교육을 받을 수 있다.

🔑정답 **24** ②　**25** ④　**26** ④　**27** ②　**28** ③　**29** ②　**30** ②　**31** ②　**32** ②　**33** ④

Part 02

최신 시행 출제문제

제1회 ~ 제15회

국가기술자격검정 필기시험문제

자격종목 및 등급(선택분야)	종목코드	시험시간	문제지형별	수험번호	성명
미용사(일반)	7937	1시간	A		

01 미용의 특수성과 가장 거리가 먼 것은?

① 손님의 요구가 반영된다.
② 시간적 제한을 받는다.
③ 정적 예술로서 미적 변화가 나타난다.
④ 유행을 창조하는 자유예술이다.

02 두발의 색은 흑색, 적색, 갈색, 금발색, 백색 등 여러 가지 색이 있다. 다음 중 주로 검은 두발의 색을 나타나게 하는 멜라닌은?

① 티로신(tyrosine)
② 멜라노사이트(melanocyte)
③ 유멜라닌(eumelanin)
④ 페오멜라닌(pheomelanin)

03 헤어 트리트먼트(hair treatment)의 종류가 아닌 것은?

① 헤어 리컨디셔너(hair reconditioning)
② 틴닝(thinning)
③ 클립핑(clipping)
④ 헤어 팩(hair pack)

04 두발에 도포한 약액이 쉽게 침투되게 하여 시술시간을 단축하고자 할 때에 필요하지 않은 것은?

① 스팀 타월
② 헤어 스티머
③ 신징
④ 히팅 캡

05 원랭스 커트의 방법에 대한 설명으로 옳지 않은 것은?

① 동일선상에서 자른다.
② 커트라인에 따라 이사도라, 스파니엘, 패러렐 등의 유형이 있다.
③ 짧은 단발의 경우 손님의 머리를 숙이게 하고 정리한다.
④ 짧은 머리에만 주로 적용한다.

06 헤어 세팅의 컬에 있어 루프가 두피에 45° 각도로 세워진 것은?

① 플래트 컬
② 스컬프쳐 컬
③ 메이폴 컬
④ 리프트 컬

07 헤어 커트 시 사용하는 레이저(razor)에 대한 설명으로 틀린 것은?

① 레이저의 날 등과 날 끝이 대체로 균등해야 한다.
② 초보자에게는 오디너리(ordinary)레이저가 적합하다.
③ 레이저의 날 선이 대체로 둥그스름한 곡선으로 나온 것이 더 정확한 커트를 할 수 있다.
④ 레이저 어깨의 두께가 균등해야 좋다.

08 퍼머넌트의 1액이 웨이브(wave)의 형성을 위해 주로 적용하는 부위는?

① 모수질
② 모근
③ 모피질
④ 모표피

09 뱅(bang)의 설명 중 잘못된 것은?

① 플러프 뱅 – 부드럽게 꾸밈없이 볼륨을 준 앞머리
② 포워드 롤 뱅 – 포워드 방향으로 롤을 이용하여 만든 뱅
③ 프린지 뱅 – 가르마 가까이에 작게 낸 뱅
④ 프렌치 뱅 – 풀 혹은 하프 웨이브로 만든 뱅

10 우리나라 여성의 머리 형태 중 비녀를 꽂은 머리를 무엇이라 하는가?

① 얹은머리
② 쪽머리
③ 좀좀머리
④ 귀밑머리

11 다음 중 매니큐어 바르는 순서로 옳은 것은?

① 네일에나멜 – 베이스코트 – 탑코트
② 베이스코트 – 네일에나멜 – 탑코트
③ 탑코트 – 네일에나멜 – 베이스코트
④ 네일표백제 – 네일에나멜 – 베이스코트

12 그라데이션 커트 중 업 스타일에 퍼머넌트 웨이브의 와인딩 시 사용되는 로드 크기 기준으로 가장 옳은 것은?

① 두부의 네이프에는 소형의 로드를 사용한다.
② 두발이 두꺼운 경우는 로드의 직경이 큰 로드를 사용한다.
③ 두부의 몸에서 크라운 앞부분에는 중형로드를 사용한다.
④ 두부의 크라운 뒷부분에서 네이프 앞쪽까지는 대형로드를 사용한다.

13 한국 현대 미용사에 대한 설명 중 옳은 것은?

① 경술국치 이후 일본인들에 의해 미용이 발달했다.
② 1933년 일본인이 우리나라에 처음으로 미용원을 열었다.
③ 해방 전 우리나라 최초의 미용교육기관은 정화고등기술학교이다.
④ 오엽주씨가 화신 백화점 내에 미용원을 열었다.

14 다음 중 논스트리핑 샴푸제의 특징은?

① pH가 낮은 산성이며, 두발을 자극하지 않는다.
② 징크피리티온이 함유되어 비듬치료에 효과적이다.
③ 알칼리성 샴푸제로 pH가 7.5~8.5이다.
④ 지루성 피부형에 적합하며, 유분함량이 적고 탈지력이 강하다.

15 그림 ㉮, ㉯와 같이 정사각형과 직각의 의미로 커트하는 기법을 무엇이라 하는가?

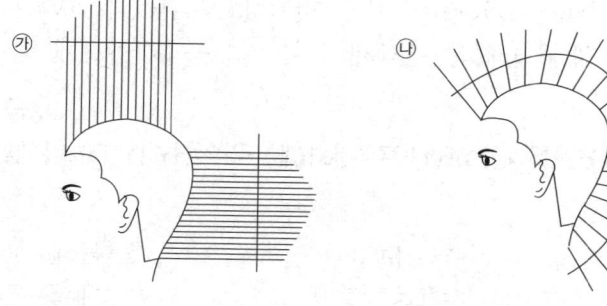

① 블런트 커트(blunt cut)
② 스퀘어 커트(spuare cut)
③ 롱 스트로크 커트(long stroke cut)
④ 체크 커트(check cut)

16 다음 중 원형 얼굴을 기본형에 가깝도록 하기 위한 각 부위의 화장법으로 올바른 것은?

① 얼굴의 양 관자놀이 부분을 화사하게 한다.
② 이마와 턱의 중간부는 어둡게 한다.
③ 눈썹은 활모양이 되지 않도록 약간 치켜올린 듯하게 그린다.
④ 콧등은 뚜렷하고 자연스럽게 뻗어 나가도록 어둡게 표현한다.

17 두발의 구성요소 중 피부 밖으로 나와 있는 부분은 어디인가?

① 피지선
② 모표피
③ 모구
④ 모유두

18 다음 중 프라이머의 사용 방법이 아닌 것은?

① 프라이머는 한 번만 바른다.
② 주요 성분은 메타크릴릭산(methacrylic acid)이다.
③ 피부에 닿지 않게 조심해서 다루어야 한다.
④ 아크릴 볼이 잘 접착되도록 자연스럽게 바른다.

19 두발을 롤러에 와인딩할 때 스트랜드를 베이스에 대하여 수직으로 잡아 올려서 와인딩한 롤러 컬은?

① 롱 스템 롤러 컬
② 하프 스템 롤러 컬
③ 논 스템 롤러 컬
④ 쇼트 스템 롤러 컬

20 매니큐어 시술과정에 대한 설명으로 올바른 것은?

① 소독제로 고객의 손만 소독하는 것이 좋다.
② 푸셔를 45° 각도로 밀어 올려주며 손톱이 긁혀도 상관없다.
③ 파일은 손톱의 양측면에서 중앙쪽 한 방향으로 시술한다.
④ 표면이 매끄럽지 않을 경우 손톱이 상하더라도 다듬어준다.

21 감염병 예방법 중 제3급 감염병이 아닌 것은?

① 유행성 이하선염
② 파상풍
③ 일본뇌염
④ 말라리아

22 다음 중 하수의 오염지표로 주로 이용하는 것은?

① dB
② BOD
③ 총인
④ 대장균

23 대기오염의 주원인 물질 중 하나로 석탄이나 석유 속에 포함되어 있어 연소할 때 산화되어 발생되며, 만성기관지염과 산성비 등을 유발시키는 것은?

① 일산화탄소
② 질소산화물
③ 황산화물
④ 부유분진

24 임신 초기에 감염이 되어 백내장아, 농아아 출산의 원인이 되는 질환은?

① 심장질환
② 뇌질환
③ 풍진
④ 당뇨병

25 한 나라의 건강수준을 다른 국가들과 비교할 수 있는 지표로 세계보건기구가 제시한 내용은?

① 인구증가율, 평균수명, 비례사망지수
② 비례사망지수, 조사망률, 평균수명
③ 평균수명, 조사망률, 국민소득
④ 의료시설, 평균수명, 주거상태

26 다음 중 눈의 보호를 위해서 가장 좋은 조명 방법은?

① 간접조명
② 반간접조명
③ 직접조명
④ 반직접조명

27 생활습관과 관계될 수 있는 질병과의 연결이 올바르지 않은 것은?

① 담수어 생식 – 간디스토마
② 여름철 야숙 – 일본뇌염
③ 경조사 등 행사 음식 – 식중독
④ 가재생식 – 무구조충

28 인구 전체 사망자 수에 대한 50세 이상의 사망자 수를 나타낸 구성비율은?

① 평균수명
② 조사망률
③ 영아사망률
④ 비례사망지수

29 다음 중 작업환경의 관리원칙으로 올바른 것은 무엇인가?

① 대치 – 격리 – 폐기 – 교육
② 대치 – 격리 – 환기 – 교육
③ 대치 – 격리 – 재생 – 교육
④ 대치 – 격리 – 연구 – 홍보

30 일반적인 미생물의 번식에 가장 중요한 요소로만 나열된 것은?

① 온도 – 적외선 – pH
② 온도 – 습도 – 자외선
③ 온도 – 습도 – 영양분
④ 온도 – 습도 – 시간

31 다음 중 소독의 정의를 가장 잘 표현한 것은?

① 미생물의 발육과 생활 작용을 제지 또는 정지시켜 부패 또는 발효를 방지할 수 있는 것
② 병원성 미생물의 생활력을 파괴 또는 멸살시켜 감염되는 증식물을 없애는 조작
③ 모든 미생물의 영양이나 아포까지도 멸살 또는 파괴시키는 조작
④ 오염된 미생물을 깨끗이 씻어내는 작업

32 다음 중 건열에 의한 멸균법이 아닌 것은?

① 화염멸균법
② 자비소독법
③ 건열멸균법
④ 소각소독법

33 이ㆍ미용실 바닥 소독용으로 가장 알맞은 소독약품은?

① 알코올
② 크레졸
③ 생석회
④ 승홍수

34 유리제품의 소독방법으로 가장 적합한 것은?

① 끓는 물에 넣고 10분간 가열한다.
② 건열멸균기에 넣고 소독한다.
③ 끓는 물에 넣고 5분간 가열한다.
④ 찬물에 넣고 75℃까지만 가열한다.

35 다음 중 소독방법과 소독대상이 바르게 연결된 것은?

① 화염멸균법 – 의류나 타올
② 자비소독법 – 아마인유
③ 고압증기멸균법 – 예리한 칼날
④ 건열멸균법 – 바세린(vaseline) 및 파우더

36 다음 중 소독제로서의 석탄산에 관한 설명이 아닌 것은?

① 유기물에도 소독력은 약화되지 않는다.
② 고온일수록 소독력이 커진다.
③ 금속 부식성이 없다.
④ 세균단백에 대한 살균작용이 있다.

37 구내염, 입 안 세척 및 상처소독하는 데 발포작용을 이용하여 소독이 가능한 것은?

① 알코올
② 과산화수소수
③ 승홍수
④ 크레졸 비누액

38 다음 중 소독약에 대한 설명으로 적합하지 않은 것은?

① 소독시간이 적당할 것
② 소독 대상물을 손상시키지 않는 소독약을 선택할 것
③ 인체에 무해하며 취급이 간편할 것
④ 소독약은 항상 청결하고 밝은 장소에 보관할 것

39 코발트나 세슘 등을 이용한 방사선 멸균법의 단점이라 할 수 있는 것은?

① 시설설비에 소요되는 비용이 비싸다.
② 투과력이 약해 포장된 물품에 소독효과가 없다.
③ 소독에 소요되는 시간이 길다.
④ 고온에서 적용되기 때문에 열에 약한 기구소독은 어렵다.

40 소독제의 구비조건이라고 할 수 없는 것은?

① 살균력이 강할 것
② 부식성이 없을 것
③ 표백성이 있을 것
④ 용해성이 높을 것

41 민감성 피부에 대한 설명으로 가장 적합한 것은?

① 피지의 분비가 적어서 거친 피부
② 어떤 물질에 큰 반응을 일으키는 피부
③ 땀이 많이 나는 피부
④ 멜라닌 색소가 많은 피부

42 다음 중 항산화제에 속하지 않는 것은?

① 베타 – 카로틴(β–carotene)
② 수퍼옥사이드 디스뮤타제(SOD)
③ 비타민 E
④ 비타민 F

43 혈관과 림프관이 분포되어 있어 털에 영양을 공급하고, 주로 발육에 관여하는 부분은?

① 모유두
② 모표피
③ 모피질
④ 모수질

44 각질세포 내 자연보습인자 중 가장 많이 함유된 인자는?

① 아미노산
② 요소
③ 젖산염
④ 요산

45 표피로부터 가볍게 흩어지고, 지속적이며 무의식적으로 생기는 죽은 각질세포를 무엇이라 하는가?

① 비듬
② 농포
③ 두드러기
④ 종양

46 다음 중 손톱의 손상요인으로 가장 거리가 먼 것은?

① 네일 에나멜
② 네일 리무버
③ 비누, 세제
④ 네일 트리트먼트

47 털의 색상에 대한 원인을 연결한 것 중 가장 거리가 먼 것은?

① 검은색 – 멜라닌 색소를 많이 함유하고 있다.
② 금색 – 멜라닌 색소의 양이 많고 크기가 크다.
③ 붉은색 – 멜라닌 색소에 철성분이 함유되어 있다.
④ 흰색 – 유전, 노화, 영양결핍, 스트레스가 원인이다.

48 신체 부위 중 투명층이 가장 많이 존재하는 곳은?

① 이마   ② 두정부
③ 손바닥   ④ 목

49 알코올에 대한 설명으로 틀린 것은?

① 항바이러스제로 사용된다.
② 화장품에서 용매, 운반체, 수렴제로 쓰인다.
③ 알코올이 함유된 화장수는 오랫동안 사용하면 피부를 건성
  화시킬 수 있다.
④ 인체 소독용으로는 메탄올(methanol)을 주로 사용한다.

50 물과 오일처럼 서로 녹지 않는 두 개의 액체를 미세하게 분산시
켜 놓은 상태는?

① 에멀전   ② 레이크
③ 아로마   ④ 왁스

51 법인의 대표자나 법인 또는 개인의 대리인, 사용인을 기타 총괄
하여 그 법인 또는 개인의 업무에 관하여 벌금형에 행하는 위반
행위를 한 때에 행위자를 벌하는 외에 그 법인 또는 개인에 대하
여도 동조의 벌금형을 과하는 것을 무엇이라 하는가?

① 벌금
② 과태료
③ 양벌규정
④ 위임

52 다음 중 위생교육에 대한 내용으로 옳지 않은 것은?

① 위생교육을 받은 자가 위생교육을 받은 날부터 1년 이내에
  위생교육을 받은 업종과 같은 업종의 변경을 하려는 경우에
  는 해당 영업에 대한 위생교육을 받은 것으로 본다.
② 위생교육의 내용은 「공중위생관리법」 및 관련 법규, 소양교
  육, 기술교육, 그 밖에 공중위생에 관하여 필요한 내용으로
  한다.
③ 영업신고 전에 위생교육을 받아야 하는 자 중 천재지변, 본
  인의 질병, 사고, 업무상 국외출장 등의 사유로 교육을 받을
  수 없는 경우에는 영업신고를 한 후 6개월 이내에 위생교육
  을 받을 수 있다.
④ 위생교육실시 단체는 교육교재를 편찬하여 교육대상자에게
  제공하여야 한다.

53 다음 이·미용업 종사자 중 위생교육을 받아야 하는 자는?

① 6개월 전에 위생교육을 받은 자
② 공중위생영업에 6개월 이상 종사자
③ 공중위생영업에 2년 이상 종사자
④ 공중위생영업을 승계한 자

54 다음 중 이·미용사의 면허를 받을 수 있는 사람은?

① 전과기록이 있는 자
② 피성년후견인
③ 마약, 기타 대통령령으로 정하는 약물중독자
④ 정신질환자

55 다음 중 과태료처분 대상에 해당되지 않는 자는?

① 관계공무원의 출입·검사 등의 업무를 기피한 자
② 영업소 폐쇄명령을 받고도 영업을 계속한 자
③ 이·미용업소 위생관리 의무를 지키지 아니한 자
④ 위생교육 대상자 중 위생교육을 받지 아니한 자

56 음란한 물건을 손님에게 관람하게 하거나 진열 또는 보관한 때 1차
위반시 행정처분기준은?

① 경고
② 영업정지 15일
③ 영업정지 20일
④ 영업정지 30일

57 이·미용사가 면허정지 처분을 받고 업무정지 기간 중 업무를 행
한 때 1차 위반시 행정처분기준은?

① 면허정지 3월
② 면허정지 6월
③ 면허취소
④ 영업장 폐쇄명령

58 면허가 취소된 후 계속하여 업무를 행한 자에게 해당되는 벌칙
은?

① 1년 이하의 징역 또는 1천만 원 이하의 벌금
② 6월 이하의 징역 또는 500만 원 이하의 벌금
③ 200만 원 이하의 과태료
④ 300만 원 이하의 벌금

59 이·미용업의 상속으로 인한 영업자 지위승계의 신고시 구비서
류가 아닌 것은?

① 영업자 지위승계 신고서
② 가족관계증명서
③ 인감증명서
④ 상속자임을 증명할 수 있는 서류

60 공중이용시설의 위생관리기준이 아닌 것은?

① 소독을 한 기구와 소독을 하지 아니한 기구를 각각 다른 용
  기에 보관한다.
② 1회용 면도날을 손님 1인에 한하여 사용하여야 한다.
③ 업소 내에 최종지불요금표를 게시하여야 한다.
④ 업소 내에 화장실을 갖추어야 한다.

정답(제1회)

01	02	03	04	05	06	07	08	09	10	11	12	13	14	15	16	17	18	19	20
④	③	②	③	④	④	②	③	④	②	②	①	④	①	②	③	②	①	②	③
21	**22**	**23**	**24**	**25**	**26**	**27**	**28**	**29**	**30**	**31**	**32**	**33**	**34**	**35**	**36**	**37**	**38**	**39**	**40**
①	②	③	②	②	②	②	④	②	②	③	①	④	④	②	②	④	①	④	③
41	**42**	**43**	**44**	**45**	**46**	**47**	**48**	**49**	**50**	**51**	**52**	**53**	**54**	**55**	**56**	**57**	**58**	**59**	**60**
②	④	①	①	①	④	②	③	④	①	③	①	②	①	②	①	③	②	③	④

해설

01 미용은 자유예술이 아닌 부용예술이며, 여러 가지 조건의 제한을 받는다.

02 유멜라닌(적갈색, 검정색), 페오멜라닌(노란색, 빨간색)

03 틴닝은 커트나 테이퍼하기 전 두발 숱을 쳐내는 방법이다.

04 싱징은 불필요한 두발을 불꽃으로 태워 제거하는 커트 방법이다.

05 짧은 머리 스타일에는 그라데이션 커트가 많이 이용된다.

06 ① 플래트 컬 : 루프가 0° 각도 형성
   ② 스컬프처 컬 : 리지가 높고 트로프가 낮은 조각적인 웨이브 형성
   ③ 메이폴 컬 : 핀컬로 나선형의 컬이 필요한 때 이용

07 헤어 커트 시 사용하는 오디너리 레이저는 일상용 레이저로 미용기술 초보자에게는 적합하지 않다.

08 모피질은 두발의 중간층으로 주요 부분을 이루고 있으며, 멜라닌 색소를 함유하고 있어 두발의 색을 결정한다.

09 프렌치 뱅은 두발 끝을 부풀린 플러프로 프랑스 식의 뱅이다.

10 쪽머리는 뒤통수에 머리를 낮게 틀어 올려 비녀를 꽂은 모양이다.

11 • 베이스코트 : 에나멜을 바르기 전에 바르는 것으로 밀착성을 유지시킴
   • 네일에나멜 : 손톱에 다양한 색감을 표현해 줌
   • 탑코트 : 에나멜을 바른 후에 바르는 것으로 광택을 증가시키고 지속성을 유지시킴

12 두발이 두꺼운 경우나 크라운 부분은 소형로드를 사용하여 솔루션의 침투를 용이하게 한다.

13 경술국치 이후 유학여성들에 의해 미용이 급진적으로 발달되고, 1933년 3월에 오엽주 씨가 최초로 화신 미용원을 개원하였고, 해방 후에 권정희 씨에 의해 정화고등기술학교가 설립되었다.

14 논스트리핑 샴푸제는 약산성으로 자극성이 적어 염색 두발이나 손상모에 적합하다.

15 스퀘어 커트는 직각과 사각형의 형태를 지니며 두부의 외곽선을 커버한다.

16 원형 얼굴은 눈썹의 모양을 사선이나 직선으로 그려주어 세련된 이미지를 연출한다.

17 모표피는 두발의 가장 표면에 있는 부분으로 두발 내부를 보호하는 기능을 한다.

18 프라이머는 베이스 화장용으로 덧발라줄 수 있다.

19 하프 스템 롤러 컬은 반 정도의 스템에 의해서 서클이 베이스로부

터 움직임을 유지한다.

20 소독은 시술자, 고객 모두 하는 것이며, 푸셔를 사용할 때 손톱이 긁히지 않도록 조심해야 한다. 손톱이 상하도록 다듬는 것은 올바르지 않다.

21 제3급 감염병에는 파상풍, 말라리아, 일본뇌염이 해당된다.
   ① 유행성이하선염은 2급 간염병에 해당된다.

22 BOD는 생화학적산소요구량으로 ppm으로 표시하며, 수치가 클수록 수질이 오염된다.

23 황산화물은 무색이고 자극성 냄새가 있는 기체이며, 대기오염 물질 중 가장 중요시 되는 물질로서 공장배기가스에 많이 함유되어 있다.

24 풍진은 선천성과 출생 후 감염되는 후천성이 있으며, 무증상 감염도 흔하게 나타난다.

25 세계보건기구(WHO)는 한 나라의 보건수준을 표시하며, 다른 나라와 비교할 수 있도록 하는 건강지표로서 평균수명, 조사망률, 비례사망지수를 들 수 있다.

26 간접조명은 빛을 모두 반사시켜서 눈이 부시거나 그림자가 생기지 않으므로 눈의 보호상 가장 좋다.

27 가재생식 : 페디스토마증 / 소고기 : 무구조충증

28 비례사망지수는 50세 이상의 사망자를 백분율로 표시한 것으로 수치가 높을수록 고령자가 많다는 것을 의미한다.

29 작업환경에서 환기는 실외의 신선한 공기로 바꾸어 넣는 것을 말한다.

30 미생물 번식에 중요한 요소는 온도, 습도, 영양분이다.

31 소독은 병원성 미생물을 죽이거나 감염력을 없애는 것이다.

32 자비소독법은 습열에 의한 소독법이다.

33 이·미용실 바닥 소독용으로 크레졸수, 석탄산수, 포르말린수소독을 주로 사용한다.

34 건열멸균법은 160~170℃에서 1~2시간 가열하면 미생물은 완전 멸균되므로 유리제품이나 주사기 등에 적합하다. 이·미용기구는 100℃ 이상의 건조한 열에 20분 이상 쐬어준다.

35 ① 화염멸균법 : 불연성 물질(유리, 금속제품), ② 자비소독법 : 의료기구, ③ 고압증기멸균법 : 기구, 의류, 고무제품, 약액

36 석탄산은 금속에 부식성이 있다.

37 과산화수소는 자극성이 적어 구내염, 입 안 세척, 상처소독에 적합하다.

38 소독약은 냉암소에 보관해야 한다.

39 방사선멸균법은 설비 비용이 비싸다.

40 소독제는 표백성이 없어야 한다.

41 민감성 피부는 환경에 가장 민감하게 반응하는데 각 개인에 따라 어떤 특성과 물질에 다르게 반응한다.

42 항산화제는 공기 중의 산소에 의해 산화 변질되는 것을 방지하는 것으로 비타민 A(카로틴), SOD, 비타민 E, 비타민 C, 토코페롤, 메티오닌, 타우린, 아연 등이 사용된다.

43 모유두는 모구의 중심부에 모세혈관이 많아 영양공급을 하여 세포가 생성되고 두발이 성장한다.

44 자연보습인자(MMF)에 가장 많이 함유된 인자는 아미노산이다.

45 ② 농포 : 여드름 피부 3단계, ③ 두드러기 : 팽진, 가려움증,
④ 종양 : $2cm^2$ 이상의 덩어리

46 네일 트리트먼트는 손상된 손톱을 관리하고 예방해준다.

47 두발의 색상은 모피질에 존재하는 멜라닌 색소의 양에 따라 결정되는데 금색은 멜라닌의 양의 크기가 작다.

48 투명층은 손바닥이나 발바닥에만 있는 피부로 6mm로 가장 두터운 부위에 분포한다.

49 인체 소독용 알코올은 에탄올을 주로 사용한다.

50 에멀전은 상호 혼합되지 않는 두 액체의 한 쪽이 작은 방울로 되어 다른 액체중에 분산한 것이다.

51 양벌규정 : 다만, 법인 또는 개인이 그 위반 행위를 방지하기 위해 주의와 감독을 한 경우에는 예외이다.

52 같은 업종 변경이라도 해당 영업에 대한 위생교육은 받아야 한다.

53 공중위생영업을 승계한 자는 위생교육을 받아야 한다.

54 미용사 면허를 받을 수 없는 자는 금치산자, 약물중독자, 정신질환자, 간질병자, 감염병 환자, 면허가 취소된 후 1년이 경과되지 아니한 자, 면허증을 다른 사람에게 대여한 때에 해당된다.

55 영업소 폐쇄명령을 받고도 영업을 계속한 자는 과태료가 아니라 1년 이하의 징역 또는 1천만원 이하의 벌금에 해당한다.

56 음란한 물건을 손님에게 관람하게 하거나 진열 또는 보관한 때에는 2차 위반 시 영업정지 15일, 3차 위반 시 영업정지 1월, 4차 위반 시 영업장 폐쇄명령을 행한다.

57 면허정지 처분을 받고 그 정지기간 중 업무를 행한 때는 면허를 취소한다.

58 300만 원 이하의 벌금형은 면허가 취소된 후 계속 업무를 행한 자, 면허 정지기간 중에 업무를 행한 자, 면허를 받지 아니한 자가 업소를 개설하거나 업무에 종사한 자가 해당된다.

59 영업자 지위 승계의 신고 시 구비서류는 지위승계 신고서, 양도·양수를 증명할 수 있는 서류 사본, 가족관계증명서 및 상속인임을 증명할 수 있는 서류, 그 외 영업자의 지위를 승계하였음을 증명할 수 있는 서류가 필요하다.

60 영업소, 화장실 기타 공중이용시설 안에서 시설 이용자의 건강을 해할 우려가 있는 오염물질이 발생되지 아니하도록 해야 한다.

01 위그 치수 측정 시 이마의 헤어라인에서 정중선을 따라 네이프의 움푹 들어간 지점까지를 무엇이라 하는가?

① 머리 길이
② 머리 둘레
③ 이마 폭
④ 머리 높이

02 다음 중 패치테스트에 대한 설명으로 옳지 않은 것은?

① 처음 염색할 때 실시하며 반응의 증상이 없을 때는 그 후 계속해서 패치테스트를 생략해도 된다.
② 테스트 할 부위는 귀 뒤나 팔꿈치 안쪽에 실시한다.
③ 테스트에 쓸 염모제는 실제로 사용할 염모제와 동일하게 조합한다.
④ 반응의 증상이 심한 경우에는 피부전문의에게 진료받아야 한다.

03 정상적인 두발상태와 온도조건에서 콜드 웨이빙 시술 시 프로세싱의 가장 적당한 방치시간은?

① 5분 정도
② 10 ~ 15분 정도
③ 20 ~ 30분 정도
④ 30 ~ 40분 정도

04 헤어 컨디셔너제의 사용 목적이 아닌 것은?

① 시술 과정에서 두발이 손상되는 것을 막아주고 이미 손상된 두발을 완전히 치유해준다.
② 두발에 윤기를 주는 보습역할을 한다.
③ 퍼머넌트 웨이브, 염색, 블리치 후의 pH농도를 중화시켜 두발의 산성화를 방치하는 역할을 한다.
④ 상한 두발의 표피층을 부드럽게 해주어 빗질을 용이하게 한다.

05 알칼리성 비누로 샴푸한 두발에 가장 적당한 린스 방법은?

① 레몬 린스
② 플레인 린스
③ 컬러 린스
④ 알칼리성 린스

06 미용 작업 시의 자세와 관련된 설명 중 옳지 않은 것은?

① 작업대상의 위치가 심장의 위치보다 높아야 좋다.
② 서서 작업을 하기 때문에 근육의 부담이 적게 가도록 각 부분의 밸런스를 고려한다.
③ 과다한 에너지 소모를 줄이고 적당한 힘의 배분이 되도록 한다.
④ 정상 시력의 사람은 안구에서 약 25cm가 명시거리이다.

07 로드(rod)를 말기 쉽도록 두상을 나누어 구획하는 작업은 무엇인가?

① 블로킹(blocking)
② 와인딩(winding)
③ 베이스(base)
④ 스트랜드(strand)

08 고대 미용의 역사에 있어서 약 5,000년 이전부터 가발을 즐겨 사용했던 고대 국가는?

① 이집트
② 그리스
③ 로마
④ 잉카제국

09 웨트 커팅에 대한 설명으로 적합한 것은?

① 손상모를 손쉽게 추려낼 수 있다.
② 웨이브나 컬이 심한 두발에 적합한 방법이다.
③ 길이 변화를 많이 주지 않을 때 이용한다.
④ 두발의 손상을 최소화 할 수 있다.

10 다음 중 낮은 코에 가장 알맞은 화장법은?

① 코 전체를 다른 부분보다 진하게 칠한다.
② 코의 양 옆면은 색을 연하게 하며 콧등은 진하게 한다.
③ 양 콧방울에 진한 색을 바르고 코끝에 연한 색을 바르도록 한다.
④ 코의 양 옆면은 세로로 색을 진하게 하며 콧등은 색을 연하게 한다.

11 헤어 세트용 빗의 사용과 취급방법에 대한 설명 중 틀린 것은?

① 두발의 흐름을 아름답게 매만질 때는 빗살이 고운살로 된 세트빗을 사용한다.
② 엉킨 두발을 빗을 때는 빗살이 얼레살로 된 얼레빗을 사용한다.
③ 빗은 사용 후 브러시로 털거나 비눗물에 담가 브러시로 닦은 후 소독한다.
④ 빗의 소독은 손님 약 5인에게 사용했을 때 1회씩 하는 것이 적합하다.

12 라놀린 연고나 핫 오일 매니큐어로 교정이 가능한 이상 상태의 손톱은?

① 테리지움(pterygium)
② 파로니키아(paronychia)
③ 몰드(mold)
④ 오니콕시스(onychauxis)

13 다음 중 핑거 웨이브의 3대 요소가 아닌 것은?

① 스템(stem)
② 크레스트(crest)
③ 리지(ridge)
④ 트로프(trough)

14 다음의 스컬프처 컬에 관한 설명 중 옳은 것은?

① 두발 끝이 컬의 바깥쪽이 된다.
② 두발 끝이 컬의 좌측이 된다.
③ 두발 끝이 컬 루프의 중심이 된다.
④ 두발 끝이 컬의 우측이 된다.

15 다음 그림 중 웨이브 클립은 무엇인가?

16 다음 시술 과정에서 고객에게 시술한 커트의 명칭을 순서대로 나열한 것은?

> 퍼머넌트를 하기 위해 찾은 고객에게 먼저 커트를 시술하고 퍼머넌트를 한 후 손상모와 삐져나온 불필요한 두발을 다시 가볍게 잘라 주었다.

① 프레 커트(pre-cut), 트리밍(trimming)
② 애프터 커트(after-cut), 틴닝(thinning)
③ 프레 커트(pre-cut), 슬리더링(slithering)
④ 애프터 커트(after-cut), 테이퍼링(tapering)

17 식중독에 관한 설명으로 옳은 것은?

① 음식 섭취 후 장시간 뒤에 증상이 나타난다.
② 근육통 호소가 가장 빈번하다.
③ 병원성 미생물에 오염된 식품 섭취 후 발병한다.
④ 독성을 나타내는 화학 물질과는 무관하다.

18 헤어스타일 또는 화장술에서 개성미를 발휘하기 위한 첫 단계는?

① 소재의 확인
② 제작
③ 구상
④ 보정

19 다음 중 탈모의 원인으로 볼 수 없는 것은?

① 과도한 스트레스로 인한 경우
② 다이어트와 불규칙한 식사로 인한 영양부족인 경우
③ 여성호르몬의 분비가 많은 경우
④ 땀, 피지 등의 노폐물이 모공을 막고 있는 경우

20 네일아트를 시술하고자 할 때 사용되는 용품과 그 역할에 대한 연결이 잘못된 것은?

① 에머리 보드 – 제품을 덜어낼 때 균의 번식을 막기 위해 손가락 대신 사용하는 용품이다.
② 큐티클 니퍼 – 손톱 주변의 군은 살을 떼어내는 도구이다.

③ 버퍼 – 손톱 표면에 빠르고 자연스러운 광택을 주고자 할 때 사용된다.
④ 워터데칼 – 손톱에 붙이는 일종의 판박이 스티커이다.

21 예방 접종에 있어서 디피티(DPT)와 무관한 질병은?

① 디프테리아
② 파상풍
③ 결핵
④ 백일해

22 산업재해 방지를 위한 산업장 안전관리대책을 모두 고른 것은?

| ㄱ. 정기적인 예방 접종 | ㄴ. 작업환경 개선 |
| ㄷ. 보호구 착용 금지 | ㄹ. 재해방지 목표 설정 |

① ㄱ, ㄴ, ㄷ
② ㄱ, ㄷ
③ ㄴ, ㄹ
④ ㄱ, ㄴ, ㄷ, ㄹ

23 다음 중 상호관계가 없는 것으로 연결된 것은?

① 상수 오염의 생물학적 지표 – 대장균
② 실내공기 오염의 지표 – CO_2
③ 대기 오염의 지표 – SO_2
④ 하수 오염의 지표 – 탁도

24 다음 중 제1급 감염병에 대해 잘못 설명한 것은?

① 생물테러감염병 또는 치명률이 높거나 집단 발생의 우려가 크다.
② 페스트, 탄저, 디프테리아 등이 속한다.
③ 전파가능성을 고려하여 발생 시 24시간 내에 신고하여야 하나 격리는 필요없다.
④ 즉시 신고하여야 하며 음압격리와 같은 높은 수준의 격리가 필요하다.

25 공중보건학의 목적과 거리가 가장 먼 것은?

① 질병 치료
② 수명 연장
③ 신체적·정신적 건강증진
④ 질병 예방

26 식중독에 대한 설명으로 옳은 것은?

① 음식 섭취 후 장시간 뒤에 증상이 나타난다.
② 근육통 호소가 가장 빈번하다.
③ 병원성 미생물에 오염된 식품섭취 후 발병한다.
④ 독성을 나타내는 화학물질과는 무관하다.

27 다음 중 가족계획과 가장 가까운 의미인 것은?

① 불임시술
② 수태제한
③ 계획출산
④ 임신중절

28 다음 중 일산화탄소가 인체에 미치는 영향이 아닌 것은?

① 신경기능 장애를 일으킨다.
② 세포 내에서 산소와 Hb의 결합을 방해한다.
③ 혈액 속에 기포를 형성한다.
④ 세포 및 각 조직에서 O_2부족 현상을 일으킨다.

29 예방접종에 있어 생균백신을 사용하는 것은?

① 파상풍　　　　　　② 결핵
③ 디프테리아　　　　④ 백일해

30 국가의 건강 수준을 나타내는 지표로서 대표적으로 사용하고 있는 것은?

① 인구증가율　　　　② 조사망률
③ 영아사망률　　　　④ 질병발생률

31 소독약품의 사용 및 보존상의 일반적인 주의사항이 아닌 것은?

① 약품을 냉암소에 보관한다.
② 소독대상 물품에 적당한 소독약과 소독방법을 선정한다.
③ 병원체의 종류나 저항성에 따라 방법과 시간을 고려한다.
④ 한 번에 많은 양을 제조하여 필요할 때마다 조금씩 덜어 사용한다.

32 다음 중 미생물을 대상으로 한 작용이 강한 것부터 순서대로 옳게 배열된 것은?

① 멸균 〉 소독 〉 살균 〉 청결 〉 방부
② 멸균 〉 살균 〉 소독 〉 방부 〉 청결
③ 살균 〉 멸균 〉 소독 〉 방부 〉 청결
④ 소독 〉 살균 〉 멸균 〉 청결 〉 방부

33 고압증기멸균법에 대한 설명에 해당하는 것은?

① 멸균 용품에 잔류독성이 많다.
② 포자를 사멸시키는 데 멸균시간이 짧다.
③ 비경제적이다.
④ 많은 물품을 한꺼번에 처리할 수 없다.

34 세균의 형태가 S자형 혹은 가늘고 길게 만곡되어 있는 것은?

① 구균　　　　　　　② 간균
③ 구간균　　　　　　④ 나선균

35 역성비누액에 대한 설명으로 틀린 것은?

① 냄새가 거의 없고 자극이 적다.
② 소독력과 함께 세정력이 강하다.
③ 수지, 기구, 식기소독에 적당하다.
④ 물에 잘 녹고 흔들면 거품이 난다.

36 소독 약품의 구비조건으로 잘못된 것은?

① 용해성이 높을 것　　② 표백성이 있을 것
③ 사용이 간편할 것　　④ 가격이 저렴할 것

37 석탄산계수가 2인 소독약 A를 석탄산계수 4인 소독약 B와 같은 효과를 내게 하려면 그 농도를 어떻게 조정하면 되는가?(단 A, B의 용도는 같다)

① A를 B보다 2배 묽게 조정한다.
② A를 B보다 4배 묽게 조정한다.
③ A를 B보다 2배 짙게 조정한다.
④ A를 B보다 4배 짙게 조정한다.

38 감염병 예방법 중 감염병 환자의 배설물 등을 처리하는 가장 적합한 방법은?

① 건조법　　　　　　② 건열법
③ 매몰법　　　　　　④ 소각법

39 소독에 대한 설명으로 가장 적합한 것은?

① 병원 미생물의 성장을 억제하거나 파괴하여 감염의 위험성을 없애는 것이다.
② 소독은 무균상태를 말한다.
③ 소독은 병원미생물의 발육과 그 작용을 제지 및 정지시키며 특히 부패와 발효를 방지시키는 것이다.
④ 소독은 포자를 가진 것 전부를 사멸하는 것을 말한다.

40 다음 중 소독용 알코올의 가장 적합한 사용 농도는?

① 30%　　　　　　　② 50%
③ 70%　　　　　　　④ 95%

41 심상성 좌창이라고도 하는 것으로 주로 사춘기 때 잘 발생하는 피부질환은 무엇인가?

① 여드름　　　　　　② 건선
③ 아토피 피부염　　　④ 신경성 피부염

42 자외선에 대한 민감도가 가장 낮은 인종은?

① 흑인종　　　　　　② 백인종
③ 황인종　　　　　　④ 회색인종

43 기계적 손상에 의한 피부질환이 아닌 것은?

① 굳은살　　　　　　② 티눈
③ 종양　　　　　　　④ 욕창

44 두발을 중심으로 한 피부구조 중 B는 무슨 층인가?

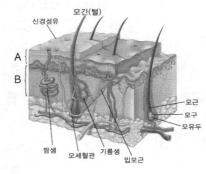

① 표피　　　　　　　② 진피
③ 피하조직　　　　　④ 과립층

45 체조직 구성 영양소에 대한 설명으로 틀린 것은?

① 지질은 체지방의 형태로 에너지를 저장하며 생체막 성분으로 체구성 역할과 피부의 보호 역할을 한다.
② 지방이 분해되면 지방산이 되는데 이 중에 불포화지방산은 인체 구성성분으로 중요한 위치를 차지하므로 필수지방산이라고도 부른다.
③ 필수지방산은 식물성지방보다 동물성지방을 먹는 것이 좋다.
④ 불포화지방산은 상온에서 액체 상태를 유지한다.

46 피지에 대한 설명으로 잘못된 것은?

① 피지는 피부나 털을 보호하는 작용을 한다.
② 피지가 외부로 분출이 안되면 여드름 요소인 면포로 발전한다.
③ 일반적으로 남자는 여자보다도 피지의 분비가 많다.
④ 피지는 아포크린한선(apocrin sweat gland)에서 분비된다.

47 기미, 주근깨의 관리 방법에 대한 설명으로 잘못된 것은?

① 외출시에는 화장을 하지 않고 기초손질만 한다.
② 자외선차단제가 함유되어 있는 일소방지용 화장품을 사용한다.
③ 비타민 C가 함유된 식품을 다량 섭취한다.
④ 미백 효과가 있는 팩을 자주 한다.

48 피부에서 색소세포가 가장 많이 존재하고 있는 곳은?

① 표피의 각질층   ② 표피의 기저층
③ 진피의 유두층   ④ 진피의 망상층

49 산과 합쳐지면 레티놀산이 되고, 피부의 각화작용을 정상화시키며, 피지 분비를 억제시켜 각질연화제로 많이 사용되는 비타민은?

① 비타민 A   ② 비타민 B 복합체
③ 비타민 C   ④ 비타민 D

50 자연 노화(생리적 노화)로 생기는 피부 증상이 아닌 것은?

① 망막층이 얇아진다.
② 피하지방세포가 감소한다.
③ 각질층의 두께가 얇아진다.
④ 멜라닌 세포의 수가 감소한다.

51 이·미용영업자에게 과태료를 부과, 징수할 수 있는 처분권자에 해당되지 않는 자는?

① 보건소장
② 시장
③ 군수
④ 구청장

52 공중위생감시원의 자격·임명·업무 범위 등에 필요한 사항을 규정하는 법령은?

① 법률   ② 대통령령
③ 보건복지부령   ④ 당해 지방자치단체 조례

53 영업소 폐쇄명령을 받고도 계속해서 영업을 하는 경우 관계 공무원으로 하여금 당해 영업소를 폐쇄하기 위하여 할 수 있는 조치가 아닌 것은?

① 당해 영업소의 간판 기타 영업 표지물의 제거
② 당해 영업소가 위법임을 알리는 게시물 등의 부착
③ 영업을 위하여 필수불가결한 기구 또는 시설물을 사용할 수 없게 하는 봉인
④ 영업 시설물의 철거

54 이·미용업 영업소에서 영업정지처분을 받고 그 영업정지 기간 중 영업을 한 때에 대한 1차 위반시의 행정처분기준은?

① 영업정지 1월
② 영업정지 3월
③ 영업장 폐쇄명령
④ 면허 취소

55 다음 중 이·미용업소의 적정 조명룩스는?

① 60룩스
② 75룩스
③ 90룩스
④ 120룩스

56 영업소 위생서비스 평가를 위탁받을 수 있는 기관은?

① 보건소
② 동사무소
③ 소비자단체
④ 관련 전문기관 및 단체

57 영업자의 지위를 승계한 후 누구에게 신고해야 하는가?

① 보건복지부장관
② 시·도지사
③ 시장·군수·구청장
④ 세무서장

58 공중위생영업단체의 설립 목적으로 가장 적합한 것은?

① 공중위생과 국민보건의 향상을 기하고 영업종류별 조직을 확대하기 위하여
② 국민보건의 향상을 기하고 공중위생영업자의 정치적·경제적 목적을 향상시키기 위하여
③ 영업의 건전한 발전을 도모하고 공중위생영업의 종류별 단체의 이익을 옹호하기 위하여
④ 공중위생과 국민보건의 향상을 기하고 영업의 건전한 발전을 도모하기 위하여

59 이·미용 영업과 관련된 청문을 실시해야 하는 경우에 해당되는 것은?

① 폐쇄명령을 받은 후 재개업을 하려 할 때
② 공중위생영업의 일부 시설의 사용중지 처분을 하고자 할 때
③ 과태료를 부과하려 할 때
④ 영업소의 간판 및 기타 영업표지물을 제거, 처분하려 할 때

60 이·미용업소에서 음란행위를 알선 또는 제공 시 영업소에 대한 1차 위반시에 행정처분기준은?

① 경고
② 영업정지 1월
③ 영업정지 3월
④ 영업소 폐쇄명령

정답(제2회)

01	02	03	04	05	06	07	08	09	10	11	12	13	14	15	16	17	18	19	20
①	①	②	①	①	①	①	①	④	④	④	①	①	③	④	①	③	①	③	①

21	22	23	24	25	26	27	28	29	30	31	32	33	34	35	36	37	38	39	40
③	③	④	③	①	③	③	②	③	②	③	②	②	③	②	②	④	④	①	③

41	42	43	44	45	46	47	48	49	50	51	52	53	54	55	56	57	58	59	60
①	①	③	②	③	④	①	②	①	③	①	②	④	③	②	④	③	④	②	③

해설

01 위그의 치수 측정 시 머리 길이는 표준 30.5~32cm이다.

02 패치테스트는 염색 시술 전 48시간 동안 귀 뒤나 팔꿈치 안쪽에 바르는 방법이며, 동일한 제품이라 할지라도 염색 때마다 매번 실시해야 한다.

03 프로세싱은 캡을 씌운 때부터 시작되며, 10~15분 정도가 적당하다.

04 헤어 컨디셔너제는 두발보호제가 다량 함유되어 있어서 손상된 두발에 효과적이지만 완전히 치유해주는 것은 아니다.

05 레몬 린스는 산성린스로 알칼리성 비누로 샴푸한 두발의 알칼리 성분과 피막을 용해시켜서 두발의 pH를 정상상태로 환원시켜준다.

06 작업대상의 위치는 심장의 높이 정도가 적당하다.

07 블로킹은 섹션이라고도 하며, 두부를 구분하여 로드를 말기 쉽도록 행하는 방법이다.

08 고대 이집트의 가발은 밀랍 등으로 굳힌 컬과 변발을 만들어 내어 사용하는 경우가 많았다.

09 웨트 커트는 두발이 젖은 상태라 커트하기에 적당하며 두발을 손상시키지 않게 한다.

10 낮은 코는 양 옆면은 세로로 진하게 하고 콧등은 연하게 하여 코가 높아 보이게 표현한다.

11 빗의 소독은 손님 1인 사용 시마다 하는 것이 적합하다.

12 테리지움은 손톱이 자라면서 큐티클이 네일 플레이트 위로 같이 자라는 증상이며 조갑익상편이라고도 한다.

13 스템은 컬의 구성요소에 해당된다.

14 스컬프처 컬은 두발 끝이 컬 루프의 중심이 되는 컬이며 리지가 높고 트로프가 낮은 웨이브이다.

15 웨이브 클립은 웨이브를 정착시키는 데 사용한다.

16 프레 커트는 퍼머넌트 웨이브 시술 전 하는 커트이며, 트리밍은 커트 마무리 시 손상된 두발이나 불필요한 두발을 가볍게 정돈시켜주는 시술을 말한다.

17 식중독은 식품 섭취로 인하여 인체에 유해한 미생물 또는 유독 물질에 의하여 발생했거나 발생한 것으로 판단되는 감염성 질환 또는 독소형 질환을 말한다.

18 미용은 소재의 확인 → 구상 → 제작 → 보정의 단계를 거친다.

19 남성 호르몬 안드로겐의 분비가 많은 경우 탈모의 원인이 될 수 있다.

20 에머리 보드는 손톱 줄을 말하며, 손톱모양을 다듬는 데 사용한다.

21 DPT : D(Diphtheria, 디프테리아), P(Pertussis, 백일해), T(Tetanus, 파상풍)

22 산업장 안전관리대책은 재해의 사례를 조사하여 재해를 정확히 관찰·분석하여 방지대책을 세우고 작업환경을 개선시킨다.

23 탁도는 우리나라 상수 수질 판정 기준으로 1NTU를 넘지 않아야 한다.

24 1급 감염병은 집단 발생의 우려가 있어 발생 또는 유행 즉시 방역 대책을 수립하여 격리가 필요한 감염병이다.

25 공중보건학의 목적은 질병을 예방하는 것이지 치료의 목적은 아니다.

26 식중독은 음식물 섭취를 통한 세균감염이 가장 보편적인 원인이다.

27 가족 계획은 계획 출산으로 원치 않는 아이의 출산을 방지하는 것을 목적으로 한다.

28 일산화탄소는 무색으로 공기보다 가볍고 불완전 연소되며, 헤모글로빈에 대한 결합력이 약 250~300배나 강한 맹독성이다.

29 생균백신을 사용하는 것은 결핵, 황열, 탄저, 폴리오, 두창이다.

30 영아 사망률은 출생아 1,000명당 1년간 생후 1년 미만 영아의 사망률로 국가의 건강 수준을 나타내는 지표로 사용하고 있다.

31 소독약품은 사용할 때마다 새로 제조하도록 한다.

32 • 멸균 : 무균상태로 만드는 방법
   • 살균 : 세균을 죽이는 것
   • 소독 : 병원성 미생물을 죽이거나 감염력을 없애는 것

33 고압증기멸균법은 포자의 멸균에 가장 좋은 살균방법이다.

34 구균, 구간균은 세균의 형태가 둥근 모양이며, 간균은 막대 모양이다.

35 역성비누액은 세정작용은 뛰어나지만 소독력은 약하다.

36 소독약의 구비 조건은 강한 살균력, 경제적, 간편한 사용법, 용해성, 안전성, 침투성, 생산과 구입이 용이, 인체에 무독해야 하며 물품의 부식성, 표백성, 냄새가 없어야 한다.

37 석탄산 계수는 소독약의 살균력을 비교하기 위한 계수이다.

$$석탄산 \ 계수 = \frac{특정 \ 소독약의 \ 희석 \ 배수}{석탄산의 \ 희석 \ 배수}$$

38 배설물, 토사물은 소각법이 좋으며 석탄산수, 크레졸수, 생석회 분말 등도 사용된다.

39 소독은 여러가지 물리적 화학적 방법으로 병원성 미생물을 가능한 한 제거하여 사람에게 감염의 위험이 없도록 하는것이다.

40 에틸 알코올(에탄올)을 주로 소독에 사용하며, 70~75% 농도에서 1시간 이상 소독해야 한다.

41 사춘기 때 피지분비가 증가하여 여드름이 발생하기 쉽다.

42 멜라닌은 자외선을 받으면 왕성하게 생성되는데 흑인에게 가장 많다.

43 종양은 원발진에 해당되는 것으로 연하거나 단단한 덩어리를 말한다.

44 A는 표피, B는 진피, C는 피하지방에 해당된다.

45 필수지방산은 체내에서 합성이 되지 않아 외부에서 음식물로 흡수해야 한다.

47 기미, 주근깨는 자외선에 의해 멜라닌 형성이 증가되므로 외출 시 자외선차단제를 바르고 화장을 해서 보호막을 형성해주어야 기미, 주근깨를 방지할 수 있다.

48 표피의 기저층에서는 색소 형성 세포가 생성된다.

49 비타민 A는 피부각화에 중요한 비타민으로 사용된다.

50 자연 노화는 나이가 들면서 자연스럽게 피부가 노화되는 현상으로 각질층 두께가 두꺼워지고 랑게르한스 세포, 한선, 땀의 분비가 감소된다.

51 규정에 따른 과태료는 대통령령이 정하는 바에 따라 보건복지부장관 또는 시장 · 군수 · 구청장이 부과 · 징수한다.

52 관계 공무원의 업무를 행하게 하기 위하여 특별시 · 광역시 · 도 및 시 · 군 · 구에 대통령령으로 자격 · 임무 · 업무 범위 기타 필요한 사항을 정한 공중위생감시원을 둔다.

53 영업 시설물의 철거는 행할 수 없다.

54 영업 정지 명령을 받고도 그 기간 중에 영업을 하거나 그 시설을 사용한 자는 영업장 폐쇄 명령과 1년 이하의 징역 또는 1천만 원 이하의 벌금 처분을 받게 된다.

55 영업장의 위생 관리 기준은 영업소 안의 조명도를 75룩스(Lux) 이상이 되도록 유지해야 한다.

56 위생 교육은 보건복지부장관이 허가한 단체 또는 공중위생관리법 제16조에 따른 단체가 실시할 수 있다.

57 미용업자의 지위승계는 1월 내에 보건복지부령이 정하는 바에 따라 시장 · 군수 · 구청장에게 신고하여야 한다.

59 청문은 미용사의 면허취소, 면허정지, 공중위생영업의 정지, 일부 시설의 사용중지 및 영업소 폐쇄명령 등의 처분을 하고자 할 때 실시한다.

60 이 · 미용업소에서 음란행위를 알선 또는 제공한 영업소에 대한 처분은 1차 위반 시에는 영업정지 3월, 2차 위반 시 영업장 폐쇄명령을 행한다.

자격종목 및 등급(선택분야)	종목코드	시험시간	문제지형별	수험번호	성명
미용사(일반)	7937	1시간	A		

01 핑거 웨이브 중 큰 움직임을 보는 듯한 웨이브는 무엇인가?

① 스월 웨이브
② 스윙 웨이브
③ 하이 웨이브
④ 덜 웨이브

02 마셀 웨이브시 아이론의 온도로 가장 적당한 것은?

① 100~120℃
② 120~140℃
③ 140~160℃
④ 160~180℃

03 콜드 웨이브의 제2액에 관한 설명 중 옳은 것은?

① 두발의 구성물질을 환원시키는 작용을 한다.
② 약액은 티오글리콜산염이다.
③ 형성된 웨이브를 고정해준다.
④ 시스틴의 구조를 변화시켜 거의 갈라지게 한다.

04 의조(artificial nail)를 하는 경우가 아닌 것은?

① 손톱이 보기 흉할 때
② 손톱이 다쳤을 때
③ 손톱을 소독할 때
④ 손톱이 떨어져 나갔을 때

05 다음 중 코의 화장법으로 좋지 않은 방법은?

① 큰 코는 전체가 드러나지 않도록 코 전체를 다른 부분보다 연한 색으로 펴 바른다.
② 낮은 코는 코의 양 측면에 세로로 진한 크림 파우더 또는 다갈색의 아이섀도를 바르고 콧등에 연한 색을 바른다.
③ 코 끝이 둥근 경우 코 끝의 양 측면에 진한 색을 펴 바르고 코 끝에는 연한 색을 바른다.
④ 너무 높은 코는 코 전체에 진한 색을 펴바른 후 양 측면에 연한 색을 바른다.

06 우리나라에서 현대 미용의 시초라고 볼 수 있는 시기는?

① 조선 중엽
② 경술국치 이후
③ 해방 이후
④ 6.25 이후

07 커트용 가위 선택 시 유의사항으로 옳은 것은?

① 일반적으로 협신에서 날 끝으로 갈수록 만곡도가 큰 것이 좋다.
② 양날의 견고함이 동일한 것이 좋다.
③ 일반적으로 도금된 것은 강철의 질이 좋다.
④ 잠금나사는 느슨한 것이 좋다.

08 헤어 커팅 시 두발의 양이 적을 때나 두발 끝을 테이퍼해서 표면을 정돈할 때, 스트랜드의 1/3 이내의 두발 끝을 테이퍼하는 것은?

① 노멀 테이퍼(normal taper)
② 엔드 테이퍼(end taper)
③ 딥 테이퍼(deep taper)
④ 미디움 테이퍼(medium taper)

09 헤어 세팅에 있어 오리지널 세트 요소에 해당하지 않는 것은?

① 헤어 웨이빙
② 헤어 컬링
③ 콤 아웃
④ 헤어 파팅

10 다음 중 헤어 브러시로 가장 적합한 것은?

① 부드러운 나일론, 비닐계의 제품
② 탄력 있고 털이 촘촘히 박힌 강모로 된 것
③ 털이 촘촘한 것보다 듬성듬성 박힌 것
④ 부드럽고 매끄러운 연모로 된 것

11 매니큐어(manicure) 시술 시 주의사항에 대한 설명 중 올바른 것은?

① 손, 발톱에 감염성 질환이 있는 경우 깨끗이 세척한 후에 시술한다.
② 큐티클 푸셔(cuticle pusher)를 이용하는 경우 강한 힘으로 하는 것이 좋다.
③ 손톱의 양 가장자리는 되도록 깊게 줄질하는 것이 자라는 손톱 모양에 좋다.
④ 반월 뒤의 매트릭스(matrix)에는 무리한 힘을 주지 않는다.

12 헤어 틴트시 패치테스트를 반드시 해야 하는 염모제는?

① 글리세린이 함유된 염모제
② 합성왁스가 함유된 염모제
③ 파라페닐렌디아민이 함유된 염모제
④ 과산화수소가 함유된 염모제

13 다음 중 프레 커트(pre-cut)에 대한 설명에 해당되는 것은?

① 두발의 상태가 커트하기에 용이하게 되어있는 상태를 말한다.
② 퍼머넌트 웨이브 시술 전에 하는 커트를 말한다.
③ 손상모 등을 간단하게 추려내기 위한 커트를 말한다.
④ 퍼머넌트 웨이브 시술 후에 하는 커트를 말한다.

14 다음 중 루프가 귓바퀴를 따라 말리고 두피에 90°로 세워져 있는 컬의 명칭은 무엇인가?

① 리버스 스탠드업 컬
② 포워드 스탠드업 컬
③ 스컬프쳐 컬
④ 플래트 컬

15 다음 중 염모제에 대한 설명으로 틀린 것은?

① 제1액의 알칼리제로는 휘발성이라는 점에서 암모니아가 사용된다.
② 염모제 제1액은 제2액 산화제(과산화수소)를 분해하여 발생 기수소를 발생시킨다.
③ 과산화수소는 두발의 색소를 분해하여 탈색한다.
④ 과산화수소는 산화염료를 산화해서 발색시킨다.

16 두피상태에 따른 스캘프 트리트먼트(scalp treatment) 시술 방법의 연결이 잘못된 것은?

① 지방이 부족한 두피상태 – 드라이 스캘프 트리트먼트
② 지방이 과잉된 두피상태 – 오일리 스캘프 트리트먼트
③ 비듬이 많은 두피상태 – 핫오일 스캘프 트리트먼트
④ 정상 두피상태 – 플레인 스캘프 트리트먼트

17 큐티클 리무버(cuticle remover)의 용도는 무엇인가?

① 손상된 두발의 영양공급
② 손, 발톱의 상조피 제거
③ 손, 발톱의 폴리시 제거
④ 지방성 여드름 치료

18 화학약품의 작용만을 이용하여 콜드 웨이브를 처음으로 성공시킨 사람은?

① 마셀 그라또   ② 죠셉 메이어
③ J.B. 스피크먼   ④ 챨스 네슬러

19 조선 시대 때 머리형으로 사람의 머리카락으로 만든 가채를 얹은 머리형은?

① 큰머리   ② 쪽진머리
③ 귀밑머리   ④ 조짐머리

20 다음 설명에 해당되는 손톱은?

> 이상적인 손톱형으로 네일 폴리시를 손톱 전체에 바르거나 반달형으로 칠한다.

① 뾰족한 손톱   ② 타원형 손톱
③ 장방형 손톱   ④ 원형 손톱

21 감염병 예방법상 제2종에 해당되는 법정감염병은?

① 탄저
② 한센병
③ 파상풍
④ 공수병

22 다음 질병 중 병원체가 바이러스(virus)인 것은?

① 장티푸스
② 쯔쯔가무시병
③ 폴리오
④ 발진열

23 인수공통 감염병에 해당되는 것은?

① 홍역
② 한센병
③ 풍진
④ 공수병

24 현재 우리나라 근로기준법상에서 보건상 유해하거나 위험한 사업에 종사하지 못하도록 규정되어 있는 대상은?

① 임신 중인 여자와 18세 미만인 자
② 산후 1년 6개월이 지나지 아니한 여성
③ 여자와 18세 미만인 자
④ 13세 미만인 어린이

25 감각온도의 3대 요소에 속하지 않는 것은?

① 기온
② 기습
③ 기압
④ 기류

26 폐흡충증의 제2중간 숙주에 해당되는 것은?

① 잉어
② 다슬기
③ 모래무지
④ 가재

27 일명 도시형, 유입형이라고도 하며 생산층 인구가 전체 인구의 50% 이상이 되는 인구구성형은 무엇인가?

① 별형
② 항아리형
③ 농촌형지
④ 종형

28 고도가 상승함에 따라 기온도 상승하여 상부의 기온이 하부의 기온보다 높게 되어 대기가 안정화되고 공기의 수직확산이 일어나지 않게 되며, 대기오염이 심화되는 현상을 무엇이라 하는가?

① 고기압
② 기온역전
③ 엘리뇨
④ 열섬

29 다음 중 불량 조명에 의해 발생되는 직업병이 아닌 것은?

① 안정피로
② 근시
③ 근육통
④ 안구진탕증

30 페스트, 살모넬라증 등을 감염시킬 가능성이 가장 큰 동물은?

① 쥐
② 말
③ 소
④ 개

31 다음 중 건열멸균에 관한 내용이 아닌 것은?

① 화학적 살균 방법이다.
② 주로 건열 멸균기(dry oven)를 사용한다.
③ 유리기구, 주사침 등의 처리에 이용된다.
④ 160℃에서 1시간 30분 정도 처리한다.

32 태양광선 중 가장 강한 살균작용을 하는 것은?

① 중적외선
② 가시광선
③ 원적외선
④ 자외선

33 미용 용품이나 기구 등을 일차적으로 청결하게 세척하는 것은 다음의 소독방법 중 어디에 해당되는가?

① 희석
② 방부
③ 정균
④ 여과

34 다음 중 B형 간염 바이러스에 가장 유효한 소독제는?

① 양성계면활성제
② 포름알데히드
③ 과산화수소
④ 양이온계면활성제

35 다음 소독제 중 상처가 있는 피부에 가장 적합하지 않은 것은?

① 승홍수
② 과산화수소
③ 포비돈
④ 아크리놀

36 다음 중 이·미용업소에서 손님으로부터 나온 객담이 묻은 휴지 등을 소독하는 방법으로 가장 적합한 것은?

① 소각소독법
② 자비소독법
③ 고압증기멸균법
④ 저온소독법

37 살균 및 탈취뿐만 아니라 특히 표백의 효과가 있어 구발 탈색제와도 관계가 있는 소독제는?

① 알코올
② 석탄수
③ 크레졸
④ 과산화수소

38 생석회 분말소독의 가장 적절한 소독 대상물은?

① 감염병 환자실
② 화장실 분변
③ 채소류
④ 상처

39 운동성을 지닌 세균의 사상부속기관은 어디인가?

① 아포
② 편모
③ 원형질막
④ 협막

40 손소독에 가장 적당한 크레졸수의 농도는?

① 1~2%
② 3~3.5%
③ 4~5%
④ 6~8%

41 강한 자외선에 노출될 때 생길 수 있는 현상과 가장 거리가 먼 것은?

① 아토피 피부염
② 비타민 D 합성
③ 홍반반응
④ 색소침착

42 피부가 느낄 수 있는 감각 중에서 가장 예민한 감각은?

① 통각
② 냉각
③ 촉각
④ 압각

43 두발의 영양 공급에서 가장 중요한 영양소이며 가장 많이 공급되어야 할 것은?

① 비타민 A
② 지방
③ 단백질
④ 칼슘

44 천연보습인자(NMF)에 속하지 않는 것은?

① 아미노산
② 암모니아
③ 젖산염
④ 글리세린

45 다음 중 건강한 손톱상태의 조건이 아닌 것은?

① 조상에 강하게 부착되어 있어야 한다.
② 단단하고 탄력이 있어야 한다.
③ 매끄럽고 윤이 흐르고 푸른빛을 띠어야 한다.
④ 수분과 유분이 이상적으로 유지되어야 한다.

46 피부 세포가 기저층에서 생성되어 각질층으로 되어 떨어져 나가기까지의 기간을 피부의 1주기(각화주기)라 한다. 성인에 있어서 건강한 피부인 경우 1주기는 보통 며칠인가?

① 45일
② 28일
③ 15일
④ 7일

47 피부가 두터워 보이고 모공이 크며, 화장이 쉽게 지워지는 피부 타입은?

① 건성피부
② 중성피부
③ 지성피부
④ 민감성피부

48 피부에 여드름이 생기는 것은 다음 중 어느 것과 직접 관계되는가?

① 한선구가 막혀서
② 피지에 의해 모공이 막혀서
③ 땀의 발산이 순조롭지 않아서
④ 혈액 순환이 나빠서

49 헤모글로빈을 구성하는 매우 중요한 물질로 피부의 혈색과도 밀접한 관계에 있으며 결핍되면 빈혈이 일어나는 영양소는?

① 철분(Fe)
② 칼슘(Ca)
③ 요오드(I)
④ 마그네슘(Mg)

50 피부의 변화 중 결절에 대한 설명으로 틀린 것은?

① 표피 내부에 직경 1cm 미만의 묽은 액체를 포함한 융기이다.
② 여드름 피부의 4단계에 나타난다.
③ 구진이 서로 엉켜서 큰 형태를 이룬 것이다.
④ 구진과 종양의 중간 염증이다.

51 영업소 이외의 장소에서 예외적으로 이·미용 영업을 할 수 있도록 규정한 법령은?

① 대통령령
② 국무총리령
③ 보건복지부령
④ 시·도 조례

52 다음 중 이·미용업무의 보조를 할 수 있는 자는?

① 이·미용사의 감독을 받는 자
② 이·미용사 응시자
③ 이·미용학원 수강자
④ 시·도지사가 인정한 자

53 다음 중 이·미용업은 어디에 속하는가?

① 위생접객업
② 공중위생영업
③ 건물위생관리업
④ 위생관련업

54 이·미용영업소 안에 면허증 원본을 게시하지 않은 경우의 1차 위반시 행정처분기준은?

① 개선명령 또는 경고
② 영업정지 5일
③ 영업정지 10일
④ 영업정지 15일

55 이용사 또는 미용사의 면허를 받을 수 없는 자는?

① 전문대학 또는 이와 동등 이상의 학력이 있다고 교육부장관이 인정하는 학교에서 이용 또는 미용에 관한 학과를 졸업한 자
② 고등학교 또는 이와 동등의 학력이 있다고 교육부장관이 인정하는 학교에서 이용 또는 미용에 관한 학과를 졸업한 자
③ 교육부장관이 인정하는 고등기술학교에서 6월 이상 이용 또는 미용에 관한 소정의 과정을 이수한 자
④ 국가기술자격법에 의한 이용사 또는 미용사(일반, 피부)의 자격을 취득한 자

56 위생교육에 대한 설명으로 틀린 것은?

① 위생교육 시간은 연간 3시간으로 한다.
② 공중위생 영업자는 매년 위생 교육을 받아야 한다.
③ 위생교육에 관한 기록을 1년 이상 보관, 관리하여야 한다.
④ 위생 교육을 받지 아니한 자는 200만 원 이하의 과태료에 처한다.

57 이·미용사 면허가 일정기간 정지되거나 취소되는 경우는?

① 영업하지 아니한 때
② 해외에 장기 체류 중일 때
③ 다른 사람에게 대여해주었을 때
④ 교육을 받지 아니한 때

58 이·미용업소 안에 출입, 검사 등의 기록부를 비치하지 아니한 때의 1차 위반시 행정처분기준은?

① 행정처분을 받지 않는다.
② 영업정지 5일
③ 영업정지 10일
④ 영업정지 15일

59 위생지도 및 개선을 명할 수 있는 대상에 해당하지 않는 것은?

① 공중위생영업의 종류별 시설 및 설비기준을 위반한 공중위생영업자
② 위생관리의무 등을 위반한 공중위생영업자
③ 공중위생영업의 승계규정을 위반한 자
④ 위생관리의무를 위반한 공중위생시설의 소유자

60 1회용 면도날을 2인 이상의 손님에게 사용한 때에 대한 1차 위반시 행정처분기준은?

① 시정명령
② 경고
③ 영업정지 5일
④ 영업정지 10일

정답(제3회)

01	02	03	04	05	06	07	08	09	10	11	12	13	14	15	16	17	18	19	20
②	②	③	③	①	②	②	②	③	②	④	③	②	②	②	③	②	③	①	②

21	22	23	24	25	26	27	28	29	30	31	32	33	34	35	36	37	38	39	40
②	②	④	①	②	④	①	②	②	①	②	④	③	①	②	①	④	②	②	①

41	42	43	44	45	46	47	48	49	50	51	52	53	54	55	56	57	58	59	60
①	①	③	④	③	②	③	②	①	①	③	①	②	①	③	③	③	①	③	②

해설

01 ① 스월 웨이브 : 물결로 소용돌이 형상, ③ 하이 웨이브 : 리지가 높은 것

02 아이론은 120~140℃를 일정하게 유지시키기 위해 종이에 아이론을 끼워 연기가 나지 않을 정도로 온도를 조절해야 한다.

03 콜드 웨이브의 제2액은 웨이브의 형태를 고정해준다.

04 의조를 하는 경우는 부러지거나 약한 손톱에 인조손톱을 붙여서 정상손톱처럼 수정, 보안하기 위해서이다.

05 큰 코는 작고 높아 보이도록 다른 부분보다 진한 색으로 펴 바른다.

06 우리나라는 경술국치 이후로 중국이나 일본 등의 외국을 순방한 유학파 여성들에 의해서 선진미용이 급진적으로 발전되었다.

07 커트용 가위는 양날의 견고함이 같아야 하고 날이 얇고 강한 것이 좋다.

08 앤드 테이퍼는 스트랜드의 1/3 이내의 두발 끝을, 노멀 테이퍼는 스트랜드의 1/2 이내의 두발 끝을, 딥 테이퍼는 스트랜드의 2/3 이내의 두발 끝을 테이퍼하는 것이다.

09 콤 아웃은 리세트라고 하며 세팅할 때 끝맺음한다는 말이다.

10 브러시는 빳빳하게 탄력이 있고, 양질의 자연 강모로 만든 것이 좋다.

11 매니큐어 시술 시 감염성 질환이 있는 경우는 시술하지 않으며, 무리한 힘을 가하지 않고 부드럽게 하는 것이 좋다.

12 파라페닐렌디아민이 함유된 경우는 반드시 패치테스트를 하며, 염색체가 두발에 침투될 때까지 시간이 소요된다.

13 프레 커트는 웨이빙 시술 전에 하는 커트로 1~2mm 길게 커트한다.

14 컬의 루프가 귓바퀴 방향이면 포워드 스탠드업 컬이고, 귓바퀴 반대 방향이면 리버스 스탠드업 컬이다.

15 염모제 제1액은 암모니아수가 두발에 침투되고 제2액의 산화제에 의해 분해된다.

16 비듬이 많은 두피상태에 사용되는 방법은 댄드러프 스캘프 트리트먼트이다.

17 큐티클 리무버는 손, 발톱의 폴리시를 제거하는 용도로 사용한다.

18 콜드 웨이브는 영국의 J.B. 스피크먼이 고안한 원리이다.

19 큰머리는 생머리 위에 가체를 얹은 모양의 머리형이다.

20 타원형 손톱은 가장 이상적인 형태의 손톱으로 여성에게 가장 잘 어울린다.

21 ① 탄저 : 제1급감염병, ③ 파상풍 : 제3급감염병, ④ 공수병 : 제3급감염병

22 병원체가 바이러스인 것은 폴리오, 홍역, 유행성 감염, 유행성 이하선염, 광견병, 독감, 뇌염, 두창, 황열 등이 있다.

23 동물매개 감염병으로 공수병, 탄저, 렙토스피라증, 브루셀라증 등이 있다.

24 근로기준법에 의하면 임신 중이거나 산후 1년이 경과되지 아니한 여성은 도덕상, 보건상 유해하거나 위험한 사업에 종사하지 못한다.

25 감각온도의 3대 요소로는 기온(온도), 기습(습도), 기류(바람)이다.

26 폐흡충증의 제2중간 숙주에 해당되는 것은 가재, 게이다.

27 별형은 도시형으로 15~49세 인구가 전체 인구의 50% 초과하는 인구구성형이다.

28 기온역전현상은 기온의 급격한 변화로 찬공기 위에 따뜻한 공기가 존재할 때를 말한다.

29 근육통은 조명과는 무관한 직업병이다.

30 ① 쥐 : 페스트, 살모렐라증, 와일씨병, 서교증, 발진열, ② 말 : 탄저, 비저, 유행성 뇌염, ③ 소 : 파상열, 결핵, 탄저, ④ 개 : 광견병

31 건열멸균법은 건열멸균기로 고온열을 가해 소독하는 방법이다.

32 자외선소독법은 소독할 물건을 태양광선에 장기간 쐬이는 방법으로 결핵균, 장티푸스, 콜레라균 등을 사멸한다.

33 미용용품이나 기구 등은 일차적으로 희석하여 청결하게 세척한다.

34 포름알데히드소독제는 7시간 이상 밀폐한 채 방치해 두면 환원력이 강하고, 형태가 큰 소독에 용이하다.

35 승홍수는 독성이 강해서 상처가 있는 피부 소독에는 부적합하다.

36 소각법은 병원미생물이 오염된 것을 태워버리는 방법으로 감염병 환자의 배설물, 토사물 또는 쓰레기는 반드시 소각한다.

37 과산화수소는 살균력과 침투성이 약하고 자극이 없으며, 발포 작용에 의해 구내염, 구내 세척제, 창상 부위 소독 등에 사용한다.

38 생석회는 냄새가 없는 백색의 고형이나 분말 형태로 화장실, 분뇨, 토사물, 분뇨통, 쓰레기통, 하수도 주위 등에 사용한다.

39 편모는 운동성을 지닌 세균의 사상 부속 기관으로 종류로는 단모균, 총모균, 양모균, 주모균이 있다.

40 손소독에는 1~2% 크레졸수의 농도가 적당하다.

41 피부가 자외선에 노출 시 색소침착과 건성화의 원인이 되며, 장시간 피부가 붉어지고 수도를 형성하며 피부암의 원인이 되기도 한다.

42 피부 감각 감지 순서 : 통각 〉 촉각 〉 냉각 〉 압각 〉 온각

43 단백질이 부족하면 머리카락이 갈라지고 부서지기 쉽다.

44 천연보습인자(NMF)는 아미노산(40%), 암모니아, 젖산염, 요소 등으로 구성되어 있다.

45 건강한 손톱 상태의 조건은 매끄럽고 윤이 흐르고 핑크빛을 띠어야 한다.

46 각질세포는 노화되면 자연적으로 탈락하여 대략 4주, 28일 주기로 각화작용을 하고 매달 다시 생성한다.

47 지성피부는 피지분비의 증가로 모공이 확장되고 번들거림으로 화장이 쉽게 지워진다.

48 여드름은 피지분비의 과잉으로 형성된다.

49 철분은 혈액성분의 구성요소로 영유아, 임산부에게 특히 많은 양이 필요하다.

50 표피 내부에 직경 1cm 미만의 묽은 액체를 포함한 융기는 소수포이다.

51 이·미용의 업무는 영업소의 장소에서 행할 수 없으나, 보건복지부령이 정하는 특별한 사유가 있는 경우에는 예외적이다.

52 이·미용의 업무는 면허를 받은 자가 아니면 개설하거나 업무에 종사할 수 없지만 이·미용사의 감독을 받아 보조를 행하는 경우는 그러하지 않다.

53 공중위생영업은 다수인을 대상으로 위생 관리 서비스를 제공하는 영업으로서 숙박업·목욕장업·이용업·미용업·세탁업·건물위생관리업을 말한다.

54 미용업 신고증 및 면허증 원본을 게시하지 않거나 업소 내 조명도를 준수하지 않은 경우 : 1차 위반 시 경고 또는 개선 명령, 2차 위반 시 영업 정지 10일, 3차 위반 시 영업장 폐쇄 명령

55 교육부장관이 인정하는 고등기술학교에서 1년 이상 미용에 관한 소정의 과정을 이수해야 한다.

56 위생교육에 관한 기록은 2년 이상 보관하여야 한다.

57 면허증을 다른 사람에게 대여한 때에는 1차 위반 행정처분기준은 면허정지 3월, 2차 위반 시 면허정지 6월, 3차 위반 시 면허취소가 된다.

58 공중위생관리상 필요한 보고를 하지 않거나 거짓으로 보고한 경우 또는 관계 공무원의 출입·검사 또는 공중위생영업 장부 또는 서류의 열람을 거부·방해하거나 기피한 경우 : 1차 위반 시 영업정지 10일, 2차 위반 시 영업 정지 20일, 3차 위반 시 영업 정지 1월, 4차 위반 시 영업장 폐쇄 명령

59 지위를 승계한 자는 1월 이내에 보건복지부령이 정하는 바에 따라 시장·군수·구청장에게 신고해야 하며, 공중위생영업자의 지위를 승계한 자로서 규정에 의한 신고를 아니한 자는 6월 이하의 징역 또는 5백만 원 이하의 벌금 처분을 받는다.

60 1인용 면도날을 2인 이상 이상의 손님에게 사용한 때에 대한 2차 위반은 영업정지 5일, 3차 위반은 영업정지 10일, 4차 위반은 영업장 폐쇄명령을 행한다.

국가기술자격검정 필기시험문제

제4회 최신 시행 출제문제

자격종목 및 등급(선택분야)	종목코드	시험시간	문제지형별	수험번호	성명
미용사(일반)	**7937**	**1시간**	**A**		

01 다음 중 컬이 오래 지속되며 컬의 움직임이 가장 적은 것은 무엇인가?

① 논 스템(non stem)
② 하프 스템(half stem)
③ 풀 스템(full stem)
④ 컬 스템(curl stem)

02 다음 중 두발의 볼륨을 주지 않기 위한 컬 기법은?

① 스탠드업 컬(stand up curl)
② 플래트 컬(flat curl)
③ 리프트 컬(lift curl)
④ 논스템 롤러 컬(non stem roller curl)

03 1940년대에 유행했던 헤어스타일로 네이프선까지 가지런히 정돈하여 묶어 청순한 이미지를 부각시킨 스타일이며, 아르헨티나의 대통령부인이었던 에바페론의 헤어스타일로 유명한 업 스타일은?

① 링고 스타일
②시뇽 스타일
③ 킨키 스타일
④퐁파두르 스타일

04 다음 중 언더 프로세싱(under processing)된 두발의 그림은?

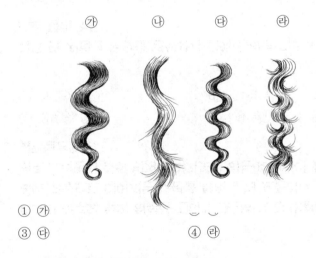

㉮   ㉯   ㉰   ㉱

① ㉮
③ ㉰
④ ㉱

05 스캘프 트리트먼트의 목적이 아닌 것은?

① 원형 탈모증 치료
② 두피 및 두발을 건강하고 아름답게 유지
③ 혈액순환 촉진
④ 비듬방지

06 콜드 퍼머넌트 웨이브 시 두발 끝이 자지러지는 원인이 아닌 것은?

① 콜드 웨이브 제1액을 바르고 방치시간이 길었다.
② 사전 커트 시 두발 끝을 너무 테이퍼링하였다.
③ 두발 끝을 블런트 커팅하였다.
④ 너무 가는 로드를 사용하였다.

07 다음 중 염색한 두발에 가장 적합한 샴푸제는?

① 댄드러프 샴푸제
② 논스트리핑 샴푸제
③ 프로테인 샴푸제
④ 약용샴푸제

08 원랭스 커트(one-length cut)에 속하지 않는 것은?

① 레이어 커트
② 이사도라 커트
③ 패러럴 보브 커트
④ 스파니엘 커트

09 다음 그림과 같이 와인딩했을 때 웨이브의 형상은?

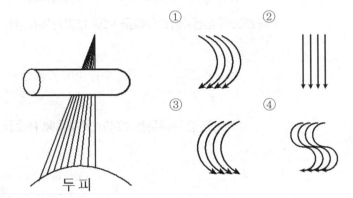

두피

10 플러프 뱅(fluff bang)에 관한 설명으로 옳은 것은?

① 포워드 롤을 뱅에 적용시킨 것이다.
② 컬이 부드럽고 자연스럽게 모이도록 볼륨을 주는 것이다.
③ 가르마 가까이에 작게 낸 뱅이다.
④ 뱅으로 하는 부분의 두발을 업콤하여 두발 끝을 플러프해서 내린 것이다.

11 콜드 웨이브 퍼머넌트 웨이브(cold permanent wave) 시 제1액의 주성분은?

① 과산화수소
② 취소산나트륨
③ 티오글리콜산
④ 과붕산나트륨

12 손톱의 길이를 조정할 때 사용하는 네일 도구는?

① 네일 브러시
② 오렌지 우드스틱
③ 에머리 보드
④ 큐티클 푸셔

13 큐티클 리무버(cuticle remover)에 대한 설명으로 옳지 않은 것은?

① 손톱 주변 굳은살이 아주 딱딱한 사람에게 사용하면 좋다.
② 오일보다 농도가 짙어 손톱 주변 굳은살을 부드럽게 하는 데 도움이 된다.
③ 매니큐어링이 끝난 후에 한 번 더 발라주면 효과적이다.
④ 아몬드 오일, 아보카도 오일, 호호바 오일을 사용한다.

14 레이저(razor)에 대한 설명 중 가장 거리가 먼 것은?

① 셰이핑 레이저를 사용하여 커팅하면 안정적이다.
② 초보자는 오디너리 레이저를 사용하는 것이 좋다.
③ 솜털 등을 깎을 때는 외곡선상의 날이 좋다.
④ 녹이 슬지 않게 관리를 한다.

15 올바른 미용인으로서의 인간관계와 전문가적인 태도에 관한 내용으로 가장 거리가 먼 것은?

① 예의 바르고 친절한 서비스를 모든 고객에게 제공한다.
② 고객의 기분에 주의를 기울여야 한다.
③ 효과적인 의사소통 방법을 익혀두어야 한다.
④ 대화의 주제는 종교나 정치 같은 논쟁의 대상이 되거나 개인적인 문제에 관련된 것이 좋다.

16 이마의 상부와 턱의 하부를 진하게 표현하고 관자놀이에서 눈꼬리와 귀밑으로 이어지는 부분을 특히 밝게 표현하며, 눈썹은 일자로 그리면서 살짝 빗겨 올라가도록 하는 화장법이 잘 어울리는 얼굴형은?

① 장방형 얼굴   ② 삼각형 얼굴
③ 사각형 얼굴   ④ 마름모형 얼굴

17 다음 중 저항성 두발을 염색하기 전에 행하는 기술에 대한 내용으로 틀린 것은?

① 염모제 침투를 돕기 위해 사전에 두발을 연화시킨다.
② 과산화수소 30ml, 암모니아수 0.5ml 정도를 혼합한 연화제를 사용한다.
③ 사전 연화기술을 프레-소프트닝(pre-softening)이라고 한다.
④ 50~60분 방치 후 드라이어로 건조시킨다.

18 메이크업(make-up)을 할 때 얼굴에 입체감을 주기 위해 사용되는 브러시는?

① 아이브로우 브러시   ② 네일 브러시
③ 립 라인 브러시   ④ 섀도 브러시

19 1905년 찰스 네슬러가 퍼머넌트 웨이브를 어느 나라에서 발표했는가?

① 독일   ② 영국
③ 미국   ④ 프랑스

20 중국 현종(서기 713~755년) 때의 십미도(十眉圖)에 대한 설명으로 옳은 것은?

① 열 명의 아름다운 여인   ② 열 가지의 아름다운 산수화
③ 열 가지의 화장방법   ④ 열 종류의 눈썹모양

21 자연독에 의한 식중독 원인물질과 서로 관계없는 것으로 연결된 것은?

① 테트로도톡신(tetrodotoxin) – 복어
② 솔라닌(solanine) – 감자
③ 무스카린(muscarin) – 버섯
④ 에르고톡신(ergotoxin) – 조개

22 다음 중 지구의 온난화 현상의 주원인이 되는 가스는?

① CO_2 ② CO
③ Ne ④ NO

23 다음 중 폐흡충증(폐디스토마)의 제1중간 숙주는?

① 다슬기   ② 왜우렁
③ 게   ④ 가재

24 다음의 영아사망률 계산식에서 (A)에 알맞은 것은?

$$영아사망률 = \frac{(A)}{연간출생아수} \times 1000$$

① 연간 생후 28일까지의 사망자 수
② 연간 생후 1년 미만 사망자 수
③ 연간 1~4세 사망자 수
④ 연간 임신 28주 이후 사산 + 출생 1주 이내 사망자 수

25 다음 중 감각 온도의 3요소가 아닌 것은?

① 기온   ② 기습
③ 기압   ④ 기류

26 다음 중 감염병 관리에 가장 어려움이 있는 사람은?

① 회복기 보균자
② 잠복기 보균자
③ 건강 보균자
④ 병후 보균자

27 감염병 예방법상 제2급 감염병인 것은?

① 공수병   ② 말라리아
③ 유행성 이하선염   ④ C형간염

28 가족계획사업의 효과 판정상 가장 유력한 지표는?

① 인구증가율   ② 조출생률
③ 남녀 출생비   ④ 평균여명년수

29 진동이 심한 작업장 근무자에게 다발하는 질환으로 청색증과 동통, 저림 증세를 보이는 질병은?

① 레이노드씨병   ② 진폐증
③ 열경련   ④ 잠함병

30 인구구성의 기본형 중 생산연령 인구가 많이 유입되는 도시지역의 인구구성을 나타내는 것은?

① 피라미드형   ② 별형
③ 항아리형   ④ 종형

31 이·미용실에서 사용하는 쓰레기통의 소독으로 적절한 약제는?

① 포르말린수   ② 에탄올
③ 생석회   ④ 역성비누액

32 실험기기, 의료용기, 오물 등의 소독에 사용되는 석탄산수의 적정한 농도는?

① 석탄산 0.1% 수용액　② 석탄산 1% 수용액
③ 석탄산 3% 수용액　④ 석탄산 50% 수용액

33 다음 중 세균의 포자를 사멸시킬 수 있는 것은?

① 포르말린　② 알코올
③ 음이온 계면활성제　④ 치아염소산소다

34 다음 소독제 중 상처가 있는 피부에 적합하지 않은 것은?

① 승홍수　② 과산화수소수
③ 포비돈　④ 아크리놀

35 다음 중 양이온 계면활성제의 장점이 아닌 것은?

① 물에 잘 녹는다.
② 색과 냄새가 거의 없다.
③ 결핵균에 효력이 있다.
④ 인체에 독성이 적다.

36 금속 기구를 자비소독할 때 탄산나트륨($NaCO_3$)을 넣으면 살균력도 강해지고 녹이 슬지 않는다. 이때의 가장 적정한 농도는?

① 0.1~0.5%　② 1~2%
③ 5~10%　④ 10~15%

37 다음 중 일광 소독은 주로 무엇을 이용한 것인가?

① 열선　② 적외선
③ 가시광선　④ 자외선

38 섭씨 100~135℃ 고온의 수증기를 미생물, 아포 등과 접촉시켜 가열 살균하는 방법은?

① 간헐멸균법　② 건열멸균법
③ 고압증기멸균법　④ 자비소독법

39 소독약의 사용과 보존상의 주의사항으로 틀린 것은?

① 모든 소독약은 미리 제조해 둔 뒤에 필요량 만큼씩 두고두고 사용한다.
② 약품은 암냉장소에 보관하고, 라벨이 오염되지 않도록 한다.
③ 소독물체에 따라 적당한 소독약이나 소독방법을 선정한다.
④ 병원미생물의 종류, 저항성 및 멸균·소독의 목적에 의해서 그 방법과 시간을 고려한다.

40 다음 중 객담이 묻은 휴지의 소독방법으로 가장 알맞은 것은?

① 고압멸균법　② 소각소독법
③ 자비소독법　④ 저온소독법

41 다음 중 광물성 오일에 속하는 것은?

① 올리브유　② 스쿠알렌
③ 실리콘 오일　④ 바셀린

42 다음 중 사마귀의 원인은 무엇인가?

① 바이러스　② 진균
③ 내분비이상　④ 당뇨병

43 표피에서 자외선에 의해 합성되며, 칼슘과 인의 대사를 도와주고 발육을 촉진시키는 비타민은?

① 비타민 A　② 비타민 C
③ 비타민 E　④ 비타민 D

44 한선의 활동을 증가시키는 요인으로 가장 거리가 먼 것은?

① 열　② 운동
③ 내분비선의 자극　④ 정신적 흥분

45 다음 중 표피와 무관한 것은?

① 각질층　② 유두층
③ 무핵층　④ 기저층

46 일상생활에서 여드름 치료 시 주의해야 할 사항에 해당하지 않는 것은?

① 과로를 피한다.
② 배변이 잘 이루어지도록 한다.
③ 식사 시 버터, 치즈 등을 가급적 많이 먹도록 한다.
④ 적당한 일광을 쪼일 수 없는 경우 자외선을 가볍게 조사받도록 한다.

47 직경 1~2mm의 둥근 백색 구진으로 안면(특히 눈의 하부)에 호발하는 것은?

① 비립종　② 피지선 모반
③ 한관종　④ 표피낭종

48 피지선에 대한 설명으로 틀린 것은?

① 피지를 분비하는 선으로 진피층에 위치한다.
② 피지선은 손바닥에는 전혀 없다.
③ 피지의 1일 분비량은 10~20g 정도이다.
④ 피지선이 많은 부위는 코 주위이다.

49 노화피부의 일반적인 증세는?

① 지방이 과다 분비하여 번들거린다.
② 항상 촉촉하고 매끈하다.
③ 수분이 80% 이상이다.
④ 유분과 수분이 부족하다.

50 여러 가지 꽃 향이 혼합된 세련되고 로맨틱한 향으로 아름다운 꽃다발을 안고 있는 듯, 화려하면서도 우아한 느낌을 주는 향수의 타입은?

① 싱글 플로럴(single floral)
② 플로럴 부케(floral bouquet)
③ 우디(woody)
④ 오리엔탈(oriental)

51 1회용 면도날을 2인 이상의 손님에게 사용한 때에 대한 1차 위반 시 행정처분기준은?

① 시정명령　　　　　② 경고
③ 영업정지 5일　　　④ 영업정지 10일

52 공중위생영업소의 위생서비스 수준 평가는 몇 년마다 실시하는가?(단 특별한 경우는 제외함)

① 1년　　　　　② 2년
③ 3년　　　　　④ 5년

53 공중위생관리법상 위생교육을 받지 아니한 때 부과되는 과태료의 기준은?

① 30만 원 이하　　　② 50만 원 이하
③ 100만 원 이하　　④ 200만 원 이하

54 이·미용사의 면허를 받지 아니한 자가 이·미용 업무에 종사하였을 때 이에 대한 벌칙기준은?

① 3년 이하의 징역 또는 1천만 원 이하의 벌금
② 1년 이하의 징역 또는 1천만 원 이하의 벌금
③ 300만 원 이하의 벌금
④ 200만 원 이하의 벌금

55 이·미용사 면허증을 분실하였을 때 누구에게 재교부 신청을 하여야 하는가?

① 보건복지부장관
② 시·도지사
③ 시장·군수·구청장
④ 이·미용협회장

56 다음 중 공중위생감시원의 직무사항이 아닌 것은?

① 시설 및 설비의 확인에 관한 사항
② 영업자의 준수사항 이행 여부에 관한 사항
③ 위생지도 및 개선명령 이행 여부에 관한 사항
④ 세금납부의 적정 여부에 관한 사항

57 이·미용 영업소 안에 면허증 원본을 게시하지 않은 경우 1차 위반 시 행정처분기준은?

① 개선명령 또는 경고
② 영업정지 5일
③ 영업정지 10일
④ 영업정지 15일

58 다음 (　) 안에 들어갈 말로 옳은 것은?

> 공중위생영업자는 그 이용자에게 건강상 (　)이 (가) 발생하지 아니하도록 시설을 관리해야 한다.

① 악영향　　　　② 질병
③ 위해요인　　　④ 장해

59 위법 사항에 대하여 청문을 시행할 수 없는 기관장은?

① 경찰서장　　　　②구청장
③ 군수　　　　　　④시장

60 이·미용사 면허증의 재교부 사유가 아닌 것은?

① 성명 또는 주민등록번호 등 면허증의 기재사항에 변경이 있을 때
② 영업장소의 상호 및 소재지가 변경될 때
③ 면허증을 분실했을 때
④ 면허증이 헐어 못쓰게 된 때

정답(제4회)

01	02	03	04	05	06	07	08	09	10	11	12	13	14	15	16	17	18	19	20
①	②	②	②	①	③	②	①	①	②	③	③	③	②	④	①	④	④	②	④

21	22	23	24	25	26	27	28	29	30	31	32	33	34	35	36	37	38	39	40
④	②	①	②	③	③	④	②	①	②	③	②	③	④	②	②	④	③	①	②

41	42	43	44	45	46	47	48	49	50	51	52	53	54	55	56	57	58	59	60
④	①	④	③	②	③	①	③	④	②	②	②	④	③	③	④	①	③	①	②

해설

01 논스템이 컬의 움직임이 가장 적고, 풀스템이 컬의 움직임이 가장 크다.

02 플래트 컬(flat curl)은 루프가 두피에서 0°로 평평하고 납작하게 형성된다.

03 ② 시뇽 스타일은 한 올의 흐트러짐 없이 머리카락을 빗어 목 바로 위에서 단단하게 고정시키는 스타일로 차분하고 깔끔한 이미지를 준다.

04 ① 적당히 프로세싱 된 경우로 웨이브 형태가 매끄럽고 탄력 있게 형성된 상태
② 언더 프로세싱 된 경우로 웨이브의 형태가 느슨하여 불안정한 상태
③ 오버 프로세싱 된 경우로 두발이 젖었을 때는 강한 웨이브, 말리면 부스러지는 웨이브 형태
④ 오버 프로세싱 된 경우로 두발 끝이 자지러진 웨이브 형태

05 스캘프 트리트먼트의 목적은 두피손질 또는 두피처치라는 뜻으로 두피를 청결하고 건강하게 유지하기 위하여 시술한다.

06 ③ 블런트 커팅은 직선적으로 뭉툭하게 커트하는 방법을 말한다.

07 염색한 두발의 샴푸제로는 논스트리핑 샴푸제(non-stripping shampoos)가 사용되는데 대개 pH가 낮은 산성이며 두발을 자극하지 않는다.

08 원랭스 커트 기법은 두발을 일직선상으로 갖추는 커트 기법으로 보브 커트의 기본이며 레이어 커트 기법은 층이 지는 기법으로 두발의 길이가 점점 짧아지는 커트이다.

09 와인딩 시 볼륨과 방향을 줄 때에는 두발을 모아서 시술해야 한다.

10 ① 포워드 롤 뱅 : 포워드 롤을 뱅에 적용시킨 것이다.
③ 프린지 뱅 : 가르마 가까이에 작게 낸 뱅이다.
④ 프렌치 뱅 : 뱅으로 하는 부분의 두발을 업콤하여 두발 끝을 플러프해서 내린 것이다.

11 ①, ②, ④는 제2액의 산화제이다.
제1액 중 티오글리콜산은 두발 환원제, 탈모제 등에 사용되는 무색의 액체로 특유의 냄새가 나고 시스틴의 S-S 결합을 끊을 수 있는 화학물질이다. 물리적인 힘에 의해 로드의 굴곡으로 안쪽과 바깥쪽에 늘어남의 차이가 생겨 일시적인 웨이브가 형성된다.

12 ① 네일브러시는 손톱전체를 닦을 때 사용
② 오렌지 우드스틱은 큐티클 리무버를 바르는 데 사용

13 큐티클 리무버는 상조피 제거액이므로 마지막에 바르면 안 된다.

14 오디너리 레이저는 보통의 칼 모양으로 된 면도칼이며, 시간적으로 능률적이고 세밀한 작업이 용이한 반면 지나치게 자를 우려가 있어 초보자에게는 부적당하다. 날에 보호막이 있는 셰이핑 레이저가 초보자에게 적합하다.

15 대화의 주제는 논쟁의 대상이나 개인적인 문제에 관련되지 않는 원만한 대화의 주제로 하는 것이 좋다.

16 장방형 얼굴은 얼굴이 길어보이지 않도록 해야 한다.

17 저항성 두발은 모발의 모표피(큐티클)가 말착되어 공동(빈구멍)이 거의 없는 상태로 샴푸 후 모발에 물이 매끄럽게 떨어지는 두발로 염색 후 33~40분 자연 방치시킨다.

18 ① 아이브로 브러시 : 눈썹을 자연스럽게 그릴 때 사용
② 네일 브러시 : 손톱 아래의 이물질을 제거할 때 사용
③ 립 라인 브러시 : 입술 모양을 수정·보완할 때 사용

19 1905년 영국의 런던에서 찰스 네슬러가 퍼머넌트 웨이브를 개발하였다.

20 당나라 현종은 여자들의 눈썹화장을 중시하여 현종이 화공에게 "십미도"를 그리게 하였는데 그린 눈썹으로는 소산미, 분초미 등이 있었고 명칭과 양식이 다양하였다.

21 에르고톡신(ergotoxin) - 맥각 / 베네루핀(venerupin) - 조개, 굴, 바지락

22 CO_2(이산화탄소)는 실내공기의 오염도나 환기의 양부를 결정하는 지표이다.

23 • 폐흡충(폐디스토마) : 다슬기 → 가재, 게 → 사람
• 간흡충(간디스토마) : 쇠우렁(왜우렁) → 잉어, 담수어(참붕어, 붕어, 잉어) → 사람

24 영아사망률은 출생아 1,000명당 1년 미만 영아의 사망자 수 비율로 한 국가의 보건수준을 나타내는 가장 대표적인 지표로 사용된다.

25 감각온도는 기온, 기습, 기류의 3인자가 종합적으로 인체에 작용하며, 얻어지는 체감을 기초로 하여 얻어지는 것을 지수로 표시하기 위해 고안되었다.

26 건강보균자는 건강해 보여 색출하기가 어렵고 보건관리상 가장 어렵다.

27 ① 공수병, ② 말라리아, ④ C형간염은 제3급 감염병에 해당한다.

28 가족계획은 원치 않는 아이의 출산을 방지하는 것으로 자녀수 조절, 출산 간격 조절, 이상적인 가족 계획, 모자의 건강 도모, 출산 자녀의 양육, 가정의 복지 증진 등을 목표로 한다.

29 ② 진폐증 : 진폐증이란 폐에 분진이 침착하여 이에 대해 조직 반응이 일어난 상태
③ 열경련 : 열사병의 한 형태로 고열 작업장에서 일하는 사람에게 많이 생기는 병으로 두통과 근육의 경련이 주요 증상
④ 잠함병 : 고압의 환경에서 낮은 압력으로 갑자기 환경이 바뀔 때 체내에서 발생하는 공기방울이 신체에 미치는 생리적 영향으로 압력조절이 되지 않은 비행기의 조종사, 잠수부, 탄광근로자 등이 걸리기 쉬움

30 ① 피라미드형 : 사망률이 출생률보다 낮은 인구증가형이다.
③ 항아리형 : 인구감퇴형으로 출생률이 사망률보다 낮다.
④ 종형 : 인구정지형으로 출생률과 사망률이 모두 낮다.

31 생석회는 분뇨, 토사물, 쓰레기통, 하수도, 수조, 선저수 등의 소독에 사용되며, 독성이 적고 저렴하기 때문에 넓은 장소의 소독에 적합하다.

32 석탄산수의 용도는 비교적 넓으며 수지, 의류, 침구, 실내내부, 가구, 변기, 배설물, 브러시, 고무제품 등에 적합하며, 일반적인 사용농도는 보통 3%의 수용액을 사용하고 있다.

33 포르말린은 아포에 강한 살균 효과가 있다.

34 승홍수는 살균력이 강하며 맹독이기 때문에 취급, 보존, 사용상에 특히 주의해야 한다.

35 양이온성 계면활성제는 살균, 소독, 유연 작용이 장점이고 음이온보다 약한 세정력이 단점이다.

36 자비소독 시 소독효과를 높이기 위해 석탄산(5%), 크레졸(2~3%), 탄산수소 나트륨(1~2%)을 넣어주기도 한다.

37 자외선은 태양광선 중 파장이 200~400nm의 범위에 속하며, 특히 260nm 부근의 파장인 경우 강력한 살균작용을 한다.

38 ① 간헐멸균법 : 1일 1회씩 3일 동안 100℃에서 30분간 가열하는 방법으로 세균의 포자까지 멸균시키는 방법
② 건열멸균법 : 건열멸균기를 이용하여 170℃에서 1~2시간 멸균 처리하는 방법. 주사침, 유리기구, 금속제품에 이용
④ 자비소독법 : 100℃의 끓는 물에서 15~20분간 처리하며 아포형성균과 간염 바이러스를 제외한 모든 병원균은 파괴할 수 있음

39 소독약은 사용할 때마다 조금씩 새로 제조하여 사용하여야 한다.

40 ① 고압멸균법 : 초자기구, 의류, 고무제품, 자기류, 거즈 및 약액
③ 자비소독법 : 식기류, 도자기류, 주사기, 의류
④ 저온소독법 : 유제품, 알코올, 건조과실

41 ① 올리브유 : 식물성 / ② 스쿠알렌 : 동물성 / ③ 실리콘오일 : 합성유성

42 사마귀는 표피가 국부적으로 증식하여 각질이 비후하는 양성 종양이다. 즉, 표피의 세포가 비정상적으로 증식하는 것을 말한다. 바이러스의 감염으로 생기는 바이러스성 사마귀와 피부의 노인성 변화에 의한 종양성 사마귀로 대별된다.

43 비타민 D 작용 : 표피에서 자외선에 의해 합성, 칼슘과 인의 대사에 도움, 발육 촉진, 골격과 치아 형성, 피부 세포 생성, 구루병 예방, 민감성 피부 예방, 혈중 칼슘 농도 조절 등

44 한선은 가늘고 긴 관모양의 분비선이며, 땀을 분비하는 한선체와 분리된 땀을 피부 표면으로 운반하는 한선으로 구성되어 있다.

45 표피는 무핵층이며 각질층, 투명층, 과립층, 유극층, 기저층으로 분류한다.

46 여드름 치료 시 과다한 유제품의 섭취는 피지분비를 촉진시키는 원인이 된다.

47 눈 주위의 질환으로 비립종(직경 1~2mm의 황백색의 구진)과 한관종(에크린 한관에서 유래한 작은 구진으로 내용물이 없음)이 있다.

48 ③ 피지의 1일 분비량은 1~2g 정도이다.

49 노화피부의 일반적인 증세 : 망상층이 얇아짐, 각질층이 두께가 두꺼워짐, 피하지방 세포 감소, 멜라닌 색소 감소, 랑게스한스 세포 감소, 한선 감소, 땀의 분비 감소 등

50 향수의 농도 : 퍼퓸 〉 오드퍼퓸 〉 오드트왈렛 〉 오데코롱 〉 샤워코롱

51 1회용 면도날을 2인 이상의 손님에게 사용한 때에 대한 1차 위반 시에는 경고, 2차 위반 시에는 영업정지 5일, 3차 위반 시에는 영업 정지 10일, 4차 위반 시에는 영업장 폐쇄명령이 행해진다.

52 시장·군수·구청장은 평가계획에 따라 공중위생영업소의 위생 서비스 수준을 평가하여야 한다. 평가는 2년마다 실시함을 원칙으로 하되, 시장·군수·구청장은 위생서비스평가의 전문성을 높이기 위하여 필요하다고 인정하는 경우에는 관련 전문기관 및 단체로 하여금 위생서비스평가를 실시하게 할 수 있다.

53 200만 원 이하의 과태료 기준은 위생관리 의무를 지키지 아니한 자, 영업소 이외의 장소에서 이용 또는 미용업무를 행한 자, 위생교육을 받지 아니한 자에게 해당된다.

54 300만 원 이하의 벌금 기준은 면허취소 후 계속 업무를 행한 자, 면허정지 기간 중에 업무를 행한 자, 면허를 받지 아니한 자가 업소를 개설하거나 업무에 종사한 자가 포함된다.

55 면허증 재교부 사유는 기재 사항에 변경이 있을 때, 면허증을 잃어버린 때 또는 헐어서 못쓰게 된 때에 시장·군수·구청장에게 재발급 신청을 할 수 있다.

56 공중위생감시원의 업무 범위
• 시설 및 설비의 확인
• 공중위생영업 관련 시설 및 설비의 위생 상태 확인·검사, 공중위생영업자의 위생 관리 의무 및 영업자 준수 사항 이행 여부의 확인
• 위생 지도 및 개선 명령 이행 여부의 확인
• 공중위생영업소의 영업 정지, 일부 시설의 사용 중지 또는 영업소 폐쇄 명령 이행 여부의 확인
• 위생 교육 이행 여부의 확인

57 이·미용 영업소 안에 면허증 원본을 게시하지 않은 경우에는 1차 위반 시 개선명령 또는 경고, 2차 위반 시 영업정지 5일, 3차 위반 시 영업정지 10일, 4차 위반 시 영업장 폐쇄명령을 행한다.

58 공중위생 관리법의 목적 : 공중이 이용하는 영업과 시설의 위생 관리 등에 관한 사항을 규정함으로써 위생 수준을 향상시켜 국민의 건강 증진에 기여함을 목적으로 한다.

59 청문 : 보건복지부장관 또는 시장·군수·구청장은 직권 말소, 면허 취소 또는 정지, 영업 정지명령, 일부 시설의 사용 중지 명령 또는 영업소 폐쇄 명령에 해당하는 처분을 하려면 청문을 실시해야 한다.

60 영업 장소의 상호 및 소재지가 변경될 때에는 시장·군수·구청장에게 변경 신고를 해야 한다.

01 헤어컬러(hair coloring)의 용어 중 다이 터치업(dye touch up)이란?

① 처녀모(virgin hair)에 처음 시술하는 염색
② 자연적인 색채의 염색
③ 탈색된 두발에 대한 염색
④ 염색 후 새로 자라난 두발에만 하는 염색

02 헤어 트리트먼트(hair treatment)의 종류에 속하지 않는 것은?

① 헤어 리컨디셔너
② 클리핑
③ 헤어 팩
④ 테이퍼링

03 다음 중 퍼머넌트 웨이브가 잘 나올 수 있는 경우는?

① 오버 프로세싱으로 시스틴이 지나치게 파괴된 경우
② 사전 샴푸 시 비누와 경수로 샴푸하여 두발에 금속염이 형성된 경우
③ 두발이 저항성모이거나 발수성모로서 경모인 경우
④ 와인딩 시 텐션(tension)을 적당히 준 경우

04 우리나라 고대 미용사에 대한 설명으로 옳지 않은 것은?

① 고구려시대 여인의 두발 형태는 여러 가지였다.
② 신라시대 부인들은 금은주옥으로 꾸민 가체를 사용하였다.
③ 백제시대 기혼녀는 머리를 틀어 올리고 처녀는 땋아 내렸다.
④ 계급에 상관없이 부인들은 모두 머리모양이 같았다.

05 핫오일 샴푸에 대한 설명 중 잘못된 것은?

① 플레인 샴푸하기 전에 실시한다.
② 오일을 따뜻하게 해서 바르고 마사지한다.
③ 핫오일 샴푸 후 퍼머를 시술한다.
④ 올리브유 등의 식물성 오일이 좋다.

06 베이스코트의 설명으로 거리가 먼 것은?

① 폴리시를 바르기 전에 손톱 표면에 발라준다.
② 손톱 표면이 착색되는 것을 방지한다.
③ 손톱이 찢어지거나 갈라지는 것을 예방해 준다.
④ 폴리시가 잘 발리도록 도와준다.

07 우리나라 옛 여인의 머리모양 중 앞머리 양쪽에 틀어 얹은 모양의 머리는?

① 낭자머리　　　　② 쪽진머리
③ 푼기명식머리　　④ 쌍상투머리

08 퍼머넌트 웨이브(permanent wave)시술 시 두발에 대한 제1액의 작용 정도를 판단하여 정확한 프로세싱 타임을 결정하고 웨이브의 형성 정도를 조사하는 것은?

① 패치 테스트　　② 스트랜드 테스트
③ 테스트 컬　　　④ 컬러 테스트

09 브러싱에 대한 내용 중 틀린 것은?

① 두발에 윤기를 더해주며 빠진 두발이나 헝클어진 두발을 고르는 작용을 한다.
② 두피의 근육과 신경을 자극하여 피지선과 혈액순환을 촉진시키고 두피조직에 영양을 공급하는 효과가 있다.
③ 여러 가지 효과를 주므로 브러싱은 어떤 상태에서든 많이 할수록 좋다.
④ 샴푸 전 브러싱은 두발이나 두피에 부착된 먼지나 노폐물, 비듬을 제거한다.

10 다음 중 헤어 컬의 목적이 아닌 것은?

① 볼륨(volume)을 만들기 위해서
② 컬러(color)를 표현하기 위해서
③ 웨이브(wave)를 만들기 위해서
④ 플러프(fluff)를 만들기 위해서

11 두발이 유난히 많은 고객이 윗머리가 짧고 아랫머리로 갈수록 길게 하며, 두발 끝 부분을 자연스럽고 차츰 가늘게 커트하는 스타일을 원하는 경우 알맞은 시술방법은?

① 레이어 커트 후 테이퍼링(tapering)
② 원랭스 커트 후 클리핑(clipping)
③ 그라데이션 커트 후 테이퍼링(tapering)
④ 레이어 커트 후 클리핑(clipping)

12 낮 화장을 의미하며 단순한 외출이나 가벼운 방문을 할 때 하는 평소 화장법은?

① 소셜 메이크업
② 페인트 메이크업
③ 컬러포토 메이크업
④ 데이타임 메이크업

13 핑거 웨이브의 종류 중 스윙 웨이브(swing wave)에 대한 설명은?

① 큰 움직임을 보는 듯한 웨이브
② 물결이 소용돌이 치는 듯한 웨이브
③ 리지가 낮은 웨이브
④ 리지가 뚜렷하지 않고 느슨한 웨이브

14 두발 위에 얹어지는 힘 혹은 당김을 의미하는 말은?

① 엘레베이션(elevation)　② 웨이트(weight)
③ 텐션(tension)　④ 텍스쳐(texture)

15 다음 중 플러프 뱅(fluff bang)을 설명한 것은?

① 가르마 가까이에 작게 낸 뱅
② 컬을 깃털과 같이 일정한 모양을 갖추지 않고 부풀려서 볼륨을 준 뱅
③ 두발을 위로 빗고 두발 끝을 플러프해서 내려뜨린 뱅
④ 풀 웨이브 또는 하프 웨이브로 형성한 뱅

16 얼굴형에 따른 눈썹화장법에 대한 설명으로 옳지 않은 것은?

① 사각형 – 강하지 않은 둥근 느낌을 낸다.
② 삼각형 – 눈의 크기와 관계없이 크게 한다.
③ 역삼각형 – 자연스럽게 그리되 뺨이 말랐을 경우 눈꼬리를 내려 그린다.
④ 마름모꼴형 – 약간 내려간 듯하게 그린다.

17 컬의 줄기 부분으로서 베이스(base)에서 피벗(pivot)까지의 부분을 무엇이라 하는가?

① 엔드　② 스템
③ 루프　④ 융기점

18 원랭스 커트(one-length cut)의 대표적인 아웃라인 중 이사도라 스타일은?

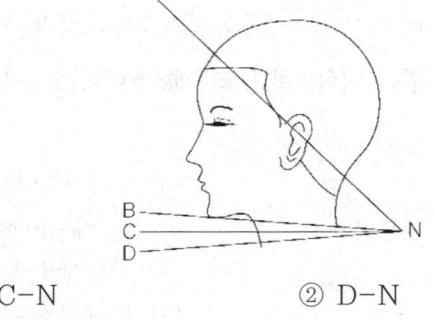

① C-N　② D-N
③ A-N　④ B-N

19 가발 손질법에 대한 설명으로 틀린 것은?

① 스프레이가 없으면 얼레빗을 사용하여 컨디셔너를 골고루 바른다.
② 두발이 빠지지 않도록 차분하게 모근 쪽에서 두발 끝 쪽으로 서서히 빗질을 해 나간다.
③ 두발에만 컨디셔너를 바르고 파운데이션에는 바르지 않는다.
④ 열을 가하면 두발의 결이 변형되거나 윤기가 없어지기 쉽다.

20 강철을 연결시켜 만든 것으로 협신부(鋏身部)는 연강으로 되어 있고, 날 부분은 특수강으로 되어 있는 것은?

① 착강가위
② 전강가위
③ 틴닝가위
④ 레이저

21 다음 중 파리가 옮기지 않는 병은?

① 장티푸스
② 이질
③ 콜레라
④ 유행성출혈열

22 다음 영양소 중 인체의 생리적 조절작용에 관여하는 조절소는?

① 단백질　② 비타민
③ 지방질　④ 탄수화물

23 다음 중 어느 것을 날것으로 먹었을 때 무구조충에 감염될 수 있는가?

① 돼지고기　② 잉어
③ 게　④ 쇠고기

24 다음 중 잠함병의 직접적인 원인은 무엇인가?

① 혈중 CO_2 농도 증가
② 체액 및 혈액 속의 질소 기포 증가
③ 혈중 O_2 농도 증가
④ 혈중 CO 농도 증가

25 감염병 유행지역에서 입국하는 사람이나 동물 또는 식품 등을 대상으로 실시하며 외국 질병의 국내 침입방지를 위한 수단으로 쓰이는 것은?

① 격리　② 검역
③ 박멸　④ 병원소 제거

26 산업피로의 대책으로 가장 거리가 먼 것은?

① 작업과정 중 적절한 휴식시간을 배분한다.
② 에너지 소모를 효율적으로 한다.
③ 개인차를 고려하여 작업량을 할당한다.
④ 휴직과 부서 이동을 권고한다.

27 다음 중 하수에서 용존산소(DO)가 아주 낮다는 의미는?

① 수생식물이 잘 자랄 수 있는 수질환경이다.
② 물고기가 잘 살 수 있는 수질환경이다.
③ 물의 오염도가 높다는 의미이다.
④ 하수의 BOD가 낮은 것과 같은 의미이다.

28 출생 후 4주 이내에 기본접종을 실시하는 것이 효과적인 감염병은?

① 볼거리　② 홍역
③ 결핵　④ 일본뇌염

29 우리나라에서 의료보험이 전 국민에게 적용하게 된 시기는 언제부터인가?

① 1964년　② 1977년
③ 1988년　④ 1989년

30 한 나라의 건강수준을 나타내며, 다른 나라들과의 보건수준을 비교할 수 있는 세계보건기구가 제시한 지표는?

① 비례사망지수
② 국민소득
③ 질병이환율
④ 인구증가율

31 일광소독과 가장 직접적인 관계가 있는 것은?

① 높은 온도　　　　② 높은 조도
③ 적외선　　　　　④ 자외선

32 자비소독 시 살균력을 강하게 하고 금속기자재가 녹스는 것을 방지하기 위하여 첨가하는 물질이 아닌 것은?

① 2% 중조
② 2% 크레졸 비누액
③ 5% 석탄산
④ 5% 승홍수

33 다음 중 물리적 소독방법이 아닌 것은?

① 방사선멸균법
② 건열소독법
③ 고압증기멸균법
④ 생석회소독법

34 다음 중 포르말린수 소독에 가장 적합하지 않은 것은?

① 고무제품　　　　② 배설물
③ 금속제품　　　　④ 플라스틱

35 100%의 알코올을 사용해서 70%의 알코올 400㎖를 만드는 방법으로 옳은 것은?

① 물 70㎖와 100% 알코올 330㎖ 혼합
② 물 100㎖와 100% 알코올 300㎖ 혼합
③ 물 120㎖와 100% 알코올 280㎖ 혼합
④ 물 330㎖와 100% 알코올 70㎖ 혼합

36 다음 중 도자기류의 소독방법으로 가장 적당한 것은?

① 염소소독법　　　② 승홍수소독법
③ 자비소독법　　　④ 저온소독법

37 살균력은 강하지만 자극성과 부식성이 강해서 상수 또는 하수의 소독에 주로 이용되는 것은?

① 알코올　　　　　② 질산은
③ 승홍수　　　　　④ 염소

38 다음 중 피부자극이 적어 상처표면의 소독에 가장 적당한 것은?

① 10% 포르말린
② 3% 과산화수소
③ 15% 염소화합물
④ 3% 석탄산

39 소독의 정의에 대한 설명 중 가장 옳은 것은?

① 모든 미생물을 열이나 약품으로 사멸하는 것
② 병원성 미생물을 사멸 또는 제거하여 감염력을 잃게 하는 것
③ 병원성 미생물에 의한 부패방지를 하는 것
④ 병원성 미생물에 의한 발효방지를 하는 것

40 소독약으로서의 석탄산에 관한 내용 중 틀린 것은?

① 사용농도는 3% 수용액을 주로 쓴다.
② 고무제품, 의류, 가구, 배설물 등의 소독에 적합하다.
③ 단백질 응고작용으로 살균기능을 가진다.
④ 세균포자나 바이러스에 효과적이다.

41 다음 중 화학적인 필링제의 성분으로 사용되는 것은?

① AHA(Alpha Hydroxy Acid)
② 에탄올(ethanol)
③ 카모마일
④ 올리브 오일

42 피부색상을 결정짓는 데 주요한 요인이 되는 멜라닌 색소를 만들어 내는 피부층은?

① 과립층　　　　　② 유극층
③ 기저층　　　　　④ 유두층

43 피서 후에 나타나는 피부증상으로 틀린 것은?

① 화상의 증상으로 붉게 달아올라 따끔따끔한 증상을 보일 수 있다.
② 많은 땀의 배출로 각질층의 수분이 부족해져 거칠어지고 푸석푸석한 느낌을 가지기도 한다.
③ 강한 햇살과 바닷바람 등에 의하여 각질층이 얇아져 피부자체 방어반응이 어려워지기도 한다.
④ 멜라닌 색소가 자극을 받아 색소병변이 발전할 수 있다.

44 비타민 C 부족 시 어떤 증상이 주로 일어날 수 있는가?

① 피부가 촉촉해진다.
② 색소침착과 기미가 생긴다.
③ 여드름 발생의 원인이 된다.
④ 지방이 많이 낀다.

45 티눈의 설명으로 옳은 것은?

① 각질층의 한 부위가 두꺼워져 생기는 각질층의 증식현상이다.
② 주로 발바닥에 생기며 아프지 않다.
③ 각질핵은 각질 윗부분에 있어 자연스럽게 제거가 된다.
④ 발뒤꿈치에만 생긴다.

46 다음 중 필수지방산에 속하지 않는 것은?

① 리놀산(linolic acid)
② 리놀렌산(linolenic acid)
③ 아라키돈산(arachidonic acid)
④ 타르타르산(tartaric acid)

47 강한 유전경향을 보이는 특별한 습진으로 팔꿈치 안쪽이나 목 등의 피부가 거칠어지고 아주 심한 가려움증을 나타내는 것은?

① 아토피성 피부염
② 일광 피부염
③ 베를로크 피부염
④ 약진

48 다음 중 건성피부 손질로서 가장 적당한 것은?

① 적절한 수분과 유분 공급
② 적절한 일광욕
③ 비타민 복용
④ 카페인 섭취 줄임

49 피지 분비의 과잉을 억제하고 피부를 수축시켜 주는 것은?

① 소염 화장수
② 수렴 화장수
③ 영양 화장수
④ 유연 화장수

50 다음 중 주로 40~50대에 보이며 혈액흐름이 나빠져 모세혈관이 파손되어 코를 중심으로 양 볼에 나비형태로 붉어진 증상은?

① 비립종
② 섬유종
③ 주사
④ 켈로이드

51 관계공무원의 출입·검사 기타 조치를 거부·방해 또는 기피했을 때의 과태료 부과기준은?

① 300만 원 이하
② 200만 원 이하
③ 100만 원 이하
④ 50만 원 이하

52 보건복지부령이 정하는 특별한 사유가 있을 때 영업소 외의 장소에서 이·미용업무를 행할 수 있다. 그 사유에 해당하지 않는 것은?

① 기관에서 특별히 요구하여 단체로 이·미용을 하는 경우
② 질병으로 인하여 영업소에 나올 수 없는 자에 대하여 이·미용을 하는 경우
③ 혼례에 참여하는 자에 대하여 그 의식 직전에 이·미용을 하는 경우
④ 시장·군수·구청장이 특별한 사정이 있다고 인정한 경우

53 다음 중 이용사 또는 미용사의 면허를 받을 수 있는 자는?

① 약물 중독자
② 암환자
③ 정신질환자
④ 금치산자

54 이·미용업자에게 과태료를 부과·징수할 수 있는 처분권자에 해당되지 않는 자는?

① 보건소장
② 시장
③ 군수
④ 보건복지부장관

55 공중위생의 관리를 위한 지도, 계몽 등을 행하게 하기 위하여 둘 수 있는 것은?

① 명예공중위생감시원
② 공중위생조사원
③ 공중위생평가단체
④ 공중위생전문교육원

56 공중위생영업의 폐업 신고는 며칠 이내에 해야 하는가?

① 10일
② 20일
③ 30일
④ 40일

57 영업소 안에 면허증을 게시하도록 "위생관리의무 등"의 규정에 명시된 자는?

① 이·미용업을 하는 자
② 목욕장업을 하는 자
③ 세탁업을 하는 자
④ 건물위생관리업을 하는 자

58 이·미용업 영업소에서 손님에게 음란한 물건을 관람·열람하게 한 때에 대한 1차 위반 시 행정처분기준은?

① 영업정지 15일
② 영업정지 1월
③ 영업장 폐쇄명령
④ 경고

59 공중위생영업의 신고를 위하여 제출하는 서류에 해당하지 않는 것은?

① 영업시설 및 설비개요서
② 교육필증
③ 국유재산사용허가서(국유철도 외의 철도 정거장 시설에서 영업하는 경우)
④ 재산세 납부 영수증

60 공중위생영업소를 개설하고자 하는 자는 원칙적으로 언제까지 위생교육을 받아야 하는가?

① 개설하기 전
② 개설 후 3월 내
③ 개설 후 6월 내
④ 개설 후 1년 내

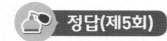 정답(제5회)

01	02	03	04	05	06	07	08	09	10	11	12	13	14	15	16	17	18	19	20
④	④	④	④	③	③	④	③	③	②	①	④	①	③	②	④	②	④	②	①
21	**22**	**23**	**24**	**25**	**26**	**27**	**28**	**29**	**30**	**31**	**32**	**33**	**34**	**35**	**36**	**37**	**38**	**39**	**40**
④	②	④	②	④	②	④	④	①	④	④	④	④	③	④	④	②	②	②	④
41	**42**	**43**	**44**	**45**	**46**	**47**	**48**	**49**	**50**	**51**	**52**	**53**	**54**	**55**	**56**	**57**	**58**	**59**	**60**
①	③	③	②	①	④	①	①	②	③	①	①	①	①	①	②	①	④	④	①

해설

01 다이 터치업은 염색한 후, 두발이 성장함에 따라 모근부에 새로 자라난 자연 색조의 두발에 헤어 다이하는 것을 말한다.

02 두발을 관리하는 방법에는 헤어 리컨디셔너, 헤어 클리핑, 헤어 팩, 신징 등을 이용하는 방법이 있다. 테이퍼링은 두발의 양을 조절하기 위해 머릿결의 흐름을 불규칙적으로 커트하는 과정이다.

03 퍼머넌트 웨이브가 잘 나오기 위해서는 텐션을 일정하게 유지하면서 두발을 균일하게 마는 것이 중요하다. 시술 시 강한 텐션은 두피와 두발에 손상을 주며, 텐션이 부족하면 컬의 처짐과 두발 끝의 꺾임 등 웨이브 형성에 영향을 준다.

04 고대의 두발형은 신분과 계급을 표시하는 방법으로도 사용되었다.

05 핫오일 샴푸, 플레인 샴푸를 하기 전에 두피 및 두발에 올리브유나 춘유 등의 식물성유를 따뜻하게 해서 발라 트리트먼트를 하고 그 효과가 손상되지 않도록 주의해서 플레인 샴푸를 하는 것이다.

06 베이스코트는 에나멜을 바르기 전에 바르는 것으로 손톱면을 고르게 해주고 손톱과 에나멜의 밀착성을 유지하기 위해 바르는 것이다.

07 ① 낭자머리 : 비녀를 이용하여 틀어 올린 머리 모양, ② 쪽진머리 : 조선시대 후반기 일반 부녀자들에게 유행하였던 미리 형태로 뒤통수를 낮게 머리를 땋아 틀어 올리고 비녀를 꽂은 머리 모양, ③ 푼기명식머리 : 양쪽 귀 옆 머리카락의 일부를 늘어뜨린 머리 모양

08 테스트 컬이란 테스트 컬을 할 스트랜드를 미리 몇 군데 정해놓고 일정시간 경과 후 스트랜드에 형성된 웨이브의 탄력 정도를 조사한다.

09 브러싱은 염색, 탈색, 퍼머넌트 웨이빙 시술 전이나 두피에 이상이 있을 경우에는 시술을 피하도록 해야 한다.

10 헤어 컬의 목적은 플러프, 볼륨, 웨이브를 만들어 두발 끝에 변화와 움직임을 주기 위함이다.

11 레이어 커트는 목덜미에서 톱 부분으로 올라갈수록 두발의 길이가 점점 짧아지는 커트이며, 테이퍼링은 두발 끝을 가늘게 커트하는 방법이다.

12 데이타임 메이크업은 낮 화장으로 간단한 외출 시에 하는 평상시 화장을 의미한다.

13 ① 큰 움직임을 보는 듯한 웨이브 : 스윙 웨이브, ② 물결이 소용돌이 치는 것과 같은 형태의 웨이브 : 스월 웨이브, ③ 리지가 낮은 웨이브 : 로우 웨이브, ④ 리지가 뚜렷하지 않고 느슨한 웨이

브 : 덜 웨이브

14 텐션
 • 와인딩 시 모발을 당겨주는 듯한 긴장력을 의미한다.
 • 모발의 물리적 특성인 탄성력을 이용하여 약액의 모발 침투를 용이하게 하는 방법이다.

15 ① 프린지 뱅, ③ 프렌치 뱅, ④ 웨이브 뱅

16 마름모꼴 얼굴형의 눈썹화장은 길게 한다.

17 스템은 두피와의 이루는 각도에 따라 수직, 수평, 대각선상으로 나뉘며, 스템의 방향은 컬의 효과를 변화시킨다.

18 이사도라 스타일은 두상을 옆에서 봤을 때 머리 끝단의 앞쪽이 올라간 보브형이다.

19 브러싱은 두발 끝에서부터 모근 쪽으로 서서히 빗질한다.

20 착강가위는 협신부가 연강이므로 전강가위(전체가 특수강)에 비해 부분수정을 할 때 용이하다.

21 파리가 매개하는 질병으로는 소화기계 감염병인 장티푸스, 파라티푸스, 세균성 및 아메바성 이질, 콜레라 등이 있다.

22 비타민은 인체를 수정하거나 에너지원으로 작용하지는 않으나 다른 영양소의 작용을 돕고 인체의 생리기능 조절에 중요한 역할을 한다.

23 무구조충은 민촌충이라고도 하며 쇠고기를 날로 먹을 경우 소화불량, 복통, 식욕부진이 일어난다.

24 잠함병의 원인은 질소(N_2)가스 때문이다.

25 감염병에 접촉했을 가능성이 있는 사람이나 동물을 감염되지 않았다고 밝혀질 때까지 가두어 두거나 활동을 제한하는 것을 검역이라 한다.

26 산업 재해의 발생 3대 인적 요인 : 관리 결함, 생리적 결함, 작업상의 결함

27 하천 등이 오염되면 생화학적 산소요구량(BOD)이나 화학적 산소요구량(COD)이 증가되어 용존산소(DO)가 소비되므로, 어류나 호기성 미생물은 산소가 부족하여 생존할 수 없게 되므로 용존산소(DO)는 높을수록 클수록 좋다.

28 일반적으로 소아 4주 이내의 예방접종은 BCG(결핵균 감염에 의한 질환)가 실시된다.

29 1989년 전 국민에게 의료 보험이 적용되었으며 적용 대상은 질병이나 부상에 대한 예방, 진단, 치료, 재활과 출산, 사망 및 건강 증진 부분이다.

30 국가의 보건지표로는 평균수명과 조사망률, 비례사망지수를 들 수 있다.

31 일광소독의 효과는 주로 자외선 작용에 의한다.

32 자비 소독 시 금속 부식 방지 및 소독력 상승을 위해서 증조 2%, 탄산나트륨 1~2%, 크레졸 비누액 2~3%, 석탄산 5%, 붕사 2%를 첨가한다.

33 물리적 소독법은 물리적인 방법을 이용해서 소독하는 것으로 건열에 의한 방법(화염, 건열, 소각소독법), 습열에 의한 방법(자비소독법, 고압증기멸균법, 유통증기소독법, 간헐멸균법, 저온소독법), 열을 이용하지 않는 멸균법(자외선, 세균여과, 일광소독) 등이 있다.

34 포르말린은 의류, 도자기, 목제품, 셀룰로이드, 고무제품 등의 소독에 적합하다.

35 농도(%) = $\dfrac{용질}{용액} \times 100$

36 자비소독법은 100℃ 끓는 물에 15~20분간 처리하는 소독법으로 아포균은 완전히 소독되지 않으며 식기류, 도자기류, 의류 소독에 적합하다.

37 염소는 살균력이 강하고 자극성과 부식성이 강하기 때문에 주로 상수도, 하수도의 소독과 같은 대규모 소독 이외에는 별로 사용되지 않는다.

38 자비소독법은 상처표면을 소독할 때에는 과산화수소(옥시풀, H_2O_2) 3%의 수용액을 사용하며, 살균력과 침투성은 약하지만 자극성이 적어서 구내염, 인두염, 입 안 세척, 상처 등에 사용한다.

39 소독은 대상으로 하는 물체의 표면 또는 그 내부의 병원균을 죽여 전파력 또는 감염력을 없애는 것을 말한다.

40 석탄산은 대부분의 일반 세균에 효과가 있으나 바이러스, 아포에 대해서는 효과가 적다.

41 AHA
  • 화학적인 필링제 성분으로 사용한다.
  • 각질 세포 제거로 멜라닌 색소 제거를 한다.
  • 종류 : 글리콜산, 젖산, 주석산, 능금산, 구연산

42 기저층에서는 케라틴과 멜라닌으로 구성되어 있고 멜라닌 색소의 양에 따라 동양인과 서양인으로 구분한다.

43 강한 햇빛에 노출되면 피부의 각질층이 두꺼워진다.

44 비타민 C 결핍 시 : 구루병, 골다공증, 골연화증, 소아 발육 부진 등

45 티눈은 기형성 발 모양이나 작은 신발, 혹은 높은 굽 등이 압박을 주는 원인으로 발가락이나 발바닥에 생기는 각질층의 증식현상이다.

46 필수지방산은 지방 중에 있는 리놀산, 리놀렌산, 아라키돈산으로 신체 내에서는 합성되지 않으므로 반드시 음식물을 통해 섭취하도록 한다.

47 ② 일광 피부염 : 햇볕에 의해 피부에 염증이 생기는 알레르기 반응, ③ 베를로크 피부염 : 향수, 오데코롱 등을 사용 후 자외선으로 인해 생기는 색소 침착, ④ 약진 : 약제가 원인이 되어 생기는 알레르기 반응

48 건성 피부는 유분과 수분 부족으로 피부 결이 얇고, 표면이 거칠고 탄력이 없는 피부 유형을 말한다.

49 ② 수렴 화장수는 일반적인 화장수보다 알코올의 양을 조금 더 높여 모공수축의 기능을 강화시킨 제품으로 아스트리젠트 로션, 토닝 로션이라고도 불린다.

50 주사는 구진과 농포가 코를 중심으로 양 볼에 나비모양으로 나타나는 모세혈관이 파손된 상태이다.
  ① 비립종 : 눈 주위와 뺨에 좁쌀 같은 알갱이가 생기는 것으로 면포와는 달리 모공이 없음
  ② 섬유종 : 일명 쥐젖으로 불리며, 중년 이후에 목이나 겨드랑이 등에 흔히 나타남
  ④ 켈로이드 : 손상된 피부조직이 정상적으로 회복되는 치유과정의 형태임

51 300만 원 이하의 과태료 부과기준은 개선 명령 위반, 관계 공무원의 출입 · 검사 기타 조치를 거부, 방해, 기피한 자, 신고를 하지 않고 이용업소 표시등을 설치한 자가 해당된다.

52 이용 및 미용의 업무는 영업소 외의 장소에서 행할 수 없다. 다만, 보건복지부령이 정하는 특별한 사유가 있는 경우에는 그러하지 아니하다.
  • 질병이나 그 밖의 사유로 영업소에 나올 수 없는 자에 대하여 이 · 미용을 하는 경우
  • 혼례나 그 밖의 의식에 참여하는 자에 대하여 그 의식 직전에 이 · 미용을 하는 경우
  • 「사회복지사업법」에 따른 사회복지시설에서 봉사 활동으로 이 · 미용을 하는 경우
  • 방송 등의 촬영에 참여하는 사람에 대하여 그 촬영 직전에 이 · 미용을 하는 경우
  • 위의 4가지 경우 외에 특별한 사정이 있다고 시장 · 군수 · 구청장이 인정하는 경우

53 면허를 발급 받을 수 없는 자(공중위생관리법 제6조)
  • 피성견후견인
  • 정신건강복지법에 따른 정신 질환자(단, 전문의가 적합하다고 인정하는 자는 예외)
  • 공중의 위생에 영향을 미칠 수 있는 감염병 환자로서 보건복지부령으로 정하는 자
  • 마약 또는 대통령령으로 정하는 약물 중독자
  • 면허가 취소된 후 1년이 경과되지 아니한 자

54 과태료는 대통령령이 정하는 바에 의하여 보건복지부장관, 시장, 군수, 구청장이 부과 · 징수한다.

55 시 · 도지사는 공중위생의 관리를 위한 지도, 계몽 등을 행하게 하기 위하여 명예공중위생감시원을 들 수 있다.

56 공중위생영업의 폐업 신고는 폐업한 날로부터 20일 이내에 시장 · 군수 · 구청장에게 신고하여야 한다.

57 위생관리의무에 따른 공중위생영업자가 준수하여야 할 위생관리기준에 이용업자 · 미용업자는 업소 내에 미용업 신고증, 개설자의 면허증 원본 및 최종지불요금표를 게시하여야 한다.

58 이 · 미용업 영업소에서 손님에게 음란한 물건을 관람 · 열람하게 한 때에 1차 위반 시 행정처분기준은 경고, 2차 위반 시 영업정지 15일, 3차 위반 시 영업정지 1월, 4차 위반 시 영업장 폐쇄명령을 행한다.

59 공중위생영업의 신고를 위한 제출서류는 영업시설 및 설비개요서, 교육필증이며, 변경 신고 제출서류는 영업소의 명칭 또는 상호, 소재지, 대표자의 성명(법인의 경우 해당), 신고한 영업장 면적의 3분의 1이상의 증감

60 공중위생영업소를 개설하고자 하는 자는 미리 위생교육을 받아야 하며, 다만 부득이한 사유로 미리 교육을 받을 수 없는 경우에는 영업개시 후 6개월 이내에 위생 교육을 받을 수 있다.

제6회 최신 시행 출제문제

수험번호	성명

자격종목 및 등급(선택분야)	종목코드	시험시간	문제지형별		
미용사(일반)	7937	1시간	A		

01 퍼머넌트 웨이브를 하기 전의 조치사항으로 옳지 않은 것은?

① 필요시 샴푸를 한다.
② 정확한 헤어 디자인을 한다.
③ 린스 또는 오일을 바른다.
④ 두발의 상태를 파악한다.

02 다음 설명 중 염모제를 바르기 전에 스트랜드 테스트(strand test)를 하는 목적이 아닌 것은?

① 색상 선정이 올바르게 이루어졌는지 알기 위해서
② 원하는 색상을 시술할 수 있는 정확한 염모제의 작용시간을 추정하기 위해서
③ 염모제에 의한 알레르기성 피부염이나 접촉성 피부염 등의 유무를 알아보기 위해서
④ 퍼머넌트 웨이브나 염색, 탈색 등으로 두발이 단모나 변색 될 우려가 있는지 여부를 알기 위해서

03 다음 설명 중 두발의 다공성에 관한 사항으로 옳지 않은 것은?

① 다공성모(多孔性毛)란 두발의 간충물질(間充物質)이 소실되어 보습작용이 적어져서 두발이 건조해지기 쉬운 손상모를 말한다.
② 다공성은 두발이 얼마나 빨리 유액(流液)을 흡수하느냐에 따라 그 정도가 결정된다.
③ 두발의 다공성 정도가 클수록 프로세싱 타임을 짧게 하고, 보다 순한 용액을 사용하도록 해야 한다.
④ 두발의 다공성을 알아보기 위한 진단은 샴푸 후에 해야 하는데 이것은 물에 의해서 두발의 질이 다소 변할 수 있기 때문이다.

04 가위를 선택하는 방법으로 옳은 것은?

① 양 날의 견고함이 동일하지 않아도 무방하다.
② 만곡도가 큰 것을 선택한다.
③ 협신에서 날 끝이 내곡선상으로 된 것을 선택한다.
④ 만곡도와 내곡선상을 무시해도 사용상 불편함이 없다.

05 헤어스타일에 다양한 변화를 줄 수 있는 뱅(bang)은 주로 두부의 어느 부위에 하게 되는가?

① 앞이마   ② 네이프
③ 양 사이드   ④ 크라운

06 빗을 선택하는 방법으로 옳지 않은 것은?

① 전체적으로 비뚤어지거나 휘지 않은 것이 좋다.
② 빗살 끝이 가늘고 빗살 전체가 균등하게 똑바로 나열된 것이 좋다.

③ 빗살 끝이 너무 뾰족하지 않고 되도록 무딘 것이 좋다.
④ 빗살 사이의 간격이 균등한 것이 좋다.

07 우리나라 고대 여성의 머리 장식품 중 재료의 이름을 붙여서 만든 비녀로만 이루어진 것은?

① 산호잠, 옥잠
② 석류잠, 호도잠
③ 국잠, 금잠
④ 봉잠, 용잠

08 다음 중 메이크업(make-up)의 설명이 잘못 연결된 것은?

① 데이타임 메이크업(daytime make-up) : 진한 화장
② 소셜 메이크업(social make-up) : 성장 화장
③ 선번 메이크업(sunburn make-up) : 햇볕방지 화장
④ 그리스 페인트 메이크업(grease paint make-up) : 무대 화장

09 헤어 컬링(hair curling)에서 컬(curl)의 목적이 아닌 것은?

① 웨이브를 만들기 위해서
② 머리 끝에 변화를 주기 위해서
③ 텐션을 주기 위해서
④ 볼륨을 만들기 위해서

10 스킵 웨이브(skip wave)의 특징으로 가장 거리가 먼 것은?

① 웨이브(wave)와 컬(curl)이 반복 교차된 스타일이다.
② 폭이 넓고 부드럽게 흐르는 웨이브를 만들 때 사용하는 기법이다.
③ 너무 가는 두발에는 그 효과가 적으므로 피하는 것이 좋다.
④ 퍼머넌트 웨이브가 너무 지나칠 때 이를 수정·보완하기 위해 많이 쓰인다.

11 쿠퍼로즈(couperose)라는 용어는 어떤 피부상태를 표현하는데 사용하는가?

① 거친 피부
② 매우 건조한 피부
③ 모세혈관이 확장된 피부
④ 피부의 pH 밸런스가 불균형인 피부

12 다음 내용 중 두발이 손상되는 원인으로 옳지 않은 것은?

① 헤어 드라이기로 급속하게 건조시킨 경우
② 지나친 브러싱과 백코밍 시술을 한 경우
③ 스캘프 트리트먼트와 브러싱을 한 경우
④ 해수욕 후 염분이나 풀장의 소독용 표백분이 두발에 남아있는 경우

13 다음 중 정상두피에 사용하는 트리트먼트는?

① 플레인 스캘프 트리트먼트
② 드라이 스캘프 트리트먼트
③ 오일리 스캘프 트리트먼트
④ 댄드러프 스캘프 트리트먼트

14 다음 중 그라데이션 커트에 대한 설명으로 옳은 것은?

① 모든 두발이 동일한 선상에 떨어진다.
② 두발의 길이에 변화를 주어 무게를 더해 줄 수 있는 기법이다.
③ 모든 두발의 길이를 균일하게 잘라주어 두발의 무게를 덜어 줄 수 있는 기법이다.
④ 전체적인 두발의 길이 변화 없이 소수 두발만을 제거하는 기법이다.

15 고대 미용의 발상지로 가발을 이용하고 진흙으로 두발에 컬을 만들었던 국가는?

① 그리스
② 프랑스
③ 이집트
④ 로마

16 일반적인 대머리분장을 하고자 할 때 준비해야 할 주요 재료로 가장 거리가 먼 것은?

① 글라짠(glatzan)
② 오브라이트(oblate)
③ 스프리트검(spiritgum)
④ 라텍스(latex)

17 헤어 커트 시 크로스 체크 커트(cross check cut)란?

① 최초의 슬라이스선과 교차되도록 체크 커트하는 것
② 두발의 무게감을 없애주는 것
③ 전체적인 길이를 처음보다 짧게 커트하는 것
④ 세로로 잡아서 체크 커트하는 것

18 매니큐어(manicure) 시 손톱면의 상피를 미는 데 사용되는 도구는?

① 큐티클 푸셔
② 폴리시 리무버
③ 큐티클 니퍼즈
④ 에머리 보드

19 헤어 샴푸의 목적으로 가장 거리가 먼 것은?

① 두피, 두발의 세정
② 두발 시술의 용이
③ 두발의 건전한 발육 촉진
④ 두피질환 치료

20 퍼머넌트 직후의 처리로 옳은 것은?

① 플레인 린스
② 샴푸
③ 테스트 컬
④ 테이퍼링

21 다음 중 토양(흙)이 병원소가 될 수 있는 질환은?

① 디프테리아
② 콜레라
③ 간염
④ 파상풍

22 오염된 주사기, 면도날 등으로 인해 감염이 잘 되는 만성 감염병은?

① 렙토스피라증
② 트라코마
③ B형 간염
④ 파라티푸스

23 다음 감염병 중 세균성인 것은?

① 말라리아
② 결핵
③ 일본뇌염
④ 유행성간염

24 인구구성 중 14세 이하가 65세 이상 인구의 2배 정도이며 출생률과 사망률이 모두 낮은 인구구성형은?

① 피라미드형
② 종형
③ 항아리형
④ 별형

25 다음 중 인수공통 감염병이 아닌 것은?

① 페스트
② 우형결핵
③ 나병
④ 야토병

26 공중보건학의 목적으로 적절하지 않은 것은?

① 질병예방
② 수명연장
③ 육체적, 정신적 건강 및 효율의 증진
④ 물질적 풍요

27 조도불량, 현휘가 과도한 장소에서 장시간 작업하여 눈에 긴장을 강요함으로써 발생되는 불량 조명에 기인하는 직업병이 아닌 것은?

① 안정피로
② 근시
③ 원시
④ 안구진탕증

28 공기의 자정작용과 관련이 가장 먼 설명은?

① 이산화탄소와 일산화탄소의 교환작용
② 자외선 살균작용
③ 강우, 강설에 의한 세정작용
④ 기온역전작용

29 환경오염 방지대책과 거리가 가장 먼 것은?

① 환경오염의 실태 파악
② 환경오염의 원인 규명
③ 행정대책과 법적 규제
④ 경제개발 억제정책

30 다음 중 질병 발생의 3가지 요인으로 바르게 연결된 것은?

① 숙주 – 병인 – 환경
② 숙주 – 병인 – 유전
③ 숙주 – 병인 – 병소
④ 숙주 – 병인 – 저항력

31 미생물의 발육과 그 작용을 제거하거나 정지시켜 음식물의 부패, 발효를 방지하는 것은?

① 방부　　　　　② 소독
③ 살균　　　　　④ 살충

32 승홍수에 대한 설명으로 옳지 않은 것은?

① 금속을 부식시키는 성질이 있다.
② 피부소독에는 0.1%의 수용액을 사용한다.
③ 염화칼륨을 첨가하면 자극성이 완화된다.
④ 살균력이 일반적으로 약한 편이다.

33 자비소독 시 금속제품이 녹스는 것을 방지하기 위하여 첨가하는 물질이 아닌 것은?

① 2% 붕소
② 2% 탄산나트륨
③ 5% 알코올
④ 2~3% 크레졸 비누액

34 음용수 소독에 사용할 수 있는 소독제는?

① 요오드　　　　② 페놀
③ 염소　　　　　④ 승홍수

35 E.O 가스의 폭발위험성을 감소시키기 위하여 흔히 혼합하여 사용하는 물질은?

① 질소　　　　　② 산소
③ 아르곤　　　　④ 이산화탄소

36 다음 중 배설물의 소독에서 가장 적당한 것은?

① 크레졸　　　　② 오존
③ 염소　　　　　④ 승홍수

37 다음의 계면활성제 중 살균보다는 세정의 효과가 더 큰 것은?

① 양성 계면활성제
② 비이온 계면활성제
③ 양이온 계면활성제
④ 음이온 계면활성제

38 화학적 소독제의 이상적인 구비조건에 해당하지 않는 것은?

① 가격이 저렴해야 한다.
② 독성이 적고 사용자에게 자극이 없어야 한다.
③ 소독효과가 서서히 증대되어야 한다.
④ 희석된 상태에서 화학적으로 안정되어야 한다.

39 자외선의 파장 중 가장 강한 범위는?

① 200~220nm
② 260~280nm
③ 300~320nm
④ 360~380nm

40 다음 중 습열 멸균법에 속하는 것은?

① 자비소독법
② 화염멸균법
③ 여과멸균법
④ 소각소독법

41 백반증에 관한 설명 중 옳지 않은 것은?

① 멜라닌 세포의 과다한 증식으로 일어난다.
② 백색반점이 피부에 나타난다.
③ 후천적 탈색소 질환이다.
④ 원형, 타원형 또는 부정형의 흰색 반점이 나타난다.

42 두발을 태우면 노린내가 나는데 이는 어떤 성분 때문인가?

① 나트륨
② 이산화탄소
③ 유황
④ 탄소

43 포인트 메이크업(point make-up) 화장품에 속하지 않는 것은?

① 블러셔
② 아이섀도
③ 파운데이션
④ 립스틱

44 다음 중 무기질의 설명으로 옳지 않은 것은?

① 조절작용을 한다.
② 수분과 산, 염기의 평형조절을 한다.
③ 뼈와 치아를 공급한다.
④ 에너지 공급원으로 이용된다.

45 피부 본래의 표면에 알칼리성의 용액을 pH 환원시키는 표피의 능력을 무엇이라 하는가?

① 환원작용
② 알칼리 중화능력
③ 산화작용
④ 산성 중화능력

46 진피의 4/5를 차지할 정도로 가장 두꺼운 부분이며, 옆으로 길고 섬세한 섬유가 그물모양으로 구성되어 있는 피부층은?

① 망상층　　　　② 유두층
③ 유두하층　　　④ 과립층

47 다음 중 태선화에 대한 설명으로 옳은 것은?

① 표피가 얇아지는 것으로 표피세포수의 감소와 관련이 있으며 종종 진피의 변화와 동반된다.
② 둥글거나 불규칙한 모양의 굴착으로 점진적인 괴사에 의해서 표피와 함께 진피의 소실이 오는 것이다.
③ 질병이나 손상에 의해 진피와 심부에 생긴 결손을 메우는 새로운 결체조직의 생성으로 생기며 정상치유 과정의 하나이다.
④ 표피 전체와 진피의 일부가 가죽처럼 두꺼워지는 현상이다.

48 액취증의 원인이 되는 아포크린 한선이 분포되어 있지 않은 곳은?

① 배꼽주변
② 겨드랑이
③ 사타구니
④ 발바닥

49 다음 중 2도 화상에 속하는 것은?

① 햇볕에 탄 피부
② 진피층까지 손상되어 수포가 발생한 피부
③ 피하 지방층까지 손상된 피부
④ 피하 지방층 아래의 근육까지 손상된 피부

50 다음 중 공기의 접촉 및 산화와 관계있는 것은?

① 흰 면포   ② 검은 면포
③ 구진   ④ 팽진

51 이·미용업소에서 이·미용 최종지불요금표를 게시하지 아니한 때의 1차 위반 행정처분기준은?

① 경고   ② 영업정지 5일
③ 영업허가 취소   ④ 영업장 폐쇄명령

52 면허증을 다른 사람에게 대여한 때의 2차 위반 행정처분기준은?

① 면허정지 6월   ② 면허정지 3월
③ 영업정지 3월   ④ 영업정지 6월

53 다음 중 공중위생영업에 해당하지 않는 것은?

① 세탁업   ② 위생관리업
③ 미용업   ④ 목욕장업

54 면허의 정지명령을 받은 자는 그 면허증을 누구에게 제출해야 하는가?

① 보건복지부장관
② 시·도지사
③ 시장·군수·구청장
④ 이·미용사 중앙회장

55 행정처분 사항 중 1차 처분이 경고에 해당하는 것은?

① 귓불 뚫기 시술을 한 때
② 시설 및 설비기준을 위반한 때
③ 신고를 하지 아니하고 영업소 소재를 변경한 때
④ 개선명령을 이행하지 아니한 때

56 다음 중 이·미용업을 개설할 수 있는 경우는?

① 이·미용사 면허를 받은 자
② 이·미용사의 감독을 받아 이·미용을 행하는 자
③ 이·미용사의 자문을 받아서 이·미용을 행하는 자
④ 위생관리 용역업 허가를 받은 자로서 이·미용에 관심이 있는 자

57 영업소 외의 장소에서 이용 및 미용의 업무를 할 수 있는 경우가 아닌 것은?

① 질병으로 영업소에 나올 수 없는 경우
② 혼례 직전에 이용 또는 미용을 하는 경우
③ 야외에서 단체로 이용 또는 미용을 하는 경우
④ 사회복지시설에서 봉사활동으로 이용 또는 미용을 하는 경우

58 이·미용업소의 시설 및 설비 기준으로 적합한 것은?

① 소독을 한 기구와 소독을 하지 아니한 기구를 구분하여 보관할 수 있는 용기를 비치하여야 한다.
② 소독기, 적외선 살균기 등 기구를 소독하는 장비를 갖추어야 한다.
③ 밀폐된 별실을 24개 이상 둘 수 있다.
④ 작업장소와 응접장소, 상담실, 탈의실 등을 분리하여 칸막이를 설치하려는 때에는 각각 전체의 벽면적의 2분의 1 이상은 투명하게 하여야 한다.

59 위생서비스평가의 결과에 따른 조치에 해당되지 않는 것은?

① 이·미용업자는 위생관리등급 표시를 영업소 출입구에 부착할 수 있다.
② 시·도지사는 위생서비스의 수준이 우수하다고 인정되는 영업소에 대한 포상을 실시할 수 있다.
③ 시장, 군수는 위생관리등급별로 영업소에 대한 위생감시를 실시할 수 있다.
④ 구청장은 위생관리등급의 결과를 세무서장에게 통보할 수 있다.

60 이·미용의 업무를 영업장소 외에서 행하였을 때 이에 대한 처벌기준은?

① 3년 이하의 징역 또는 1천만 원 이하의 벌금
② 500만 원 이하의 과태료
③ 200만 원 이하의 과태료
④ 100만 원 이하의 벌금

정답(제6회)

01	02	03	04	05	06	07	08	09	10	11	12	13	14	15	16	17	18	19	20
③	③	④	③	①	③	①	①	③	④	③	③	①	②	③	②	①	①	④	①

21	22	23	24	25	26	27	28	29	30	31	32	33	34	35	36	37	38	39	40
④	③	②	②	④	③	④	④	④	①	①	③	①	③	①	④	①	④	②	①

41	42	43	44	45	46	47	48	49	50	51	52	53	54	55	56	57	58	59	60
①	③	③	④	②	①	④	④	②	②	①	①	②	③	②	④	②	①	①	③

해설

01 퍼머넌트 웨이브의 사전처치는 두발진단, 스타일, 헤어 샴푸를 하고 린스는 하지 않는다.

02 ③은 패치 테스트(스킨 테스트)에 대한 설명이다.

03 두발의 다공성을 알아보기 위한 진단은 샴푸를 하기 전 마른 상태의 두발에 해야한다.

04 가위는 양날의 견고함이 동일해야 하며, 날이 얇고, 양 다리가 강한 것이 좋다.

05 뱅은 애교머리라고도 하는 이마의 장식머리 또는 늘어뜨린 앞머리를 말한다.

06 빗살 끝은 직접 피부에 접촉하는 부분이므로 끝이 너무 뾰족하거나 너무 무뎌도 빗질이 잘 되지 않는다.

07 ① 산호잠 : 산호로 만든 비녀, 옥잠 : 옥으로 만든 비녀
　② 석류잠 : 비녀 머리를 석류 모양으로 만든 비녀, 호도잠 : 비녀 머리을 호두 모양으로 만든 비녀
　③ 국잠 : 비녀 머리를 국화 모양으로 만든 비녀, 금잠 : 금으로 만든 비녀
　④ 봉잠 : 비녀 머리를 봉의 모양으로 만든 비녀, 용잠 : 비녀 머리를 용의 모양으로 만든 비녀

08 데이타임 메이크업은 낮화장을 의미하며 간단하게 할 때 하는 평상 시 화장을 가리킨다.

09 텐션은 컬을 구성하는 요소에 속한다.

10 스킵 웨이브는 퍼머넌트 웨이브가 지나칠 때나, 가는 두발에 대해서는 효과가 적다.

11 모세 혈관 확장 피부은 각질층이 얇아 외관상 실핏줄이 비쳐 보이는 피부 유형이다.

12 스캘프 트리트먼트와 브러싱을 한 경우 두피의 혈액순환을 촉진시켜 건강한 상태로 호전시켜준다.

13 ② 건성두피, ③ 지성두피, ④ 비듬성 두피

14 그라데이션 커트는 주로 짧은 헤어스타일의 커트 시 상부에서 하부로 갈수록 짧고 작은 단차가 생기도록 커트하는 기법이다.
　① 원랭스 커트, ③ 레이어 커트, ④ 틴닝

15 이집트인들은 더운기후로 인해서 일광을 막기 위해 가발을 쓰고, 진흙을 두발에 발라 나무막대로 말고 태양열에 건조시켜서 두발의 컬을 만들기도 했다.

16 대머리 분장을 할 때 볼드 캡 제작에서 글라짠이나 라텍스를 사용하며, 캡을 머리에 씌우고 고정할 때 피부 접착제로 스프리트검을 사용한다.
　② 오브라이트 : 화상 분장에 사용한다.

17 ② : 틴닝, ③, ④ : 레이어 커트

18 ② 폴리시 리무버 : 네일 제거액, ③ 큐티클 니퍼즈 : 큐티클 제거 집게가위, ④ 에머리보드 : 종이 손톱줄

19 샴푸의 목적은 두피 및 두발을 청결하게 유지시켜 두발시술을 용이하게 하고 두발의 건강한 발육을 촉진하기 위함이다.

20 플레인 린스는 보통의 물이나 따뜻한 물로 두발을 헹구는 방법으로 퍼머넌트 웨이브 시에 제1액을 씻어내기 위한 중간린스로 하기도 한다.

21 파상풍의 병원소로는 흙, 먼지, 동물의 대변 등이 될 수 있다.

22 ① 렙토스피라증 : 제3군 감염병으로 들쥐의 똥, 오줌 등에 의해 논이나 들에서 상처를 통해 경피 감염
　② 트라코마 : 바이러스 병원체로 눈물이나 콧물 등으로 인해 수건을 통해서 감염되는 눈의 결막 질환
　④ 파라티푸스 : 제2군 감염병으로 물 또는 음식물을 통해 감염

23 결핵은 결핵균 감염에 의한 질환으로 비말핵 등의 공기매개감염으로 전파된다.

24 ① 피라미드형 : 인구 증가형으로 출생률은 높고 사망률을 낮은 형
　③ 항아리형 : 인구 감소형으로 출생률은 낮고 사망률은 높은 형
　④ 별형(도시형) : 인구 유입형으로 생산층 인구가 전체 인구의 50% 이상되는 형

25 인수공통 감염병
　• 감염병 가운데 동물과 사람 간에 상호 전파되는 병원체에 의해 발생되는 감염병이다.
　• 종류 : 결핵, 광견병, 페스트, 탄저, 살모넬라, 돈닥돈, 선모충, 일본뇌염, 유구조충, 페스트, 발진열, 와일씨병, 양충병, 서교증, 야토병, 파상열, 황열 등이 있다.

26 공중보건이란 질병을 예방하고, 생명의 연장방법을 강구하고, 더욱 육체적, 정신적 능률을 높이는 활동이다.

27 불량조명에 의한 직업병은 눈의 지나친 긴장 또는 조절로 일어나며 근시, 안정피로, 안구진탕증이 유발된다. 시계공, 인쇄공, 탄광부 등이 주로 걸린다.

28 공기는 스스로의 자체 정화작용으로 큰 변화를 일으키지 않는다.

29 환경오염 방지를 위해 경제개발을 억제한다면 환경오면 방지 대책을 저하 시킬수 있는 원인이 될 수도 있다.

30 질병 발생의 3대 요인
　• 병인 : 직접적인 질병 요인(세균, 곰팡이, 기생충, 바이러스 등)
　• 환경 : 병인과 숙주를 제외한 모든 요인(기상, 계절, 매개 물질, 생활 환경, 경제적 수준 등)
　• 숙주 : 숙주의 감수성 및 면역력에 따른 요인(연령, 성별, 유전, 직업, 개인 위생, 생활 습관 등)

31 ① 방부 : 약한 살균력을 작용시켜 병원 미생물의 발육과 작용을 억제시키는 것 ② 소독 : 병원성 미생물을 죽이거나 감염력을 없애는 것 ③ 살균 : 세균을 죽이는 것

32 승홍수는 소량으로도 살균력이 강하다.

33 금속제품을 처음부터 넣고 끓이면 얼룩이 생기므로 물에 2% 붕사, 탄산나트륨, 크레졸 비누액을 넣으면 살균력도 강해지고 멸균효과가 커진다.

34 우물물이나 수돗물은 염소로 소독한다.

35 E.O 가스(에틸렌 옥사이드 가스) : 가스의 폭발 위험성 감소를 위해 프레온 가스 또는 이산화탄소 혼합물을 사용한다.

36 크레졸수의 용도는 수지, 피부 등의 소독(1~2%의 크레졸수), 의류, 침구커버, 변소, 변기, 배설물, 브러시, 고무제품, 실내각부(2~3% 크레졸수) 소독에 적합하다.

37 보통 사용하는 고형비누는 음이온 계면활성제에 속한다.

38 이상적인 소독제는 소독의 효과가 확실해야 한다.

39 자외선 멸균법은 260~280nm의 파장을 지닌 자외선의 강한 조사에 의한 멸균방법이다.

40 습열에 의한 방법에는 자비소독법, 고압증기 멸균법, 유통증기소독법, 간헐멸균법, 저온소독법이 있다.

41 백반증은 멜라닌 색소 감소로 인해 색소 결핍으로 생기는 피부 질환이다.

42 유황은 모발의 케라틴 단백질에 함유되어 있으며, 시스틴과 화학적으로 결합되어 있다.

43 파운데이션은 얼굴의 결점을 커버하며 자외선, 먼지, 노폐물의 직접 침투를 막기위해 발라준다.

44 무기질은 직접 에너지원이 되지 않는다.

45 피부의 화학적인 자극으로 부터 피부를 보호하고 환원시키는 것을 중화능이라고 한다.

46 진피의 망상층은 그물 모양의 섬유성 결합조직으로 교원섬유와 탄력섬유가 조밀하게 구성되어 있다.

47 태선화는 장시간에 걸쳐 반복하여 긁거나 비벼서 표피가 건조하고 두꺼워진 상태를 말한다.

48 아포크린 한선은 겨드랑이, 성기, 사타구니, 유두, 배꼽주변 두피에 존재하며 많은 단백질 함유로 개인 특유의 냄새를 지니고 있다.

49
- 1도 화상 : 피부가 붉게 변하면서 국소 열감과 동통이 발생한 피부 상태
- 2도 화상 : 진피층까지 손상되어 수포가 발생한 피부 상태
- 3도 화상 : 피부의 전층 및 신경이 손상된 피부 상태

50 ① 흰 면포 : 피지, 사세포, 박테리아가 엉켜서 모낭에 형성 ② 검은 면포 : 산화되어 검게 됨 ③ 구진 : 단단하고 돌출된 부위로 통증을 동반하고 기저층 아래 형성 ④ 팽진 : 두드러기

51 이·미용업소에서 최종지불요금표를 게시하지 아니한 때, 2차 위반 : 영업정지 5일, 3차 위반 : 영업정지 10일, 4차 위반 : 영업정지 1월

52 면허증을 다른 사람에게 대여한 때 1차 위반 : 면허정지 3월, 2차 위반 : 면허정지 6월, 3차 위반 : 면허취소

53 공중위생영업 : 숙박업, 목욕장업. 이용업, 미용업, 세탁업, 건물위생관리업

54 면허가 취소되거나 면허의 정지명령을 받은 자는 지체없이 시장·군수·구청장에게 면허증을 반납하여야 한다.

55 ① 영업정지 2월, ② 개선명령, ③ 영업정지 1월

56 공중위생영업을 하고자 하는 자는 공중위생영업의 종류별로 보건복지부령이 정하는 시설 및 설비를 갖추고 시장·군수·구청장에게 신고해야 하며, 보건복지부령이 정하는 중요 사항을 변경하고자 하는 때에도 같다. 면허증을 받아야만 영업소를 개설할 수 있다.

57 영업소 외에서의 미용업무로는 질병 기타 사유로 영업소에 나올 수 없거나, 혼례, 기타 의식 직전에 미용을 하는 경우, 특별한 사정이 있다고 시장·군수·구청장이 인정하는 경우에 행한다.

58 소독기, 자외선 살균기 등의 장비를 갖추고, 외부에서 내부를 확인할 수 있도록 각각 전체 벽면적의 3분의 1 이상은 투명하게 해야 한다.

59 시장·군수·구청장은 위생관리등급의 결과를 공중위생영업자에게 통보하고 이를 공표하여야 한다.

60 200만 원 이하의 과태료에 대한 처벌기준은 이·미용업소의 위생관리 의무를 지키지 아니한 자, 위생교육을 받지 아니한 자, 영업소 외의 장소에서 이용 또는 미용업무를 행한 자에 해당한다.

국가기술자격검정 필기시험문제

제7회 최신 시행 출제문제

				수험번호	성명
자격종목 및 등급(선택분야)	종목코드	시험시간	문제지형별		
미용사(일반)	**7937**	**1시간**	**A**		

01 신징의 목적에 해당하지 않는 것은?

① 불필요한 두발을 제거하고 건강한 두발의 순조로운 발육을 조장한다.
② 잘라지거나 갈라진 두발로부터 영양물질이 흘러나오는 것을 막는다.
③ 양이 많은 두발에 숱을 쳐내는 것이다.
④ 온열자극에 의해 두부의 혈액순환을 촉진시킨다.

02 브러시의 종류에 따른 사용목적에 대한 설명으로 옳지 않은 것은?

① 덴멘 브러시는 열에 강하여 두발에 텐션과 볼륨감을 주는 데 사용한다.
② 롤 브러시는 롤의 크기가 다양하고 웨이브를 만들기에 적합하다.
③ 스켈톤 브러시는 여성 헤어스타일이나 긴 머리를 정돈하는 데 주로 사용된다.
④ S형 브러시는 바람머리 같은 방향성을 살린 헤어스타일 정돈에 적합하다.

03 다음 중 블런트 커팅과 같은 뜻을 가진 것은?

① 프레 커트   ② 애프터 커트
③ 클럽 커트   ④ 드라이 커트

04 퍼머넌트 웨이브의 제2액 주제로서 취소산나트륨과 취소산칼륨은 몇 %의 적정 수용액을 만들어서 사용하는가?

① 1~2%   ② 3~5%
③ 5~7%   ④ 7~9%

05 베이스(base)는 컬 스트랜드의 근원에 해당한다. 다음 중 오블롱 (oblong) 베이스는 어느 것인가?

① 오형 베이스   ② 정방형 베이스
③ 장방형 베이스   ④ 아크 베이스

06 다음 중 손톱의 상조피를 자르는 가위는?

① 폴리시 리무버   ② 큐티클 니퍼즈
③ 큐티클 푸셔   ④ 네일 래커

07 다음 중 원랭스(one-length) 커트형에 해당되지 않는 것은?

① 평행보브형
② 이사도라형
③ 스파니엘형
④ 레이어형

08 조선시대 후반기에 유행하였던 일반 부녀자들의 머리 형태는?

① 쪽진 머리   ② 푼기명 머리
③ 쌍상투 머리   ④ 귀밑 머리

09 콜드 퍼머넌트 웨이빙(cold permanent waving) 시 비닐캡을 씌우는 목적 및 이유에 해당되지 않는 것은?

① 라놀린(lanolin)의 약효를 높여주므로 제1액의 피부염 유발 위험을 줄인다.
② 체온의 방산(放散)을 막아 솔루션(solution)의 작용을 촉진한다.
③ 퍼머넌트액의 작용이 두발 전체에 골고루 진행되도록 돕는다.
④ 휘발성 알칼리(암모니아 가스)의 산일(散逸)작용을 방지한다.

10 물결상이 극단적으로 많은 웨이브로 곱슬곱슬하게 된 퍼머넌트의 두발에서 주로 볼 수 있는 것은?

① 와이드 웨이브   ② 섀도 웨이브
③ 내로우 웨이브   ④ 마셀 웨이브

11 두발을 윤곽 있게 살려 목덜미(nape)에서 정수리(back)쪽으로 올라가면서 두발에 단차를 주어 커트하는 것은?

① 원랭스 커트   ② 쇼트 헤어 커트
③ 그라데이션 커트   ④ 스퀘어 커트

12 고대 중국 당나라 시대의 메이크업과 가장 거리가 먼 것은?

① 백분, 연지로 얼굴형 부각
② 액황을 이마에 발라 입체감 살림
③ 10가지 종류의 눈썹모양으로 개성을 표현
④ 일본에서 유입된 가부끼화장이 서민에게까지 성행

13 헤어 파팅(hair parting) 중 후두부를 정중선(正中線)으로 나눈 파트는?

① 센터 파트(center part)
② 스퀘어 파트(square part)
③ 카우릭 파트(cowlick part)
④ 센터 백 파트(center-back part)

14 마셀 웨이브에서 건강모인 경우에 아이론의 적정온도는?

① 80~100℃
② 100~120℃
③ 120~140℃
④ 140~160℃

15 퍼머넌트 웨이브 후 두발이 자지러지는 원인이 아닌 것은?

① 사전 커트 시 두발 끝을 심하게 테이퍼한 경우
② 굵기가 너무 가는 로드를 사용한 경우
③ 와인딩 시 텐션을 주지 않고 느슨하게 한 경우
④ 오버 프로세싱을 하지 않은 경우

16 다음 내용 중 퍼머넌트 웨이브가 잘 나온 경우인 것은?

① 와인딩 시 텐션을 주어 말았을 경우
② 사전 샴푸 시 비누와 경수로 샴푸하여 두발에 금속염이 형성된 경우
③ 두발이 저항성모이거나 발수성모로 경모인 경우
④ 오버 프로세싱으로 시스틴이 지나치게 파괴된 경우

17 다음 중 비듬제거 샴푸로 가장 적당한 것은?

① 핫오일 샴푸   ② 드라이 샴푸
③ 댄드러프 샴푸   ④ 플레인 샴푸

18 헤어 블리치제의 산화제로서 오일 베이스제는 무엇에 유황유가 혼합된 것인가?

① 과붕산나트륨
② 탄산마그네슘
③ 라놀린
④ 과산화수소수

19 브러시의 손질법으로 적절하지 않은 것은?

① 보통 비눗물이나 탄산소다수에 담그고 부드러운 털은 손으로 가볍게 비벼 빤다.
② 털이 빳빳한 것은 세정 브러시로 닦아낸다.
③ 털이 위로 가도록 하여 햇볕에 말린다.
④ 소독방법으로 석탄산수를 사용해도 된다.

20 다음 샴푸 시술 시 주의 사항이 아닌 것은?

① 손님의 의상이 젖지 않게 신경을 쓴다.
② 두발을 적시기 전에 물의 온도를 점검한다.
③ 손톱으로 두피를 문지르며 비빈다.
④ 다른 손님에게 사용한 타올은 쓰지 않는다.

21 법정 감염병 중 제3급 감염병에 속하는 것은?

① 후천성면역결핍증
② 장티푸스
③ 탄저
④ 파라티푸스

22 하수오염이 심할수록 생화학적 산소요구량(BOD)는 어떻게 되는가?

① 수치가 낮아진다.
② 수치가 높아진다.
③ 아무런 영향이 없다.
④ 높아졌다 낮아졌다 반복한다.

23 분뇨의 비위생적 처리로 오염될 수 있는 기생충으로 가장 거리가 먼 것은?

① 회충   ② 사상충
③ 십이지장충   ④ 편충

24 대기오염에 영향을 미치는 기상조건으로 가장 관계가 큰 것은?

① 강우, 강설   ② 고온, 고습
③ 기온역전   ④ 저기압

25 다음 중 환자의 격리가 가장 중요한 관리방법이 되는 것은?

① 파상풍, 백일해
② 일본뇌염, 성홍열
③ 결핵, 한센병
④ 폴리오, 풍진

26 어류인 송어, 연어 등을 날로 먹었을 때 주로 감염될 수 있는 것은?

① 갈고리촌충   ② 긴촌충
③ 폐디스토마   ④ 선모충

27 소음이 인체에 미치는 영향으로 가장 거리가 먼 것은?

① 불안증 및 노이로제
② 청력장애
③ 중이염
④ 작업능률 저하

28 음용수의 일반적인 오염지표로 사용되는 것은?

① 탁도   ② 일반세균수
③ 대장균수   ④ 경도

29 한 국가나 지역사회 간의 보건수준을 비교하는 데 사용되는 대표적인 3대 지표는?

① 영아사망률, 비례사망지수, 평균수명
② 영아사망률, 사인별 사망률, 평균수명
③ 유아사망률, 모성사망률, 비례사망지수
④ 유아사망률, 사인별 사망률, 영아사망률

30 산업피로의 본질과 가장 관계가 먼 것은?

① 생체의 생이적 변화
② 피로감각
③ 산업구조의 변화
④ 작업량 변화

31 3% 소독액 1,000mL를 만드는 방법으로 옳은 것은?(단, 소독액 원액의 농도는 100%이다)

① 원액 300mL에 물 700mL를 가한다.
② 원액 30mL에 물 970mL를 가한다.
③ 원액 3mL에 물 997mL를 가한다.
④ 원액 3mL에 물 1,000mL를 가한다.

32 소독약에 대한 설명 중 적합하지 않은 것은?

① 소독시간이 적당한 것
② 소독 대상물을 손상시키지 않는 소독약을 선택할 것
③ 인체에 무해하며 취급이 간편할 것
④ 소독약은 항상 청결하고 밝은 장소에 보관할 것

33 물리적 살균법에 해당되지 않는 것은?

① 열을 가한다.
② 건조시킨다.
③ 물을 끓인다.
④ 포름알데하이드를 사용한다.

34 다음 중 비교적 가격이 저렴하고 살균력이 있으며 쉽게 증발되어 잔여량이 없는 살균제는?

① 알코올   ② 요오드
③ 크레졸   ④ 페놀

35 질병 발생의 역학적 삼각형 모형에 속하는 요인이 아닌 것은?

① 병인적 요인   ② 숙주적 요인
③ 감염적 요인   ④ 환경적 요인

36 다음 중 승홍수를 사용하기에 적당하지 않은 것은?

① 사기 그릇   ② 금속류
③ 유리   ④ 에나멜 그릇

37 다음 미생물 중 크기가 가장 작은 것은?

① 세균   ② 곰팡이
③ 리케차   ④ 바이러스

38 방역용 석탄산의 가장 적당한 희석농도는?

① 0.1%   ② 0.3%
③ 3.0%   ④ 75%

39 일광소독법은 햇빛 중 어떤 영역에 의해 소독이 가능한가?

① 적외선   ② 자외선
③ 가시광선   ④ 우주선

40 다음 소독 방법 중 완전 멸균으로 가장 빠르고 효과적인 방법은?

① 유통증기법   ② 간헐살균법
③ 고압증기법   ④ 건열소독법

41 피부의 표피 세포는 대략 몇 주 정도의 교체 주기를 가지고 있는가?

① 1주   ② 2주
③ 3주   ④ 4주

42 자외선 B는 자외선 A보다 홍반 발생 능력이 몇 배 정도인가?

① 10배   ② 100배
③ 1,000배   ④ 10,000배

43 신체부위 중 피부 두께가 가장 얇은 곳은?

① 손등 부위   ② 볼 부위
③ 눈꺼풀 부위   ④ 둔부

44 다음 중 알레르기에 의한 피부의 반응이 아닌 것은?

① 화장품에 의한 피부염
② 가구나 의복에 의한 피부질환
③ 비타민 과다에 의한 피부질환
④ 내복한 약에 의한 피부질환

45 다음 사마귀의 종류 중 얼굴, 턱, 입 주위와 손등에 잘 발생하는 것은?

① 심상성 사마귀
② 족저 사마귀
③ 첨규 사마귀
④ 편평 사마귀

46 피부가 추위를 감지하면 근육을 수축시켜 털을 세우게 되는데 어떤 근육에 해당하는가?

① 안륜근   ② 입모근
③ 전두근   ④ 후두근

47 다음 중 단백질의 최종 가수분해 물질은?

① 지방산   ② 콜레스테롤
③ 아미노산   ④ 카노틴

48 여드름 발생원인과 증상에 대한 설명으로 옳지 않은 것은?

① 호르몬의 불균형
② 불규칙한 식생활
③ 중년 여성에게만 나타남
④ 주로 사춘기 때 많이 나타남

49 케라토히알린(keratohyalin)과립은 피부 표피의 어느 층에 주로 존재하는가?

① 과립층   ② 유극층
③ 기저층   ④ 투명층

50 다음 중 자외선 차단지수를 나타내는 영어 약자는?

① FDA   ② SPF
③ SCI   ④ WHO

51 이·미용사의 면허증을 대여한 때의 1차 위반 시 행정처분기준은?

① 면허정지 3월   ② 면허정지 6월
③ 영업정지 3월   ④ 영업정지 6월

52 다음 중 이·미용사의 면허를 발급하는 기관이 아닌 것은?

① 서울시 마포구청장   ② 제주도 서귀포시장
③ 인천시 부평구청장   ④ 경기도지사

53 공중위생업소가 의료법을 위반하여 폐쇄명령을 받았다. 최소한 어느 정도의 기간이 경과되어야 같은 장소에서 동일영업이 가능한가?

① 3개월　　　　② 6개월
③ 9개월　　　　④ 12개월

54 공중위생의 관리를 위한 지도, 계명 등을 행하게 하기 위하여 둘 수 있는 것은?

① 명예공중위생감시원
② 공중위생조사원
③ 공중위생평가단체
④ 공중위생전문교육원

55 다음 (　　) 안에 들어갈 말로 적합한 것은?

> 공중위생관리법의 목적은 위생 수준을 향상시켜 국민의 (　　)에 기여함에 있다.

① 건강　　　　② 건강 관리
③ 건강 증진　　④ 삶의 질 향

56 위생관리등급 공표사항으로 옳지 않은 것은?

① 시장 · 군수 · 구청장은 위생서비스평가결과에 따른 위생관리등급을 공중위생영업자에게 통보하고 공표한다.
② 공중위생영업자는 통보받은 위생관리등급의 표시를 영업소 출입구에 부착할 수 있다.
③ 시장 · 군수 · 구청장은 위생서비스평가결과에 따른 위생관리등급 우수업소에는 위생감시를 면제할 수 있다.
④ 시장 · 군수 · 구청장은 위생서비스평가의 결과에 따른 위생관리등급별로 영업소에 대한 위생감시를 실시하여야 한다.

57 다음 중 이용사 또는 미용사의 면허를 취소할 수 있는 대상에 해당되지 않는 자는?

① 정신질환자
② 감염병환자
③ 금치산자
④ 당뇨병환자

58 공중위생영업을 하고자 하는 위생교육을 언제 받아야 하는가?(단, 예외 조항은 제외한다)

① 영업소 개설을 통보한 후에 위생교육을 받는다.
② 영업소를 운영하면서 자유로운 시간에 위생교육을 받는다.
③ 영업신고를 하기 전에 미라 위생교육을 받는다.
④ 영업소 개설 후 3개월 이내에 위생교육을 받는다.

59 공중위생감시원을 둘 수 없는 곳은?

① 특별시
② 시, 군, 구
③ 광역시, 도
④ 읍, 면, 동

60 시 · 도지사 또는 시장 · 군수 · 구청장은 공중위생관리상 필요하다고 인정하는 때에 공중위생영업자 등에 대하여 필요한 조치를 취할 수 있다. 이 조치에 해당하는 것은?

① 보고　　　　② 청문
③ 감독　　　　④ 협의

정답(제7회)

01	02	03	04	05	06	07	08	09	10	11	12	13	14	15	16	17	18	19	20
③	③	③	②	③	②	④	①	①	③	③	②	④	③	④	①	①	④	③	③

21	22	23	24	25	26	27	28	29	30	31	32	33	34	35	36	37	38	39	40
①	②	②	②	③	②	②	①	③	③	②	③	④	①	②	②	②	④	②	③

41	42	43	44	45	46	47	48	49	50	51	52	53	54	55	56	57	58	59	60
④	③	③	③	④	②	③	③	①	②	①	④	②	①	④	③	④	③	④	①

해설

01 ③ 테이퍼링에 대한 방법이다.

02 스켈톤 브러쉬 : 빗살이 엉성하게 생겼으며, 몸통에 구멍이 있는 모양으로 남성 스타일이나 쇼트 스타일에 볼륨감을 형성할 때 사용한다.

03 블런트 커팅은 직선적으로 커트하는 방법을 말하며, 클럽커팅이라고도 한다.

04 취소산나트륨과 취소산칼륨의 농도가 3% 이하이면 산화력이 불충분하게 되고, 5% 이상이면 멜라닌 색소를 탈색시킬 염려가 있다.

05 오블롱 베이스는 장방형 베이스로 측두부에 많이 사용된다.

06 ① 폴리쉬를 제거하는 액
③ 큐티클을 밀어 올릴 때 사용하는 기구
④ 매니큐어, 네일 광택제, 네일 에나멜과 같은 동일한 제품에 다른 용어

07 커트는 일직선상으로 갖추는 커트 기법이며, 레이어 커트는 층이 지는 커트 기법으로 원랭스 커트형에 속하지 않는다.

08 조선시대 두발형은 쪽진 머리, 큰머리, 조짐머리, 둘레머리 등이 있었다.

09 라놀린은 양모에서 추출한 것으로 가열 압착하거나 용매로 추출하여 사용하는 동물성 왁스이다.

10 ① 와이드 웨이브 : 섀도 웨이브보다 뚜렷한 웨이브, ② 섀도우 웨이브 : 느슨한 웨이브

11 ① 원랭스 커트 : 완성된 두발을 빗으로 빗어 내렸을 때 모든 두발이 하나의 선상으로 떨어지도록 일직선상으로 하는 커트
② 쇼트 헤어 커트 : 짧은 길이로 하는 커트
④ 스퀘어 커트 : 두부의 외곽선을 커버하기 위하여 미리 정해놓은 정방형으로 하는 커트

12 ① 홍장, ② 수하미인도의 인물상, ③ 십미도

13 ① 센터 파트 : 앞 가르마, ② 스퀘어 파트 : 이마의 헤어라인에 수평하게 나눈 파트, ③ 카우릭 파트 : 두정부 가마에서 방사선으로 나눈 파트

14 아이론의 적정 온도는 120~140℃로 약지와 소지를 사용하며, 회전 각도는 45°이다.

15 오버 프로세싱된 경우에 두발끝이 자지러진다.

16 ②, ③ 웨이브가 잘 형성되지 않아 컬이 안 나온 경우, ④ 두발 끝이 자지러지는 경우

17 ① 핫오일 샴푸 : 염색, 블리치, 퍼머너트 등의 시술로 건조해진 두피나 두발을 플레인 샴푸 전에 고급 식물성유로 마사지하는 샴푸 방법
② 드라이 샴푸 : 물을 사용하지 않는 샴푸 방법
④ 플레인 샴푸 : 일반적인 샴푸로 중성 세제, 비누 등을 사용하는 샴푸 방법

18 헤어 블리치제 제1제는 암모니아 28%, 제2제는 과산화수소 6%를 사용한다.

19 털을 아래로 향하도록 하여 응달에 말린다.

20 손톱을 세워서 두피를 긁지 않도록 주의한다.

21 ② 장티푸스 : 제2급, ③ 탄저 : 제1급, ④ 파라티푸스 : 제2급

22 BOD는 생화학적 산소요구량으로 수치가 높다는 것은 미생물에 의해 분해되기 쉬운 유기물질이 많다는 것을 의미한다.

23 사상충은 모기에 물리지 않도록 환경위생에 신경써야 한다.

24 기온역전은 상층부의 기온이 하층부의 기온보다 높은 상태를 말한다.

25 ③은 제2급 감염병에 속하며 지속적인 감시와 방역대책 수립이 필요한 감염병이다.

26 ① 갈고리촌충 : 돼지고기, ③ 폐디스토마 : 가재, 게, ④ 선모충 : 돼지고기

27 중이염은 귀 고막의 안쪽 부분인 이관에 바이러스나 세균이 감염되어 생긴 염증으로 어린 아이들일수록 면역력이 약하고 이관의 길이가 성인보다 짧고 평평해 잘 걸린다.

28 대장균은 상수(음용수) 오염의 지표이며, 100cc 중 한마리도 검출되어서는 안된다.

29 건강 수준 3대 지표로 평균수명, 영아사망률, 비례사망지수를 사용하고 있다.

30 산업피로의 본질은 생체의 생리적 변화, 피로감각, 작업량의 변화 본질과 관계가 있다.

31 $농도(\%) = \dfrac{용질}{용액} \times 100$

32 소독약은 직사광선을 피해 잘 밀폐시켜 보존해야 한다.

33 ④는 화학적 소독법에 해당된다.

34 알코올은 주로 소독에 이용되며, 무색 투명하고 휘발성이 강하다.

35 질병 발생의 역학적 3대 요인
- 병인 : 질병을 일으키는 능력, 숙주로의 침입과 감염 능력이 있다.
- 숙주 : 병원체의 기생으로 영양 물질의 탈취 및 조작 손상 등을 당하는 생물을 말한다.
- 환경 : 질병 발생에 영향을 미치는 외적 요인이다.

36 승홍수는 살균력이 강하고 단백질 응고 작용을 하며, 독성이 강하고 금속을 부식시키는 단점이 있다.

37 바이러스는 미생물 중 가장 크기가 작아서 여과기를 통과하므로 여과성 병원체라 한다.

38 석탄산
- 살균력의 표준 지표로 사용하며, 승홍수의 1,000배 살균을 보유하고 있다.
- 일반적 소독 농도(방역용) : 3%, 손 소독 농도 : 2%

39 자외선은 태양광선 중 가장 강한 살균 작용으로 파장 범위는 200~400nm이다.

40 고압증기법은 고압증기멸균기를 사용하여 120℃에서 20분간 소독하는 방법이다.

41 표피 세포는 노화되면 자연적으로 탈락하여 대략 4주, 약 28일 주기로 각화작용을 하고 매달 다시 생성 한다.

42 자외선 B
- 290~320nm(중파장)으로 진피 상부까지 도달
- 일광 화상, 수포, 홍반 발생 능력(자외선 A의 1,000배)
- 피부암의 원인

43 신체부위 중 피하지방층 두께가 가장 얇은 곳은 눈꺼풀이다.

44 알레르기는 항원에 대하여 정상과는 다르게 반응하는 상태를 말하며, 전형적인 알레르기 항원으로는 꽃가루, 약물, 식물성 섬유, 세균, 음식물, 화학 물질, 털 등이 있다.

45 ① 심상성 사마귀 : 손가락, 손톱 주변, 손등, 발등에 발생
② 족저 사마귀 : 손바닥, 발바닥에 발생
③ 첨규 사마귀 : 성기나 항문 주위에 발생

46 입모근
- 갑작스런 기후 변화나 공포감에 처했을 때 작용하여 모공을 닫고 체온 손실을 막아주는 역할
- 피지선 아래쪽에 붙어있는 불수의근으로 털 세움근, 기모근, 모발근이라고도 함

47 단백질의 최종 가수분해 물질은 아미노산이며, 소장에서 아미노산 형태로 흡수된다.

48 여드름 : 심상성 좌상이라고도 하는 것으로 사춘기때 잘 발생하는 피부 질환으로 남성 호르몬인 안드로겐의 영향을 받는다.

49 과립층 : 케라토히란 과립과 라멜라 과립을 함유하고 있으며, 베리어 존(수분 저지막)이 존재한다.

50 자외선차단지수(SPF)는 피부가 자외선으로부터 차단되는 시간의 지속력과 피부보호 정도를 수치로 나타낸 것이다.

51 이·미용사의 면허증을 대여한 때는 2차 위반 시 면허정지 6월, 3차 위반 시 면허취소가 된다.

52 이·미용사가 되고자 하는 자는 보건복지부령이 정하는 바에 의하여 시장, 군수, 구청장의 면허를 받아야 한다.

53 의료법 위반으로 폐쇄명령을 받은 경우는 6개월 경과 후 동일 장소에서 동일 영업이 가능하다.

54 명예공중위생감시원 : 시·도지사는 공중위생의 관리를 위한 지도·계몽 등을 행하게 하기 위해 명예공중위생감시원을 둘 수 있다.

55 공중위생관리법의 목적(공중위생간리법 제1조)
공중이 이용하는 영업과 시설의 위생 관리 등에 관한 사항을 규정함으로써 위생 수준을 향상시켜 국민의 건강 증진에 기여함을 목적으로 한다.

56 위생 서비스 평가 결과 위생 서비스 수준이 우수하다고 인정되는 업소에 대하여 시·도지사 또는 시장·군수·구청장은 포상을 실시할 수 있다.

57 피성견후견인과 마약 기타 대통령령으로 정한 약물 중독자, 면허가 취소된 후 1년이 경과되지 아니한 자는 면허를 받을 수 없다.

58 공중위생영업의 신고를 하고자 하는 자는 미리 위생 교육을 받아야 한다. 다만, 보건복지부령으로 정하여 부득이한 사유로 미리 교육을 받을 수 없는 경우에는 영업 개시 후 6개월 이내에 위생 교육을 받을 수 있다.

59 공중위생감시원은 관계 공무원의 업무를 행하게 하기 위하여 특별시·광역시·도 및 시·군·구에 공중위생감시원을 둔다.

60 특별시장·광역시장·도지사(시·도지사) 또는 시장·군수·구청장은 공중위생 관리상 필요하다고 인정하는 때에는 공중위생영업자에 대하여 필요한 보고를 하게 하거나 소속공무원으로 하여금 영업소·사무실 등에 출입하여 공중위생영업자의 위생 관리 의무 이행 등에 대하여 검사하게 하거나 필요에 따라 공중위생영업 장부나 서류를 열람하게 할 수 있다.

수험번호	성명

자격종목 및 등급(선택분야)	종목코드	시험시간	문제지형별		
미용사(일반)	**7937**	**1시간**	**A**		

01 헤어커팅의 방법 중 테어퍼링(tapering)에는 3가지의 종류가 있다. 이 중에서 노멀 테이퍼(normal taper)는?

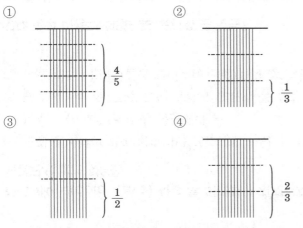

① ②

③ ④

02 조선 중엽 상류사회 여성들이 얼굴의 밑화장으로 사용한 기름은?

① 동백기름
② 콩기름
③ 참기름
④ 피마자기름

03 퍼머넌트 웨이브 시술 시 산화제의 역할이 아닌 것은?

① 퍼머넌트 웨이브의 작용을 계속 진행시킨다.
② 1액의 작용을 멈추게 한다.
③ 시스틴 결합을 재결합시킨다.
④ 1액이 작용한 형태의 컬로 고정시킨다.

04 다음 중 헤어컬러 시 활용되는 색상환에 있어 적색의 보색은?

① 보라색
② 청색
③ 녹색
④ 황색

05 다음 중 두발의 성장단계를 옳게 나타낸 것은?

① 성장기 → 휴지기 → 퇴화기
② 휴지기 → 발생기 → 퇴화기
③ 퇴화기 → 성장기 → 발생기
④ 성장기 → 퇴화기 → 휴지기

06 스탠드업 컬에 있어 컬의 루프가 귓바퀴 반대 방향으로 말린 컬은?

① 플래트 컬
② 포워드 스탠드업 컬
③ 리버스 스탠드업 컬
④ 스컬프쳐 컬

07 헤어 샴푸 중 드라이 샴푸 방법이 아닌 것은?

① 리퀴드 드라이 샴푸
② 핫 오일 샴푸
③ 파우더 드라이 샴푸
④ 에그 파우더 샴푸

08 다음 내용 중 컬의 목적이 아닌 것은?

① 플러프(fluff)를 만들기 위해서
② 웨이브(wave)를 만들기 위해서
③ 컬러의 표현을 원활하게 하기 위해서
④ 볼륨을 만들기 위해서

09 손톱의 상조피를 부드럽게 하기 위해 비눗물을 담는 용기는?

① 에머리보드
② 핑거볼
③ 네일버퍼
④ 네일파일

10 매니큐어 바르는 순서가 바르게 연결된 것은?

① 네일에나멜 → 베이스코트 → 탑코트
② 베이스코트 → 네일에나멜 → 탑코트
③ 탑코트 → 네일에나멜 → 베이스코트
④ 네일표백제 → 네일에나멜 → 베이스코트

11 삼한시대의 머리형에 관한 설명으로 옳지 않은 것은?

① 포로나 노비는 머리를 깎아서 표시했다.
② 수장급은 모자를 썼다.
③ 일반인은 상투를 틀게 했다.
④ 귀천의 차이가 없이 자유롭게 했다.

12 두상의 특정한 부분에 볼륨을 주기 원할 때, 사용되는 헤어 피스(hair piece)는?

① 위글렛(wiglet)
② 스위치(switch)
③ 폴(fall)
④ 위그(wig)

13 커트 시술 시 두부(頭部)를 5등분으로 나누었을 때 관계없는 명칭은?

① 톱(top)　　　② 사이드(side)
③ 헤드(head)　　④ 네이프(nape)

14 다음 명칭 중 가위에 속하는 것은?

① 핸들
② 피벗
③ 프롱
④ 그루브

15 퍼머약의 제1액 중 티오글리콜산의 적정 농도는?

① 1~2%
② 2~7%
③ 8~12%
④ 15~20%

16 두피에 지방이 부족하여 건조한 경우에 하는 스캘프 트리트먼트는?

① 플레인 스캘프 트리트먼트
② 오일리 스캘프 트리트먼트
③ 드라이 스캘프 트리트먼트
④ 댄드러프 스캘프 트리트먼트

17 헤어 블리치 시술상의 주의사항에 해당되지 않는 것은?

① 미용사의 손을 보호하기 위하여 장갑을 반드시 낀다.
② 시술 전 샴푸를 할 경우 브러싱을 하지 않는다.
③ 두피에 질환이 있는 경우 시술하지 않는다.
④ 사후 손질로서 헤어 리컨디셔너은 가급적 피하도록 한다.

18 빗을 천천히 위쪽으로 이동시키면서 가위의 개폐를 재빨리 하여 빗에 끼어있는 두발을 잘라내는 커팅기법은?

① 싱글링(shingling)
② 틴닝 시저즈(thinning scissors)
③ 레이저 커트(razor cut)
④ 슬리더링(slithering)

19 콜드 웨이브(cold wave) 시술 후 머리끝이 자지러지는 원인에 해당되지 않는 것은?

① 모질에 비하여 약이 강하거나 프로세싱 타임이 길었다.
② 너무 가는 로드(rod)를 사용했다.
③ 텐션(tension : 긴장도)이 약하여 로드에 꼭 감기지 않았다.
④ 사전 커트 시 머리끝을 테이퍼(taper)하지 않았다.

20 고대 중국 미용의 설명으로 옳지 않은 것은?

① 하(夏)나라 시대에는 분을 은(殷)나라의 주왕 때에는 연지화장이 사용되었다.
② 아방궁 3천명의 미희들에게 백분과 연지를 바르게 하고 눈썹을 그리게 했다.
③ 액황이라고 하여 이마에 발라 약간의 입체감을 주었으며 홍장이라 하여 백분을 바른 후 다시 연지를 덧발랐다.
④ 두발을 짧게 깎거나 밀어내고 그 위에 일광을 막을 수 있는 대용물로써 가발을 즐겨 썼다.

21 합병증으로 고환염, 뇌수막염 등이 초래되어 불임이 될 수도 있는 질환은?

① 홍역
② 뇌염
③ 풍진
④ 유행성 이하선염

22 이상 저온 작업으로 인한 건강 장애인 것은?

① 참호족
② 열경련
③ 울열증
④ 열쇠약증

23 단위체적 안에 포함된 수분의 절대량을 중량이나 압력으로 표시한 것으로 현재 공기 1m³ 중 함유된 수증기량 또는 수증기 장력을 나타낸 것은?

① 절대습도
② 포화습도
③ 비교습도
④ 포차

24 보균자(carrier)는 감염병 관리상 어려운 대상이다. 그 이유와 관계가 가장 먼 것은?

① 색출이 어려우므로
② 활동영역이 넓기 때문에
③ 격리가 어려우므로
④ 치료가 되지 않으므로

25 다음 중 기생충과 전파매개체의 연결이 옳은 것은?

① 무구조충 – 돼지고기
② 간디스토마 – 회
③ 폐디스토마 – 가재
④ 광절열두조충 – 쇠고기

26 다음 중 공중보건사업의 대상으로 가장 적절한 것은?

① 성인병 환자
② 입원 환자
③ 암투병 환자
④ 지역사회 주민

27 대기오염을 일으키는 원인으로 거리가 가장 먼 것은?

① 도시의 인구감소
② 교통량의 증가
③ 기계문명의 발달
④ 중화학공업의 난립

28 한 나라의 보건수준을 측정하는 지표로서 가장 적절한 것은?

① 의과대학 설치수
② 국민소득
③ 감염병 발생률
④ 영아사망률

29 다음 중 수인성(水因性) 감염병이 아닌 것은?

① 일본뇌염
② 이질
③ 콜레라
④ 장티푸스

30 법정감염병 중 제1급 감염병에 속하지 않는 것은?

① A형간염
② 디프테리아
③ 두창
④ 페스트

31 비교적 약한 살균력을 작용시켜 병원 미생물의 생활력을 파괴하여 감염의 위험성을 없애는 조작은?

① 소독
② 고압증기멸균법
③ 방부처리
④ 냉각처리

32 금속성 식기, 면 종류의 의류, 도자기의 소독에 적합한 소독방법은?

① 화염 멸균법
② 건열 멸균법
③ 소각 소독법
④ 자비 소독법

33 소독약품으로서 갖추어야 할 구비조건이 아닌 것은?

① 안정성이 높을 것
② 독성이 낮을 것
③ 부식성이 강할 것
④ 용해성이 높을 것

34 균체의 단백질 응고작용과 관계가 가장 적은 소독약은?

① 석탄산
② 크레졸액
③ 알코올
④ 과산화수소수

35 석탄산계수(페놀계수)가 5일 때 의미하는 살균력은?

① 페놀보다 5배가 높다.
② 페놀보다 5배가 낮다.
③ 페놀보다 50배가 높다.
④ 페놀보다 50배가 낮다.

36 소독약을 사용하여 균 자체에 화학반응을 일으켜 세균의 생활력을 빼앗는 살균법은?

① 물리적 멸균법
② 건열 멸균법
③ 여과 멸균법
④ 화학적 살균법

37 세균들은 외부환경에 대하여 저항하기 위해서 아포를 형성하는데 다음 중 아포를 형성하지 않는 세균은?

① 탄저균
② 젖산균
③ 파상풍균
④ 보툴리누스균

38 다음 (   ) 안에 알맞은 것은?

> 미생물이란 일반적으로 육안의 가시한계를 넘어선 (   )mm 이하의 미세한 생물체를 총칭하는 것이다.

① 0.01
② 0.1
③ 1
④ 10

39 미생물의 성장과 사멸에 주로 영향을 미치는 요소로 가장 거리가 먼 것은?

① 영양
② 빛
③ 온도
④ 호르몬

40 다음 중 이·미용실에서 사용하는 수건을 철저하게 소독하지 않았을 때 주로 발생할 수 있는 감염병은?

① 장티푸스
② 트라코마
③ 페스트
④ 일본뇌염

41 비늘모양의 죽은 피부세포가 연한 회백색 조각이 되어 떨어져 나가는 피부층은?

① 투명층
② 유극층
③ 기저층
④ 각질층

42 파장이 가장 길고 인공 선탠 시 활용하는 광선은?

① UV – A
② UV – B
③ UV – C
④ γ선

43 피부 표피층에서 가장 두꺼운 층으로 세포표면에 가시모양의 돌기를 가지고 있는 것은?

① 유극층
② 과립층
③ 각질층
④ 기저층

44 피부에 있는 한선(땀샘) 중 대한선은 어느 부위에서 볼 수 있는가?

① 얼굴과 손·발
② 배와 등
③ 겨드랑이와 유두주변
④ 팔과 다리

45 혈색을 좋게 하는 철분이 많은 식품과 거리가 가장 먼 것은?

① 감자
② 시금치
③ 조개류
④ 소나 닭의 간

46 피부발진 중 일시적인 증상으로 가려움증을 동반하며 불규칙적인 모양을 한 피부현상은?

① 농포
② 팽진
③ 구진
④ 결절

47 피부 색소침착에서 과색소침착 증상이 아닌 것은?

① 기미
② 백반증
③ 주근깨
④ 검버섯

48 화상의 구분 중 홍반, 부종, 통증뿐만 아니라 수포를 형성하는 것은?

① 제 1도 화상
② 제 2도 화상
③ 제 3도 화상
④ 중급 화상

49 천연보습인자 성분 중 가장 많이 차지하는 것은?

① 아미노산
② 피롤리돈 카르복시산
③ 젖산염
④ 포름산염

50 다음 중 바이러스성 피부질환은?

① 기미
② 주근깨
③ 여드름
④ 단순포진

51 면허증을 다른 사람에게 대여하여 면허가 취소되거나 정지명령을 받은 자는 지체 없이 누구에게 면허증을 반납해야 하는가?

① 시·도지사
② 시장·군수·구청장
③ 보건복지부장관
④ 경찰서장

52 이·미용업의 영업자는 연간 몇 시간의 위생교육을 받아야 하는가?

① 3시간
② 8시간
③ 10시간
④ 12시간

53 영업소의 폐쇄명령을 받고도 영업을 하였을 시에 대한 벌칙은?

① 2년 이하의 징역 또는 3천만 원 이하의 벌금
② 1년 이하의 징역 또는 1천만 원 이하의 벌금
③ 200만 원 이하의 벌금
④ 100만 원 이하의 벌금

54 다음 (   ) 안에 알맞은 것은?

시장·군수·구청장은 공중위생영업의 정지 또는 일부 시설의 사용중지 등의 처분을 하고자 하는 때에는 (   )을/를 실시하여야 한다.

① 위생서비스 수준의 평가
② 공중위생감사
③ 청문
④ 열람

55 이·미용업자의 준수사항 중 틀린 것은?

① 소독한 기구와 하지 아니한 기구는 각각 다른 용기에 넣어 보관할 것
② 조명은 75룩스 이상 유지되도록 할 것
③ 신고증과 함께 면허증 사본을 게시할 것
④ 1회용 면도날은 손님 1인에 한하여 사용할 것

56 이·미용 업자는 신고한 영업장 면적을 얼마 이상 증감 하였을 때 변경 신고를 하여야 하나?

① 5분의 1
② 4분의 1
③ 3분의 1
④ 2분의 1

57 공중위생감시원의 자격에 해당되지 않는 자는?

① 위생사 또는 환경기사 2급 이상의 자격증이 있는 자
② 대학에서 미용학을 전공하고 졸업한 자
③ 외국에서 위생사 또는 환경기사의 면허를 받은 자
④ 1년 이상 공중위생 행정에 종사한 경력이 있는 자

58 건전한 영업질서를 위하여 공중위생영업자가 준수하여야 할 사항을 준수하지 아니한 자에 대한 벌칙기준은?

① 1년 이하의 징역 또는 1천만 원 이하의 벌금
② 6월 이하의 징역 또는 500만 원 이하의 벌금
③ 3월 이하의 징역 또는 300만 원 이하의 벌금
④ 300만 원 과태료

59 이·미용 업소 내에 게시하지 않아도 되는 것은?

① 이·미용업 신고증
② 개설자의 면허증 원본
③ 근무자의 면허증 원본
④ 이·미용 최종지불요금표

60 다음 중 공중위생영업에 속하지 않는 것은?

① 식당조리업
② 숙박업
③ 이·미용업
④ 세탁업

정답(제8회)

01	02	03	04	05	06	07	08	09	10	11	12	13	14	15	16	17	18	19	20
③	③	①	③	④	③	②	③	②	②	④	①	③	②	②	③	④	①	④	④

21	22	23	24	25	26	27	28	29	30	31	32	33	34	35	36	37	38	39	40
④	①	③	④	③	④	③	④	①	①	①	③	①	④	①	③	②	②	②	②

41	42	43	44	45	46	47	48	49	50	51	52	53	54	55	56	57	58	59	60
④	①	①	③	①	②	②	②	①	④	②	①	②	③	③	③	②	②	③	①

해설

01 노멀 테이퍼(normal taper)는 두발의 양이 보통인 경우에 스트랜드의 1/2 지점을 폭넓게 테이퍼하는 경우로 아주 자연스럽게 두발 끝이 가벼워진다.

02 조선 중엽부터 신부화장에 사용되는 분화장은 장분을 물에 개서 얼굴에 발랐으며, 밑화장으로 참기름을 바른 후 닦아냈다.

03 퍼머넌트 웨이브의 제1액은 환원제로서 알칼리성이며, 제2액은 산화제로서 환원된 두발에 작용하여 시스틴을 변형된 상태로 결합시키고, 형성된 웨이브를 고정시킨다.

04 색상환에서 서로 마주보고 있는 색을 보색관계에 있다고 한다(적색-녹색, 보라색-황색, 청색-오렌지색).

05 두발의 성장은 계속하는 것이 아니라 일정기간 성장을 하고 탈모되어 다시 두발이 나는 것으로 되풀이된다.

06 스탠드업 컬은 루프가 두피에 90°로 세워져 있는 것이 특징으로 헤어세팅의 볼륨을 내기 위해 이용된다(플래트 컬 : 루프가 0°로 평평하게 형성, 포워드 스탠드업 컬 : 컬의 루프가 귓바퀴를 따라 말린 컬, 스컬프쳐 컬 : 리지가 높고 트로프가 낮은 웨이브).

07 드라이 샴푸 방법은 물을 사용하지 않고 두발을 세발하는 것이다.

08 컬의 목적은 웨이브를 만들어 두발 끝에 변화를 주고 플러프를 만들어 움직임을 주어 볼륨을 만들기 위함이다.

09 에머리보드(종이 줄), 네일버퍼(광택을 내는도구), 네일파일(손톱을 가는 데 사용하는 줄)

10 • 베이스코트 : 에나멜을 바르기 전에 바르는 것으로 밀착성을 유지시킨다.
   • 네일에나멜 : 손톱에 다양한 색감을 표현한다.
   • 탑코트 : 네일에나멜 후에 바르는 것으로 광택과 지속성을 유지시킨다.

11 삼한시대의 머리형은 주술적 의미와, 신분 계급을 표시하는 데 사용되었다.

12 ① 위글렛 : 두부의 특정부위에 연출하기 위해 사용되는 헤어피스
   ② 스위치 : 두발의 양이 적으나 여성스럽게 표현하고자 할 때 땋거나 늘어뜨려 사용
   ③ 폴 : 짧은 헤어스타일에 부착시켜 긴 머리로 표현하고자 할 때 사용
   ④ 위그 : 전체 가발을 뜻함

13 ① 톱(top) : 전두정부
   ② 사이드(side) : 양측두부
   ③ 헤드(head) : 머리, 두부 전체
   ④ 네이프(nape) : 목덜미

14 가위의 피벗나사는 선회 축으로 양쪽 도신을 하나로 고정시켜 주며 날 선이 스치는 긴장력 정도를 느슨하게 하거나 꽉 죄는 데 사용된다.

15 퍼머약의 제1액은 환원제로서 독성이 적고 환원작용이 좋은 티오글리콜산이 가장 많이 사용되며 티오글리콜산염의 상태로 사용된다. 티오글리콜산염의 종류로 티오글리콜산암모늄과 티오글리콜산 2~7%이다.

16 ① 두피가 정상상태일 때
   ② 두피에 기름기가 많을 때
   ③ 두피가 건조할 때
   ④ 비듬두피를 제거하기 위해

17 사후손질로서 헤어 리컨디셔너를 하도록 한다.

18 ② 두발의 길이를 짧게 하지 않으면서 전체적으로 숱을 친다.
   ③ 두발 끝을 향해 쳐내고 빗질을 한다.
   ④ 가위로 두발을 자르는 방법으로 모근 쪽은 가위를 닫고, 두발 끝으로 갈 때는 벌리도록 한다.

19 사전 커트 시 두발 끝을 심하게 테이퍼한 경우에 해당된다.

20 ④는 고대 이집트 미용에 대한 설명이다.

21 유행성 이하선염은 유행성 이하선염 바이러스로 인한 급성 열성질환으로 비말 등의 공기매개감염, 환자의 타액과 직접 접촉으로 전파되며 어린이에게 많이 발생한다.

22 이상 저온 작업으로 인한 건강 장애는 얼음제조업이나 냉동업, 한랭한 장소에서 작업하는 경우에 동상, 동창, 참호족염이 생길 수 있다.

23 ② 포화상태인 공기 중의 수증기량이나 수증기장력
   ③ 공기 1㎥가 포화상태에서 함유할 수 있는 수증기량과 현재 함유하고 있는 수증기량과의 비를 %로 표시한 것

24 보균자는 임상증상은 없으나 병원체를 배출함으로써 다른 사람에게 병을 전파시킬 수 있는 사람을 말한다.

25 ① 무구조충 : 쇠고기
   ② 간디스토마 : 잉어, 참붕어, 쇠우렁이, 피라미
   ③ 폐디스토마 : 가재, 게
   ④ 광절열두조충 : 연어, 송어

26 공중보건의 주체는 국가나 공공단체, 조직화된 지역사회, 직장사회 등이다.

27 도시의 인구가 감소되면 그만큼 에너지 사용이 감소되므로 대기오염의 원인과는 거리가 멀다.

28 국가의 보건수준을 나타내는 지표는 영유아사망률, 평균여명, 평균수명, 조사망률, 비례사망률이다.

29 일본뇌염은 모기를 매개로 전파된다.

30 A형 간염은 제2급 감염병에 속한다.

31 멸균은 무균상태로 만드는 방법이며, 방부는 약한 살균력을 작용시켜 병원미생물의 발육과 작용을 억제시키는 것을 말한다.

32 ①, ②, ③은 건열에 의한 소독법에 해당되며, ④는 습열에 의한 소독법에 해당된다.

33 소독약품의 구비조건은 살균력이 강하고 무해해야 하며, 경제적이고 사용법이 간단해야 한다. 생산이 용이하고 냄새가 없고, 용해도가 높아야 한다.

34 과산화수소 살균은 산화 작용에 의한 것이다.

35 석탄산계수는 소독약이 페놀의 몇 배의 효력을 갖는지를 표준균을 사용하여 일정 조건하에서 측정한 수치이다.

36 물리적 멸균법, 건열 멸균법, 여과 멸균법은 물리적 소독법에 해당한다.

37 ② 젖산균은 유산균이라고 하며 젖당과 포도당을 분해하여 다량의 젖산을 만드는 미생물이다. 아포를 형성하지 않으며 발효에 주로 쓰인다.

38 미생물이란 육안의 가시한계를 넘어선 0.1mm 이하의 크기의 단일세포 또는 균사의 생물체를 총칭하는 것이다.

39 미생물의 성장과 사멸에 영향을 주는 요소는 영양원, 온도와 산소 농도, 물의 활성, 빛의 세기, 삼투압, pH가 있다.

40 트라코마는 바이러스 병원체로 전염원은 환자의 눈물이나 콧물 등으로 인해 수건을 통해서 감염되므로 다수인 출입하는 이·미용실에서 수건을 철저하게 소독하지 않았을 때 발생할 수 있는 감염병이다.

41 각질층은 표피의 가장 바깥층에 존재하여 피부를 보호하고 각화 작용에 의해 각질의 탈락을 유도한다.

42 UV-A는 장파장 자외선으로 피부 깊숙이 침투하여 선탠을 일으켜 주름과 색소침착을 형성하여 조기노화의 원인이 되는 생활자외선이다.

43 유극층은 표피의 대부분을 차지하는 다층으로 가시세포층이라고도 한다.

44 대한선은 큰 땀샘이라고 하며 겨드랑이, 성기, 유두 주변, 두피에 존재한다.

45 철분은 혈액성분의 구성요소이며 소의 간, 달걀노른자, 멸치, 어패류에 많이 함유되어있고 영유아, 임산부에게 특히 많은 양이 필요하다.

46 ① 농포 : 부스럼의 작은 융기
② 팽진 : 두드러기로 차츰 사라짐
③ 구진 : 약 1cm² 미만의 단단하게 돌출
④ 결절 : 구진이 엉겨서 큰 형태를 이룬 것으로 통증수반

47 백반증은 멜라닌 세포가 파괴되거나 기능이 저하되어 멜라닌 색소 생산이 줄어들거나 없어지면서 피부에 하얀 점이 발생하는 후천성 피부질환이다.

48 제1도 화상 : 홍반성 화상 / 제2도 화상 : 수포성 화상 / 제3도 화상 : 괴사성 화상

49 천연보습인자 NMF(Natural Moisturizing Factor)에는 주성분인 아미노산(40%), 피롤리돈 카르복시산, 젖산염(락트산), 요소 등이 있다.

50 단순포진은 급성수포성 바이러스 질환으로 입술이나 코, 눈 등에 발생한다.

51 면허가 취소되거나 면허의 정지 명령을 받은 자는 지체없이 관할 시장·군수·구청장에게 면허증을 반납해야 한다. 면허의 정지 명령을 받은 자가 반납한 면허증은 그 면허 정지 기간 동안 관할 시장·군수·구청장이 이를 보관해야 한다.

52 공중위생영업자는 매년 위생 교육을 받아야 하며, 위생 교육은 3시간으로 한다.

53 1년 이하의 징역 또는 1천만 원 이하의 벌금
① 시장·군수·구청장에게 규정에 의한 공중위생영업의 신고를 하지 아니한 자
② 영업정지명령 또는 일부 시설의 사용중지명령을 받고도 그 기간 중에 영업을 하거나 그 시설을 사용한 자
③ 영업소 폐쇄명령을 받고도 계속하여 영업을 한 자

54 보건복지부장관 또는 시장·군수·구청장은 신고 사항의 직권 말소, 면허 취소 또는 면허 정지, 영업 정지명령, 일부 시설의 사용 중지명령 또는 영업소 폐쇄명령에 해당하는 처분을 하려면 청문을 실시해야 한다.

55 영업소 내부에 미용업 신고증 및 개설자의 면허증 원본과 최종지불요금표를 게시 또는 부착해야 한다.

56 변경 신고를 해야하는 경우 : 영업소의 명칭 또는 상호. 영업소의 소재지, 신고한 영업장 면적의 3분의 1이상의 증감, 대표자의 성명 또는 생년월일(법인의 경우에 한함), 미용업 업종 간 변경

57 「고등교육법」에 의한 대학에서 화학·화공학·환경공학 또는 위생학 분야를 전공하고 졸업한 자 또는 법령에 따라 이와 동등 이상의 학력이 있다고 인정되는 자는 공중위생감시원의 자격에 해당한다.

58 6월 이하의 징역 또는 500만 원 이하의 벌금
① 공중위생영업의 변경신고를 하지 아니한 자
② 공중위생영업자의 지위를 승계한 자로서 규정에 의한 신고를 하지 아니한 자
③ 건전한 영업질서를 위하여 공중위생영업자가 준수하여야 할 사항을 준수하지 아니한 자

59 미용업자가 준수하여야 할 위생관리 기준에 근무자의 면허증 원본 게시는 해당하지 않는다.

60 공중위생영업은 다수인을 대상으로 위생관리 서비스를 제공하는 영업으로서 숙박업, 목욕장업, 이용업, 미용업, 세탁업, 건물위생관리업을 말한다.

국가기술자격검정 필기시험문제

제9회 최신 시행 출제문제

				수험번호	성명
자격종목 및 등급(선택분야)	종목코드	시험시간	문제지형별		
미용사(일반)	7937	1시간	A		

01 다음 중 콜드 퍼머넌트 웨이브(cold permanent wave) 시술 시 두발에 부착된 제1액을 씻어내는 데 가장 적합한 린스는?

① 에그 린스(egg rinse)
② 산성린스(acid rinse)
③ 레몬 린스(lemon rinse)
④ 플레인 린스(plain rinse)

02 퍼머넌트 웨이브 시술 중 테스트 컬(test curl)을 하는 목적으로 가장 적합한 것은?

① 2액의 작용여부를 확인하기 위해서이다.
② 굵은 두발, 혹은 가는 두발에 로드가 제대로 선택되었는지 확인하기 위해서이다.
③ 산화제의 작용이 미묘하기 때문에 확인하기 위해서이다.
④ 정확한 프로세싱 시간을 결정하고 웨이브 형성 정도를 조사하기 위해서이다.

03 스트로크 커트(stroke cut) 테크닉에 사용하기 가장 적합한 것은?

① 리버스 시저스(reverse scissors)
② 미니 시저스(mini scissors)
③ 직선날 시저스(cutting scissors)
④ 곡선날 시저스(R-scissors)

04 다음 중 가는 로드를 사용한 콜드 퍼머넌트 직후에 나오는 웨이브(wave)로 가장 가까운 것은?

① 내로우 웨이브(narrow wave)
② 와이드 웨이브(wide wave)
③ 섀도 웨이브(shadow wave)
④ 호리존탈 웨이브(horizontal wave)

05 두발의 양이 많고 굵은 경우의 와인딩과 로드와의 관계가 옳은 것은?

① 스트랜드는 많이 하고, 로드 직경도 큰 것을 사용
② 스트랜드는 적게 하고, 로드 직경도 작은 것을 사용
③ 스트랜드는 많이 하고, 로드 직경은 작은 것을 사용
④ 스트랜드는 적게 하고, 로드 직경은 큰 것을 사용

06 다음 중 손톱을 자르는 기구는?

① 큐티클 푸셔(cuticle pusher)
② 큐티클 니퍼즈(cuticle nippers)
③ 네일 파일(nail file)
④ 네일 니퍼즈(nail nippers)

07 두발을 탈색한 후 초록색으로 염색하고 얼마 동안의 기간이 지난 후 다시 다른 색으로 바꾸고 싶을 때 보색관계를 이용하여 초록색의 흔적을 없애려면 어떤 색을 사용하면 좋은가?

① 노란색
② 오렌지색
③ 적색
④ 청색

08 헤어 린스의 목적과 관계없는 것은?

① 두발의 엉킴 방지
② 두발의 윤기부여
③ 이물질 제거
④ 알칼리성의 약산성화

09 화장법으로는 흑색과 녹색의 두 가지 색으로 윗눈꺼풀에 악센트를 넣었으며, 붉은 찰흙에 샤프란(Saffron, 꽃이름)을 조금씩 섞어서 이것을 볼에 붉게 칠하고 입술 연지로도 사용한 시대는?

① 고대 그리스
② 고대 로마
③ 고대 이집트
④ 중국 당나라

10 현대 미용에 있어 1920년대에 최초로 단발머리를 하여 우리나라 여성들의 머리형에 혁신적인 변화를 일으키는 계기가 된 사람은?

① 이숙종　　　　　　② 김활란
③ 김상진　　　　　　④ 오엽주

11 업스타일을 시술할 때 백코밍의 효과를 크게 하고자 세모난 모양의 파트로 섹션을 잡는 것은?

① 스퀘어 파트　　　　② 트라이앵귤러 파트
③ 카우릭 파트　　　　④ 렉탱귤러 파트

12 원랭스 커트(one-length cut)의 정의로 가장 적합한 설명은?

① 두발길이에 단차가 있는 상태의 커트
② 완성된 두발을 빗으로 빗어 내렸을 때 모든 두발이 동일 선상으로 떨어지도록 자르는 커트
③ 전체의 머리 길이가 똑같은 커트
④ 머릿결을 맞추지 않아도 되는 커트

13 고객(client)이 추구하는 미용의 목적과 필요성을 시각적으로 느끼게 하는 과정은 어디에 해당되는가?

① 소재의 확인　　　　② 구상
③ 제작　　　　　　　④ 보정

14 플랫 컬(flat curl)의 특징에 대한 설명으로 적합한 것은?

① 컬의 루프가 두피에 대하여 0°로 평평하고 납작하게 형성되어진 컬을 말한다.
② 일반적인 컬 전체를 말한다.
③ 루프가 반드시 90°로 두피 위에 세워진 컬로 볼륨을 내기 위한 헤어스타일에 주로 이용된다.
④ 두발의 끝에서부터 말아 올려진 컬을 말한다.

15 다음의 눈썹에 대한 설명으로 올바르지 않은 것은?

① 눈썹은 크게 눈썹머리, 눈썹산, 눈썹꼬리로 나눌 수 있다.
② 눈썹산의 표준형태는 전체 눈썹의 1/2 되는 지점에 위치하는 것이다.
③ 눈썹산이 전체 눈썹의 1/2 되는 지점에 위치해 있으면 볼이 넓어 보인다.
④ 수평상 눈썹은 긴 얼굴을 짧아 보이게 할 때 효과적이다.

16 완성된 두발선 위를 가볍게 다듬어 커트하는 방법은?

① 테이퍼링(tapering)
② 틴닝(thinning)
③ 트리밍(trimming)
④ 싱글링(shingling)

17 레이저(razor)에 대한 설명 중 가장 거리가 먼 것은?

① 셰이핑 레이저를 사용하여 커팅하면 안정적이다.
② 초보자는 오디너리 레이저를 사용하는 것이 좋다.
③ 솜털 등을 깎을 때는 외곡선상의 날이 좋다.
④ 녹이 슬지 않게 관리를 한다.

18 이마의 양쪽 끝과 턱의 끝 부분을 진하게, 뺨 부분은 연하게 화장하면 가장 잘 어울리는 얼굴형은?

① 삼각형 얼굴
② 원형 얼굴
③ 사각형 얼굴
④ 역삼각형 얼굴

19 다공성 두발에 대한 설명 중 올바르지 않은 것은?

① 다공성모란 두발의 간층물질이 소실되어 두발 조직 중에 모공이 많고 보습작용이 적어져서 두발이 건조해지기 쉬운 손상모를 말한다.
② 다공성모는 두발이 얼마나 빨리 유액을 흡수하느냐에 따라 그 정도가 결정된다.
③ 다공성의 정도에 따라서 콜드 웨이빙의 프로세싱 타임과 웨이빙 용액의 강도가 좌우된다.
④ 다공성 정도가 클수록 두발에 탄력이 적으므로 프로세싱 타임을 길게 한다.

20 언더 메이크업을 가장 잘 설명한 것은?

① 베이스 컬러라고도 하며 피부색과 피부결을 정돈하여 자연스럽게 해준다.
② 유분과 수분, 색소의 양과 질, 제조공정에 따라 여러 종류로 구분된다.
③ 효과적인 보호막을 형성해주며 피부의 결점을 감출 때 효과적이다.
④ 파운데이션이 고루 잘 펴지게 하며 화장이 오래 지속되게 해주는 작용을 한다.

21 다음 중 특별한 장치를 설치하지 않은 일반적인 경우에 실내의 자연적 환기에 가장 큰 비중을 차지하는 요소는?

① 실내외 공기 중 CO_2의 함량 차이
② 실내외 공기의 습도 차이
③ 실내외 공기의 기온차이 및 기류
④ 실내외 공기의 불쾌지수 차이

22 비타민 결핍증인 불임증 및 생식불능과 피부의 노화방지작용 등과 가장 관계가 깊은 비타민은?

① 비타민 A
② 비타민 B 복합체
③ 비타민 E
④ 비타민 D

23 환경오염의 발생요인인 산성비의 가장 중요한 원인과 산도는?

① 일산화탄소, pH 5.6 이하
② 아황산가스, pH 5.6 이하
③ 염화불화탄소, pH 6.6 이하
④ 탄화수소, pH 6.6 이하

24 세계보건기구(WHO)에서 규정된 건강의 정의를 가장 적절하게 표현한 것은?

① 육체적으로 완전히 양호한 상태
② 정신적으로 완전히 양호한 상태
③ 질병이 없고 허약하지 않은 상태
④ 육체적, 정신적, 사회적 안녕이 완전한 상태

25 주로 7~9월 사이에 많이 발생되며, 어패류가 원인이 되어 발병·유행하는 식중독은?

① 포도상구균 식중독
② 살모넬라 식중독
③ 보툴리누스균 식중독
④ 장염 비브리오 식중독

26 다음 중 돼지와 관련이 있는 질환으로 거리가 먼 것은?

① 유구조충
② 살모넬라증
③ 일본뇌염
④ 발진티푸스

27 한 국가나 지역사회의 건강수준을 나타내는 지표로서 대표적인 것은?

① 질병이환율
② 영아사망률
③ 신생아사망률
④ 조사망률

28 위생해충의 구제방법으로 가장 효과적이고 근본적인 방법은?

① 성충 구제
② 살충제 사용
③ 유충 구제
④ 발생원 제거

29 파리에 의해 주로 전파될 수 있는 감염병은?

① 페스트
② 장티푸스
③ 사상충증
④ 황열

30 기온 및 기온측정 등에 관한 설명으로 적합하지 않은 것은?

① 실내에서는 통풍이 잘되는 직사광선을 받지 않는 곳에 매달아 놓고 측정하는 것이 좋다.
② 평균기온은 높이에 비례하여 하강하는데, 고도 11,000m 이하에서는 보통 100m 당 0.5~0.7℃ 정도이다.
③ 측정할 때 수은주 높이와 측정자 눈의 높이가 같아야 한다.
④ 정상적인 날 하루 중 기온이 가장 낮을 때는 밤 12시경이고, 가장 높을 때는 오후 2시경이 일반적이다.

31 고압멸균기를 사용해서 소독하기에 가장 적합하지 않은 것은?

① 유리기구　　　　　② 금속기구
③ 약액　　　　　　　④ 가죽제품

32 다음 중 소독의 정의를 가장 잘 표현한 것은?

① 미생물의 발육과 생활 작용을 제지 또는 정지시켜 부패 또는 발효를 방지할 수 있는 것
② 병원성 미생물의 생활력을 파괴 또는 멸살시켜 감염 또는 증식력을 없애는 조작
③ 모든 미생물의 영양형이나 아포까지도 멸살 또는 파괴시키는 조작
④ 오염된 미생물을 깨끗이 씻어내는 작업

33 일반적으로 병원성 미생물의 증식이 가장 잘되는 pH의 범위는?

① pH 3.5~4.5　　　　② pH 4.5~5.5
③ pH 5.5~6.5　　　　④ pH 6.5~7.5

34 다음 중 일회용 면도기를 사용하여 예방 가능한 질병은?(단, 정상적인 사용의 경우)

① 옴(개선)병　　　　② 일본뇌염
③ B형 간염　　　　　④ 무좀

35 소독약의 살균력 지표로 가장 많이 이용되는 것은?

① 알코올　　　　　　② 크레졸
③ 석탄산　　　　　　④ 포름알데히드

36 산소가 있어야만 잘 성장할 수 있는 균은?

① 호기성균　　　　　② 혐기성균
③ 통성혐기성균　　　④ 호혐기성균

37 다음 중 화학적 살균법이라고 할 수 없는 것은?

① 자외선 살균법　　　② 알코올 살균법
③ 염소 살균법　　　　④ 과산화수소 살균법

38 소독약의 구비조건에 해당하지 않는 것은?

① 높은 살균력을 가질 것
② 인축에 해가 없어야 할 것
③ 구입과 사용이 간편하고 저렴할 것
④ 기름, 알코올 등에 잘 용해되어야 할 것

39 다음 중 세균의 단백질 변성과 응고작용에 의한 기전을 이용하여 살균하고자 할 때 주로 이용되는 방법은?

① 가열　　　　　　　② 희석
③ 냉각　　　　　　　④ 여과

40 소독액의 농도를 표시할 때 사용하는 단위로, 용액 100ml 속에 용질의 함량을 표시하는 수치는?

① 푼　　　　　　　　② 퍼센트
③ 퍼밀리　　　　　　④ 피피엠

41 피부의 구조 중 진피에 속하는 층은?

① 과립층　　　　　　② 유극층
③ 유두층　　　　　　④ 기저층

42 안면의 각질제거를 용이하게 하는 것은?

① 비타민 C
② 토코페롤
③ AHA(Alpha Hydroxy Acid)
④ 비타민 E

43 피부의 산성도가 외부의 충격으로 파괴된 후 자연재생 되는 데 걸리는 최소한의 시간은?

① 약 1시간 경과 후　　② 약 2시간 경과 후
③ 약 3시간 경과 후　　④ 약 4시간 경과 후

44 다음 중 결핍 시 피부표면이 경화되어 거칠어지는 주된 영양물질은?

① 단백질과 비타민 A　② 비타민 D
③ 탄수화물　　　　　④ 무기질

45 세포분열을 통해 새롭게 손·발톱을 생산하는 곳은?

① 조체　　　　　　　② 조모
③ 조소피　　　　　　④ 조하막

46 피부색소의 멜라닌을 만드는 색소형성세포는 어느 층에 위치하는가?

① 과립층　　　　　　② 유극층
③ 각질층　　　　　　④ 기저층

47 한선(땀샘)에 대한 설명으로 올바르지 않은 것은?

① 체온을 조절한다.
② 땀은 피부의 피지막과 산성막을 형성한다.
③ 땀을 많이 흘리면 영양분과 미네랄 성분을 잃는다.
④ 땀샘은 손, 발바닥에는 없다.

48 다음 중 피부의 면역기능과 관계있는 세포는?

① 각질형성 세포　　　② 랑게르한스 세포
③ 말피기 세포　　　　④ 머켈 세포

49 세포의 분열증식으로 두발이 만들어지는 곳은?

① 모모(毛母)세포
② 모유두
③ 모구
④ 모소피

50 세안용 화장품의 구비조건으로 옳지 않은 것은?

① 안정성 : 물이 묻거나 건조해지면 형과 질이 잘 변해야 한다.
② 용해성 : 냉수나 온탕에 잘 풀려야 한다.
③ 기포성 : 거품이 잘나고 세정력이 있어야 한다.
④ 자극성 : 피부를 자극시키지 않고 쾌적한 방향이 있어야 한다.

51 다음 중 이 · 미용사의 면허를 받을 수 없는 자는?

① 전문대학에서 이용 또는 미용에 관한 학과를 졸업한 자
② 교육부장관이 인정하는 이 · 미용고등학교를 졸업한 자
③ 교육부장관이 인정하는 고등기술학교에서 6개월 수학한 자
④ 국가기술자격법에 의한 이 · 미용사 자격취득자

52 다음 중 이 · 미용업 영업자가 변경신고를 해야 하는 사항을 모두 고른 것은?

> ㄱ. 영업소의 소재지
> ㄴ. 영업소 바닥 면적의 3분의 1이상의 증감
> ㄷ. 종사자의 변동사항
> ㄹ. 영업자의 재산변동사항

① ㄱ
② ㄱ, ㄴ
③ ㄱ, ㄴ, ㄷ
④ ㄱ, ㄴ, ㄷ, ㄹ

53 영업소 외에서의 이용 및 미용업무를 할 수 없는 경우는?

① 관할 소재동지역 내에서 주민에게 이 · 미용을 하는 경우
② 질병, 기타의 사유로 인하여 영업소에 나올 수 없는 자에 대하여 미용을 하는 경우
③ 혼례나 기타 의식에 참여하는 자에 대하여 그 의식 직전에 미용을 하는 경우
④ 특별한 사정이 있다고 시장 · 군수 · 구청장이 인정하는 경우

54 시장 · 군수 · 구청장이 영업정지가 이용자에게 심한 불편을 주거나 그 밖에 공익을 해할 우려가 있는 경우에 영업정지 처분에 갈음한 과징금을 부과할 수 있는 금액기준은?

① 1천만 원 이하
② 2천만 원 이하
③ 1억 원 이하
④ 4천만 원 이하

55 이 · 미용사 면허증을 분실하여 재교부를 받은 자가 분실한 면허증을 찾았을 때 취하여야 할 조치로 옳은 것은?

① 시 · 도지사에게 찾은 면허증을 반납한다.
② 시장 · 군수에게 찾은 면허증을 반납한다.
③ 본인이 모두 소지하여도 무방하다.
④ 재교부 받은 면허증을 반납한다.

56 영업자의 지위를 승계한 자는 몇 월 이내에 시장 · 군수 · 구청장에게 신고를 하여야 하는가?

① 1월
② 2월
③ 6월
④ 12월

57 이용사 또는 미용사의 면허를 받지 아니한 자 중 이용사 또는 미용사 업무에 종사할 수 있는 자는?

① 이 · 미용 업무에 숙달된 자로서 이 · 미용사 자격증이 없는 자
② 이 · 미용사로서 업무정지 처분 중에 있는 자
③ 이 · 미용업소에서 이 · 미용사의 감독을 받아 이 · 미용업무를 보조하고 있는 자
④ 학원 설립, 운영에 관한 법률에 의하여 설립된 학원에서 3월 이상 이 · 미용에 관한 강습을 받은 자

58 영업소에서 무자격 안마사로 하여금 손님에게 안마 행위를 하였을 때 2차 위반 시 행정 처분은?

① 영업 정지 15일
② 영업 정지 1개월
③ 영업 정지 2개월
④ 영업장 폐쇄 명령

59 다음 위법사항 중 가장 무거운 벌금기준에 해당하는 자는?

① 신고를 하지 아니하고 영업한 자
② 변경신고를 하지 아니하고 영업한 자
③ 면허정지처분을 받고 그 정지 기간 중 업무를 행한 자
④ 관계공무원의 출입, 검사를 거부한 자

60 지위승계 신고를 하지 아니한 때에 대한 1차 위반 시 행정처분기준은?

① 경고
② 개선명령
③ 영업정지 5일
④ 영업정지 10일

정답(제9회)

01	02	03	04	05	06	07	08	09	10	11	12	13	14	15	16	17	18	19	20
④	④	④	①	②	④	③	③	③	②	②	②	④	①	②	③	②	④	④	④
21	22	23	24	25	26	27	28	29	30	31	32	33	34	35	36	37	38	39	40
③	④	②	③	④	④	④	④	②	④	③	②	④	③	④	①	①	④	①	②
41	42	43	44	45	46	47	48	49	50	51	52	53	54	55	56	57	58	59	60
③	③	②	①	②	④	④	②	①	①	③	②	①	③	②	①	③	③	①	①

해설

01 플레인 린스는 두발에 부착된 제1액을 물로 씻어내는 데 가장 적합한 린스 방법이다.

02 테스트 컬은 두발에 대한 제1액의 작용정도를 판단하여 정확한 프로세싱 타임을 결정하고 웨이브의 형성 정도를 조사하기 위해 실시한다.

03 곡선날 시저스(R-scissors)는 협신부가 R자 모양이며, 두발 끝의 커트라인을 정돈하거나 세밀한 부분의 수정에 사용되기 때문에 스트로크 커트에 적합하다.

04 내로우 웨이브는 지나치게 곱슬거리는 웨이브로 릿지와 릿지의 폭이 좁고 급하다.

05 두발이 굵은 경우는 로드의 직경이 작은 것, 두발이 가는 경우는 로드의 직경이 큰 것을 사용한다.

06 ① 손톱 위 소피를 미는 것, ② 큐티클을 자르는 집게, ③ 손톱 모양을 다듬는 데 사용하는 줄

07 보색관계의 원리는 두발색상을 바꾸거나 두발색을 중화시키는 데 이용된다. 초록색의 보색은 적색이다.

08 이물질 제거는 헤어 샴푸의 목적이다.

09 고대 이집트는 화장품과 향수의 제조기술을 갖고 있었다.

10 ① 이숙종 : 높은 머리
③ 김상진 : 현대미용학원 설립
④ 오엽주 : 화신미용실 개원

11 트라이앵귤러 파트는 업스타일을 시술할 때 백코밍 효과를 크게 하고자하는 섹션 파트이다.

12 원랭스 커트는 보브 커트의 가장 기본적인 기법으로 두발을 일직선상으로 하는 커트 기법이다.

13 미용의 순서는 소재의 확인 → 구상 → 제작 → 보정의 단계를 거치며 보정의 단계에서 전체적인 모양과 조화를 살펴본다.

14 플랫컬은 루프가 두피에 평평하고 납작하게 붙도록 되어 있는 컬로 볼륨감이 없는 컬이다.

15 눈썹산의 표준 형태는 눈썹꼬리로부터 전체 눈썹의 1/3 되는 지점에 위치하는것이 적당하다.

16 트리밍은 이미 형태가 이루어진 두발선을 최종적으로 정돈하기 위하여 가볍게 커트하는 방법이다.

17 오디너리 레이저는 면도를 말하며, 셰이핑 레이저는 헤어 커팅, 셰이핑, 세팅, 퍼머넌트에 사용되는 레이저이다.

18 역삼각형 얼굴은 턱 부분에 살이 없어 불안정해 보이므로 전체적으로 볼륨감을 주어 둥근 윤곽으로 수정한다.

19 다공성모는 두발이 건조해지기 쉬운 손상모로 두발의 다공성 정도가 클수록 프로세싱 타임을 짧게하고 보다 순한 웨이빙 용액을 사용하도록 한다.

20 언더 메이크업은 기초화장 후 파운데이션을 바르기 전에 바르므로 피부를 매끄럽게 하여 파운데이션이 잘 펴지고 화장을 오래 지속시켜 준다.

21 실내온도가 상승하지 않도록 충분히 송풍하며, 너무 강한 기류로 고객이나 종업원에게 불쾌감을 주지 않도록 주의한다.

22 비타민 E는 호르몬의 생성에 도움을 주며 항산화 작용으로 노화를 방지해 주고 혈액순환을 촉진시켜 준다.

23 산성비는 공기 중으로 배출된 산성 물질이 비에 녹아내릴 때 생기며, 대표적인 산성 물질에는 아황산가스와 질산화물이 있다.

24 세계보건기구(WHO)에서의 건강이란 "단순히 질병이나 허약하지 않은 상태만을 의미하는 것이 아니라 육체적, 정신적 및 사회적 안녕의 완전한 상태"를 말한다.

25 장염 비브리오 식중독은 발병이 7~9월 여름철에 많으며, 주된 원인식품은 어패류와 소금에 절인 생선류이다.

26 발진티푸스는 접촉감염으로 환자의 피를 빤 '이'의 분변을 통해 감염된다.

27 영아사망률 = $\dfrac{\text{연간 생후 1년 미만 사망자 수}}{\text{연간 출생아 수}} \times 1{,}000$

28 구충구서의 일반적인 원칙은 발생원 및 서식처를 제거하는 것이다.

29 장티푸스는 살모넬라균으로 인한 열성 질환으로 환자나 병원체 보유자의 대변에 오염된 물과 식품을 매개로 전파된다.

30 정상적인 날의 하루 중 기온이 가장 낮을 때는 새벽 4~5시 사이경이고 가장 높을 때는 오후 2시경이 일반적이다.

31 고압멸균기는 주로 기구, 의류, 고무 제품, 거즈, 약액 등의 멸균에 이용된다.

32 소독은 대상으로 하는 물체의 표면 또는 그 내부에 있는 병원균을 죽여 전파력 또는 감염력을 없애는 것이다(소독력의 크기 : 멸균 〉 살균 〉 소독 〉 방부).

33 병원성 미생물들은 사람 혈액인 pH 7.4에서 잘 자란다. 대부분의 병원성 미생물들은 pH 5.0 이하의 산성과 pH 8.5 이상의 염기성에서 파괴된다.

34 B형 간염을 예방하기 위해서는 감염성이 강한 급성이나 만성간염, 간암 환자와 면도날, 가위, 손톱깎이 등을 같이 사용해서는 안 되며, 감염된 사람의 혈액이나 체액에 노출되지 않도록 유의해야 한다.

35 석탄산은 대부분의 일반 세균에 효과가 있다.

36 산소를 공급하면 호기성균의 활동이 활발해진다.

37 화학적 살균법은 소독력을 갖고 있는 약제를 써서 세균을 죽이는 방법이다.

38 소독약의 구비조건은 짧은 시간에 소독할 수 있어야 하며 소독대상물을 손상시키지 않는 방법이어야 하고 소독한 물건에 나쁜 냄새를 남기지 않아야 한다.

39 균체 단백의 응고 작용을 하는것은 석탄산, 알코올, 크로졸, 포르말린, 승홍수, 가열에 의해 일어난다.

40 퍼센트(%)는 희석액(용액) 100g 속에 소독약(용질)이 어느 정도 포함되어 있는가를 표시하는 수치이다.

41 진피층은 피부의 주체를 이루는 층으로 표피와 경계를 이루어 망상층과 유두층으로 구분된다.

42 ③ AHA(Alpha Hydroxy Acid) : 과일에서 추출한 천연 과일산(글리콜릭산, 주석산, 사과산, 젖산, 구연산)으로 각질의 응집력을 약화시켜 각질이 쉽게 제거된다.

43 피부의 산성도가 외부의 충격으로 파괴된 경우 완충약에 의해 약 2시간 경과 후 정상적인 상태로 회복된다.

44 피부의 성분인 표피 각질의 결합조직, 탄성섬유 등은 모두 단백질이며, 피부각화에 중요한 비타민 A는 거친 피부각화 이상에 의한 피부질환에 사용된다.

45 조모는 임파관과 혈관, 신경이 있고 손톱의 세포를 생산하는 곳이다.

46 기저층에서는 색소형성 세포와 새로운 세포가 형성된다.

47 작은 기름샘은 손·발바닥을 제외한 나머지 신체에 분포한다.

48 랑게스한스 세포는 표피의 가장 두꺼운 층인 유극층에 존재하며, 피부 면역을 담당한다.

49 모모세포는 세포의 분열 증식으로 모발이 만들어지는 곳으로 모발의 주성분인 케라틴 단백질을 만들어 모발의 형상을 갖추게 한다.

50 ① 안정성 : 보관에 따른 변질, 변색, 변취, 미생물의 오염이 없을 것(제품 자체를 대상으로 함)

51 이·미용사의 면허를 받기 위해서는 교육과학기술부장관이 인정하는 고등기술학교에서 1년 이상 미용에 관한 소정의 과정을 이수해야 한다.

52 변경신고 첨부서류는 영업소의 명칭 또는 상호, 영업소의 소재지, 신고한 영업장 면적의 3분의 1 이상 증감, 대표자의 성명 또는 생년월일(법인의 경우에 한함), 미용업 업종 간 변경

53 「사회복지사업법」에 따른 사회복지시설에서 봉사 활동을 하는 경우와 방송 등의 촬영에 참여하는 사람에 대하여 그 촬영 직전에 이·미용을 하는 경우에도 영업소 외의 장소에서 업무를 행할 수 있다.

54 시장·군수·구청장은 영업 정지가 이용자에게 심한 불편을 주거나 그 밖에 공익을 해할 우려가 있는 경우에는 영업 정지 처분에 갈음하여 1억 원 이하의 과징금을 부과할 수 있다. 다만, 「성매매 알선 등 행위의 처벌에 관한 법률」, 「아동 청소년의 성보호에 관한 법률」, 「풍속영업의 규제에 관한 법률」 또는 이에 상응하는 위반 행위로 인하여 처분을 받게 되는 경우를 제외한다.

55 면허증을 잃어버린 후 재교부받은 자가 그 잃어버린 면허증을 찾은 때에는 지체 없이 면허를 시장·군수·구청장에게 이를 반납하여야 한다.

56 이용·미용업의 경우에는 면허를 소지한 자에 한해 공중위생영업자의 지위를 승계할 수 있으며 공중위생영업자의 지위를 승계한 자는 1월 이내에 보건복지부령이 정하는 바에 따라 신고해야 한다.

57 이·미용의 업무 보조 범위
- 이·미용 업무를 위한 사전 준비에 관한 사항
- 이·미용 업무를 위한 기구·제품 등의 관리에 관한 사항
- 영업소의 청결 유지 등 위생 관리에 관한 사항
- 그 밖의 머리 감기 등 이·미용 업무의 보조에 관한 사항

58 영업소에서 무자격 안마사로 하여금 손님에게 안마 행위를 하였을 때 1차 위반 시 영업 정지 1개월, 2차 위반 시 영업 정지 2개월, 3차 위반 시 영업장 폐쇄 명령을 행한다.

59 ① 신고를 하지 아니하고 영업한 자 : 1년 이하의 징역 또는 1천만 원 이하의 벌금
② 변경신고를 하지 아니하고 영업한 자 : 6월 이하의 징역 또는 500만 원 이하의 벌금
③ 면허정지처분을 받고 그 정지 기간 중 업무를 행한 자 : 300만 원 이하의 벌금
④ 공무원의 출입, 검사, 기타 조치를 거부하거나 방해한 자 : 300만 원 이하의 과태료

60 지위승계 신고를 하지 아니한 때에는 2차 위반 시 영업정지 10일, 3차 위반 시 영업정지 1월, 4차 위반 시 영업장 폐쇄명령을 행한다.

01 물에 적신 두발을 와인딩 한 후 퍼머넌트 웨이브 1제를 도포하는 방법은?

① 워터 래핑(water wrapping)
② 슬래핑(slapping)
③ 스파이럴 랩(spiral wrap)
④ 크로키놀 랩(croquignole wrap)

02 한국 현대 미용사에 대한 설명 중 옳은 것은?

① 경술국치 이후 일본인들에 의해 미용이 발달했다.
② 1933년 일본인이 우리나라에 처음으로 미용원을 열었다.
③ 해방 전 우리나라 최초의 미용교육기관은 정화고등기술학교이다.
④ 오엽주씨가 화신백화점 내에 미용원을 열었다.

03 퍼머 제1액 처리에 따른 프로세싱 중 언더 프로세싱(under processing)의 설명으로 옳지 않은 것은?

① 언더 프로세싱은 프로세싱 타임 이상으로 제1액을 두발에 방치한 것을 말한다.
② 언더 프로세싱일 때에는 두발의 웨이브가 거의 나오지 않는다.
③ 언더 프로세싱일 때에는 처음에 사용한 솔루션보다 약한 제1액을 다시 사용한다.
④ 제1액의 처리 후 두발의 테스트 컬로 언더 프로세싱 여부가 판명된다.

04 헤어컬러 기술에서 만족할 만한 색채효과를 얻기 위해서는 색채의 기본적인 원리를 이해하고 이를 응용할 수 있어야 한다. 다음 색의 3속성 중 명도만을 갖고 있는 무채색에 해당하는 것은?

① 적색
② 황색
③ 청색
④ 백색

05 아이론(iron)의 열을 이용하여 웨이브를 형성하는 것은?

① 마셀 웨이브
② 콜드 웨이브
③ 핑거 웨이브
④ 섀도 웨이브

06 다음 중 산성 린스가 아닌 것은?

① 레몬 린스(lemon rinse)
② 비니거 린스(vineger rinse)
③ 오일 린스(oil rinse)
④ 구연산 린스(citric acid rinse)

07 다음 중 블런트 커트(blunt cut)와 같은 의미인 것은?

① 클럽 커트(club cut)
② 싱글링(shingling)
③ 클리핑(clipping)
④ 트리밍(trimming)

08 브러시 세정법으로 옳은 것은?

① 세정 후 털을 아래로 하여 양지에서 말린다.
② 세정 후 털을 아래로 하여 음지에서 말린다.
③ 세정 후 털을 위로 하여 양지에서 말린다.
④ 세정 후 털을 위로 하여 음지에서 말린다.

09 콜드 퍼머넌트 시 제1액을 바르고 비닐캡을 씌우는 이유로 거리가 가장 먼 것은?

① 체온으로 솔루션의 작용을 빠르게 하기 위하여
② 제1액의 작용이 두발 전체에 골고루 행하여지게 하기 위하여
③ 휘발성 알칼리의 휘산작용을 방지하기 위하여
④ 두발을 구부러진 형태대로 정착시키기 위하여

10 미용의 특수성에 해당하지 않는 것은?

① 자유롭게 소재를 선택한다.
② 시간적 제한을 받는다.
③ 손님의 의사를 존중한다.
④ 여러 가지 조건에 제한을 받는다.

11 염모제로서 헤나(henna)를 처음으로 사용했던 나라는?

① 그리스
② 이집트
③ 로마
④ 중국

12 빗의 보관 및 관리에 관한 설명 중 옳은 것은?

① 빗은 사용 후 소독액에 계속 담가 보관한다.
② 소독액에서 빗을 꺼낸 후 물로 닦지 않고 그대로 사용해야 한다.
③ 증기 소독은 자주 해주는 것이 좋다.
④ 소독액은 석탄산수, 크레졸 비누액 등이 좋다.

13 유기합성 염모제에 대한 설명으로 올바르지 않은 것은?

① 유기합성 염모제 제품은 알칼리성의 제1액과 산화제인 제2액으로 나누어진다.
② 제1액은 산화염료가 암모니아수에 녹아 있다.
③ 제1액의 용액은 산성을 띠고 있다.
④ 제2액은 과산화수소로서 멜라닌색소의 파괴와 산화염료를 산화시켜 발색시킨다.

14 비듬이 없고 두피가 정상적인 상태일 때 실시하는 트리트먼트는?

① 댄드러프 스캘프 트린트먼트
② 오일리 스캘프 트리트먼트
③ 플레인 스캘프 트린트먼트
④ 드라이 스캘프 트린트먼트

15 땋거나 스타일링하기 쉽도록 3가닥 혹은 1가닥으로 만들어진 헤어 피스는?

① 웨프트
② 스위치
③ 폴
④ 위글렛

16 다음 중 바르게 연결된 것은?

① 아이론 웨이브 - 1830년 프랑스의 무슈 끄로와프
② 콜드 웨이브 - 1936년 영국의 J.B 스피크먼
③ 스파이럴 퍼머넌트 웨이브 - 1925년 영국의 조셉 메이어
④ 크로키놀식 웨이브 - 1875년 프랑스의 마셀 그라또우

17 헤어스타일(hair style) 또는 메이크업(make-up)에서 개성미를 발휘하기 위한 첫 단계는?

① 구상   ② 보정
③ 소재의 확인   ④ 제작

18 두정부의 가마에서 방사선으로 나눈 파트는?

① 카우릭 파트(cowlick part)
② 이어 투 이어 파트(ear-to-ear part)
③ 센터 파트(center part)
④ 스퀘어 파트(square part)

19 컬(curl)의 목적으로 가장 옳은 것은?

① 텐션, 루프, 스템을 만들기 위해
② 웨이브, 볼륨, 플러프를 만들기 위해
③ 슬라이싱, 스퀘어, 베이스를 만들기 위해
④ 세팅, 뱅을 만들기 위해

20 코 화장법에 대한 설명으로 적절하지 않은 것은?

① 큰 코는 전체가 드러나지 않도록 코 전체를 다른 부분보다 연한 색으로 펴 바른다.
② 낮은 코는 코의 양 측면에 세로로 진한 크림파우더 또는 다갈색의 아이섀도를 바르고 코 등에 연한 색을 바른다.
③ 코 끝이 둥근 경우 코 끝의 양 측면에 진한 색을 펴 바르고 코 끝에는 연한 색을 펴 바른다.
④ 너무 높은 코는 코 전체에 진한 색을 펴바른 후 양 측면에 연한 색을 바른다.

21 다음 중 간흡충증(디스토마)의 제1 중간숙주는?

① 다슬기   ② 쇠우렁
③ 피라미   ④ 게

22 납중독과 가장 거리가 먼 증상은?

① 빈혈
② 신경마비
③ 뇌중독증상
④ 과다행동장애

23 간헐적으로 유행할 가능성이 있어 지속적으로 그 발생을 감시하고 방역대책의 수립이 필요한 감염병은?

① 말라리아
② 콜레라
③ 디프테리아
④ 유행성이하선염

24 수질오염의 지표를 사용하는 "생화학적 산소요구량"을 나타내는 용어는?

① BOD
② DO
③ COD
④ SS

25 다음 고타법 중 손바닥을 오목하게 하여 행하는 것은?

① 태핑
② 해킹
③ 커핑
④ 비팅

26 지역사회에서 노인층 인구에 가장 적절한 보건교육 방법은?

① 신문
② 집단교육
③ 개별접촉
④ 강연회

27 다음 질환 중 예방접종에서 생균제제를 사용하는 것은?

① 장티푸스
② 파상풍
③ 결핵
④ 디프테리아

28 저온폭로에 의한 건강장애로 올바르게 연결된 것은?

① 동상 - 무좀 - 전신체온 상승
② 참호족 - 동상 - 전신체온 하강
③ 참호족 - 동상-전신체온 상승
④ 동상 - 기억력저하 - 참호족

29 다음 식중독 중에서 가장 치명적인 것은?

① 살모넬라증
② 포도상구균 식중독
③ 연쇄상구균 식중독
④ 보툴리누스균 식중독

30 다음 중 파리가 전파할 수 있는 소화기계 감염병은?

① 페스트　　　　　　② 일본뇌염
③ 장티푸스　　　　　④ 황열

31 다음 내용 중 소독의 정의로 옳은 것은?

① 모든 미생물 일체를 사멸하는 것
② 모든 미생물을 열과 약품으로 완전히 죽이거나 또는 제거하는 것
③ 병원성 미생물의 생활력을 파괴하여 죽이거나 또는 제거하여 감염력을 없애는 것
④ 균을 적극적으로 죽이지 못하더라도 발육을 저지하고 목적하는 것을 변화시키지 않고 보존하는 것

32 AIDS나 B형 간염 등과 같은 질환의 전파를 예방하기 위한 이·미용기구의 가장 좋은 소독방법은?

① 고압증기멸균기　　② 자외선소독기
③ 음이온계면활성제　④ 알코올

33 일반적으로 사용되는 소독용 알코올의 적정 농도는?

① 30%　　　　　　② 70%
③ 50%　　　　　　④ 100%

34 다음 중 이·미용사의 손을 소독하려 할 때 가장 알맞은 것은?

① 역성비누액　　　　② 석탄산수
③ 포르말린수　　　　④ 과산화수소

35 다음 중 음용수 소독에 사용 되는 약품은?

① 석탄산　　　　　　② 액체염소
③ 승홍수　　　　　　④ 알코올

36 소독에 영향을 미치는 인자가 아닌 것은?

① 온도　　　　　　　② 수분
③ 시간　　　　　　　④ 풍속

37 소독법의 구비 조건으로 적절하지 않은 것은?

① 장시간에 걸쳐 소독의 효과가 서서히 나타나야 한다.
② 소독대상물에 손상을 입혀서는 안 된다.
③ 인체 및 가축에 해가 없어야 한다.
④ 방법이 간단하고 비용이 적게 들어야 한다.

38 소독제의 살균력 측정검사의 지표로 사용되는 것은?

① 알코올　　　　　　② 크레졸
③ 석탄산　　　　　　④ 포르말린

39 화장실, 하수도, 쓰레기통 소독에 가장 적합한 것은?

① 알코올　　　　　　② 염소
③ 승홍수　　　　　　④ 생석회

40 상처 소독에 적합하지 않은 것은?

① 과산화수소
② 요오드딩크제
③ 승홍수
④ 머큐로크롬

41 생명력이 없는 상태의 무색, 무핵층으로서 손바닥과 발바닥에 주로 있는 층은?

① 각질층　　　　　　② 과립층
③ 투명층　　　　　　④ 기저층

42 다음 중 천연보습인자(NMF)에 속하는 것은?

① 아미노산　　　　　② 글리세린
③ 히알루론산　　　　④ 글리콜릭산

43 다음 중 즉시 색소 침착 작용을 하며 인공선탠(suntan)에 사용되는 것은?

① UV A　　　　　　② UV B
③ UV C　　　　　　④ UV D

44 갑상선의 기능과 관계있으며, 모세혈관 기능을 정상화하는 것은?

① 칼슘　　　　　　　② 인
③ 철분　　　　　　　④ 요오드

45 피부의 생리작용 중 지각 작용은?

① 피부 표면에 수증기를 발산한다.
② 피부의 땀샘, 피지선 모근에서 생리작용을 한다.
③ 피부 전체에 퍼져 있는 신경에 의해 촉각, 온각, 냉각, 통각 등을 느낀다.
④ 피부의 생리작용에 의해 생기는 노폐물을 운반한다.

46 교원섬유(collagen)와 탄력섬유(elastin)로 구성되어 있어 강한 탄력성을 지니고 있는 곳은?

① 표피　　　　　　　② 진피
③ 피하조직　　　　　④ 근육

47 다음 중 자외선의 영향으로 인한 부정적인 효과는?

① 홍반반응
② 비타민 D 효과
③ 살균효과
④ 강장효과

48 피부에서 땀과 함께 분비되는 천연 자외선 흡수제는?

① 우로칸산(urocanic acid)
② 글리콜산(glycolic acid)
③ 글루탐산(glutamic acid)
④ 레틴산(retinoic acid)

49 다음 내용 중 광노화와 거리가 먼 것은?

① 피부두께가 두꺼워진다.
② 섬유아 세포수가 감소한다.
③ 콜라겐이 비정상적으로 늘어난다.
④ 점다당질이 증가한다.

50 피지 분비와 가장 관계가 있는 것은?

① 에스트로겐(estrogen)
② 프로게스트론(progesteron)
③ 인슐린(insulin)
④ 안드로겐(androgen)

51 이·미용업 영업자의 지위를 승계한 자가 관계기관에 신고를 해야 하는 기간은?

① 1년 이내
② 3월 이내
③ 6월 이내
④ 1월 이내

52 이·미용업은 다음 중 어디에 속하는가?

① 공중위생영업
② 위생관련영업
③ 위생처리업
④ 건물위생관리업

53 다음 ( ) 안에 알맞은 내용은?

"이·미용업 영업자가 공중위생관리법을 위반하여 관계해당기관 장의 요청이 있는 때에는 ( ) 이내의 기간을 정하여 영업의 정지 또는 일부 시설의 사용중지 혹은 영업소 폐쇄 등을 명할 수 있다."

① 3월   ② 6월
③ 1년   ④ 2년

54 이·미용업소 내 반드시 게시해야 할 사항으로 옳은 것은?

① 요금표 및 준수사항만 게시하면 된다.
② 이·미용업 신고증만 게시하면 된다.
③ 이·미용업 신고증 및 면허증 사본, 최종지불요금표를 게시하면 된다.
④ 이·미용업 신고증, 면허증 원본, 최종지불요금표를 게시하여야 한다.

55 다음중 이·미용사의 면허정지를 명할 수 있는 자는?

① 행정자치부장관
② 시·도지사
③ 시장·군수·구청장
④ 경찰서장

56 이·미용 영업소에서 1회용 면도날을 손님 2인에게 사용한 때의 1차 위반 시 행정처분기준은?

① 시정명령
② 개선명령
③ 경고
④ 영업정지 5일

57 관련법상 이·미용사의 위생교육에 대한 설명으로 옳은 것은?

① 위생교육 대상자는 이·미용업 영업자이다.
② 위생교육 대상자에는 이·미용사의 면허를 가지고 이·미용업에 종사하는 모든 자가 포함된다.
③ 위생교육은 시·군·구청장만이 할 수 있다.
④ 위생교육 시간은 분기당 4시간으로 한다.

58 다음 중 이·미용사의 면허를 받을 수 없는 자는?

① 전문대학의 이·미용에 관한 학과를 졸업한 자
② 교육부장관이 인정하는 고등기술학교에서 1년 이상 이·미용에 관한 소정의 과정을 이수한 자
③ 국가기술자격법에 의한 이·미용사의 자격을 취득한자
④ 외국의 유명 이·미용학원에서 2년 이상 기술을 습득한자

59 신고를 하지 않고 영업소 명칭(상호)을 바꾼 경우에 대한 1차 위반 시의 행정처분기준은?

① 주의
② 경고 또는 개선명령
③ 영업정지 15일
④ 영업정지 1월

60 다음 중 과태료 처분 대상에 해당하지 않는 자는?

① 관계공무원 출입·검사 등의 업무를 기피한 자
② 영업소 폐쇄명령을 받고도 영업을 계속한 자
③ 이·미용업소 위생관리 의무를 지키지 아니한 자
④ 위생교육 대상자 중 위생교육을 받지 아니한 자

정답(제10회)

01	02	03	04	05	06	07	08	09	10	11	12	13	14	15	16	17	18	19	20
①	④	①	④	①	③	①	②	④	①	②	④	③	③	②	②	③	①	②	①

21	22	23	24	25	26	27	28	29	30	31	32	33	34	35	36	37	38	39	40
②	④	①	①	②	③	③	④	③	④	①	④	③	①	②	④	④	①	④	③

41	42	43	44	45	46	47	48	49	50	51	52	53	54	55	56	57	58	59	60
③	①	①	④	③	②	①	①	③	④	④	①	②	④	③	①	④	②	②

해설

01 ② 슬래핑 : 스캘프 머니 플레이션의 고타법 중 손박닥을 이용하여 두드리는 동작이다.
③ 스파이럴 랩 : 클립에 두발을 감고 은박지 등으로 싸서 가열하는 방법으로 긴 머리에 적합하다.
④ 크로키놀 랩 : 짧은 머리에 적합한 방법이다.

02 현대의 미용은 경술국치 이후부터 발전하였고 해방 후 최초로 미용교육기관인 정화고등기술학교가 설립되었다.

03 언더 프로세싱은 유효기간보다 짧게 프로세싱 하는 것을 말한다.

04 무채색은 검정, 회색, 흰색을 말한다.

05 마셀 웨이브란 아이론의 열에 의해서 일시적으로 두발의 분자구조에 변화를 주어 웨이브를 형성하는 방법이다.

06 오일 린스는 지방성 린스에 해당한다.

07 블런트 커트는 직선적으로 커트하는 방법으로 클럽 커트라고도 한다.

08 브러시는 비눗물이나 탄산소다수에 담가 가볍게 비벼 빨고 물로 잘 헹구어 털을 아래로 향하도록 하여 응달에 말려 손질한다.

09 ④ 두발을 구부러진 형태대로 정착시키는 것은 퍼머넌트 제2제 산화제의 역할이다.

10 미용의 소재는 손님 신체의 일부이므로 소재를 자유롭게 선택하거나 새로 바꿀 수가 없다.

11 이집트인들은 자신들의 흑색두발을 다양하게 변화시키기 위하여 헤나를 진흙에 개어 두발에 바르고 태양광선에 건조시켜 두발 색상에 변화를 주었다.

12 빗의 손질법 : 소독액에 담갔다가 제거하거나 소독을 하고 물로 헹군 후 마른 타월로 물기를 닦고 소독장에 넣어 말린다.

13 제1액의 용액은 알칼리제(암모니아수)로 두발에 침투한다.

14 ① 비듬을 제거할 때, ② 과잉피지를 제거할 때, ④ 두피가 건조한 상태일 때

15 스위치는 웨이브 상태에 따라서 땋거나 꼬아서 스타일링을 만들어 부착하는 헤어피스이다.

16 찰스 네슬러가 발명한 퍼머넌트 웨이브는 스파이럴식으로 긴 머리에만 적합하였는데, 이후에 이 점을 보완하여 짧은 머리에 맞는 크로키놀식이 고안되었다.

17 미용의 과정은 소재 – 구상 – 제작 – 보정 단계이다.

18 ① 카우릭 파트 : 두정부 가마에서 방사선으로 나눈 파트
② 이어 투 이어 파트 : 좌측 귀 위쪽에서 두정부를 지나 우측 귀 위쪽으로 향하여 수직으로 나눈 파트
③ 센터 파트 : 전두부의 헤어라인 중앙에서 두정부를 지나 우측 귀 위쪽으로 향하여 수직으로 나눈 파트
④ 스퀘어 파트 : 이마의 헤어 라인에 수평하게 나눈 파트

19 컬의 목적은 웨이브를 만들어 두발 끝의 변화를 주고 플러프를 만들어 부풀린듯한 느낌의 볼륨을 만든다.

20 큰 코는 다른 부분보다 진한색으로 펴 발라주어 작아 보이게 한다.

21 간흡충증의 제1 중간숙주는 쇠우렁이며, 제2 중간숙주에 속하는 민물고기에는 담수어, 참붕어, 붕어, 잉어, 누치, 향어 등이 있다.

22 급성중독은 구토, 위통, 사지마비, 혼수 등을 일으키고 만성중독은 체중감소, 지각소실, 사지마비 등을 일으킨다.

23 말라리아는 제3군 감염병으로 발생을 계속 감시하고 방역 대책의 수립이 필요한 감염병이다.

24 생화학적 산소요구량(BOD)의 양은 ppm으로 표시하며, 수치가 크면 부패성 유기물질이 물속에 많이 있다는 것을 의미한다.

25 ① 태핑 : 손가락을 사용한다.
② 해킹 : 손의 바깥 측면과 손목을 사용한다.
④ 비팅 : 살짝 쥔 주먹을 사용한다.

26 지역 사회의 노인층 보건 교육 방법은 개별 접촉을 통한 방법이 가장 적절하다.

27 예방 접종에서 생균 백신은 홍역, 결핵, 황열, 폴리오, 탄저, 두창, 광견병 등에 사용한다.

28 한랭한 장소에서 작업하는 경우 체온조절 기능이 마비되면서 체온하강 및 동상, 동창, 참호족염이 생길 수 있다.

29 보툴리누스균중독 : 균체외독소(엑소톡신)인 신경독소(뉴로톡신)에 의한 식중독으로 식중독 중에서 사망률이 가장 높다.

30 파리가 전파할 수 있는 감염병은 장티푸스, 파라티푸스, 이질, 콜레라, 결핵, 디프테리아가 있다.

31 ①은 멸균, ②는 살균, ④는 방부에 대한 설명이다.

32 고압증기멸균법을 사용하여 보통 120℃에서 20분간 가열하면 모든 미생물은 완전히 멸균되며, 주로 AIDS나 B형 간염 등과 같은 질환의 전파를 예방한다.

33 에틸알코올은 70%의 수용액일 때 가장 소독력이 강하다.

34 ① 역성비누액은 보통 0.01~0.1% 수용액을 사용하며 독성이 없어 식품소독용으로도 사용이 가능하다. 피부에 자극이 거의 없어 손 소독 시 적합하다.

35 상수도법에서는 음용수 소독에 액체염소를 이용하게 되어 있다. 평상시 유리 잔류염소농도는 0.2ppm, 감염병 발생 시에는 0.4ppm 이상으로 유지해야 한다.

36 소독에 영향을 미치는 인자로 물, 온도, 농도, 시간이 있다.

37 짧은 시간에 소독효과가 확실히 나타나야 한다.

38 석탄산은 살균력이 안정적이며 응용범위가 넓고 모든 균에 효과적이다.

39 생석회는 변소나 하수도 등 넓은 장소의 대량소독에 이용된다.

40 승홍수는 독성이 강하기 때문에 피부에 직접 닿는 상처 소독에는 적합하지 않다.

41 투명층은 손바닥이나 발바닥에만 있는 피부층이며, 가장 두터운 부위에 분포한다.

42 ① 아미노산은 천연보습인자의 주성분이다(40%).

43 UV A는 장파장 자외선으로 피부 깊숙이 침투하여 주름을 형성하고 색소 침착을 유도하는 생활 자외선이다.

44 요오드는 갑상선 호르몬의 구성요소로 다시마, 새우, 굴 등의 해조류와 해산물에 많이 함유되어 있다.

45 피부는 외부의 자극을 바로 뇌에 전달하여 통각, 압각, 온각, 촉각, 소양감 등을 느끼게 한다.

46 진피는 피부의 주체를 이루는 층으로 교원섬유와 탄력섬유가 매우 조밀하게 구성되어 있다.

47 자외선을 오래 쬐면 피부의 노화, 색소침착의 원인이 된다.

48 우로칸산은 피부에서 땀과 함께 분비되는 천연 자외선 흡수제로 자외선 B를 차단한다.

49 광노화는 외인성 노화 증상으로 콜라겐이 파괴되거나 변성된다.

50 피지는 하루에 약 1~2g 분비하며, 남성 호르몬인 안드로겐의 영향을 많이 받는다.

51 미용업자의 지위승계는 1월 내에 보건복지부령이 정하는 바에 따라 시장 · 군수 · 구청장에게 신고하여야 한다.

52 공중위생영업은 다수인을 대상으로 위생관리 서비스를 제공하는 영업으로서 숙박업, 목욕장업, 이용업, 미용업, 세탁업, 건물위생관리업을 말한다.

53 시장 · 군수 · 구청장이 공중위생영업자에게 6개월 이내의 기간을 정하여 영업의 정지 또는 일부 시설의 사용 중지를 명하거나 영업소 폐쇄 등을 명할 수 있는 경우
  • 영업 신고를 하지 아니하거나 시설과 설비 기분을 위반한 경우
  • 변경 신고를 하지 아니한 경우
  • 지위승계 신고를 하지 아니한 경우
  • 공중위생영업자의 위생 관리 의무 등을 지키지 아니한 경우
  • 「성폭력범죄의 처벌 등에 관한 특례법」에 위반하는 행위에 이용되는 카메라나 기계 장치를 설치한 경우
  • 영업소 외의 장소에서 이용 또는 미용 업무를 한 경우
  • 법에 따른 보고를 하지 아니하거나 거짓으로 보고한 경우 또는 관계 공무원의 출입, 검사 또는 공중위생영업 장부 또는 서류의 열람을 거부 · 방해하거나 기피한 경우
  • 법에 따른 개선 명령을 이행하지 아니한 경우
  • 「성매매알선 등 행위의 처벌에 관한 법률」, 「풍속영업의 규제에 관한 법률」, 「청소년 보호법」, 「아동 · 청소년의 성보호에 관한 법률」 또는 「의료법」을 위반하여 관계 행정 기관의 장으로부터 그 사실을 통보받은 경우

54 영업소 내부에 미용업 신고증 및 개설자의 면허증 원본과 최종지불요금표를 게시 또는 부착해야 한다.

55 시장 · 군수 · 구청장은 이 · 미용사의 면허를 취소하거나 6월 이내의 기간을 정하여 면허의 정지를 명령할 수 있다.

56 이 · 미용 영업소에서 1회용 면도날을 손님 2인에게 사용한 때의 1차 위반 시 경고, 2차 위반 시 영업정지 5일, 3차 위반 시 영업정지 10일, 4차 위반 시 영업소 폐쇄명령을 행한다.

57 공중위생영업자는 위생 교육을 매년 3시간 받아야 하며, 공중위생영업의 신고를 하고자 하는 자는 미리 위생 교육을 받아야 한다. 다만, 보건복지부령으로 정하는 부득이한 사유로 미리 교육을 받을 수 없는 경우에는 영업 개시 후 6개월 이내에 교육을 받을 수 있다.

58 「학점인정 등에 관한 법률」에 따라 대학 또는 전문대학을 졸업한 자와 같은 수준 이상의 학력이 있는 것으로 인정되어 이용 또는 미용에 관한 학위를 취득한 자와 고등학교 또는 이와 같은 수준의 학력이 있다고 교육부장관이 인정하는 학교에서 이용 또는 미용에 관한 학과를 졸업한 자도 면허를 받을 수 있다.

59 신고를 하지 않고 영업소 명칭(상호)을 바꾼 경우에 1차 위반 시에는 경고 또는 개선명령이며, 2차 위반 시에는 영업정지 15일, 3차 위반 시 영업정지 1월, 4차 위반 시 영업소 폐쇄명령을 행한다.

60 영업소 폐쇄명령을 받고도 영업을 계속한 때는 1년 이하의 징역 또는 1천만 원 이하의 벌금형에 해당한다.

제11회 최신 시행 출제문제

자격종목 및 등급(선택분야)	종목코드	시험시간	문제지형별	수험번호	성명
미용사(일반)	**7937**	**1시간**	**A**		

01 다음 용어의 설명으로 옳지 않은 것은?

① 버티컬 웨이브(vertical wave) : 웨이브 흐름이 수평인 것
② 리세트(re-set) : 세트를 다시 마는 것
③ 호리존탈 웨이브(horizontal wave) : 웨이브 흐름이 가로 방향인 것
④ 리세트 : 기초가 되는 최초의 세트

02 핑거 웨이브(finger wave)와 관계없는 것은?

① 세팅 로션, 물, 빗
② 크레스트(crest), 리지(ridge), 트로프(trough)
③ 포워드 비기닝(foward beginning), 리버스 비기닝(reverse beginning)
④ 테이퍼링(tapering), 싱글링(shingling)

03 스캘프 트리트먼트(scalp treatment)의 시술 과정에서 화학적 방법과 관련 없는 것은?

① 양모제　　　　② 헤어 토닉
③ 헤어 크림　　　④ 헤어 스티머

04 빗(comb)의 손질법에 대한 설명으로 옳지 않은 것은?(단, 금속 빗은 제외)

① 빗살 사이의 때는 솔로 제거하거나 심한 경우는 비눗물에 담근 후 브러시로 닦고 나서 소독한다.
② 증기 소독과 자비 소독 등 열에 의한 소독과 알코올 소독을 해준다.
③ 빗을 소독할 때는 크레졸수, 역성비누액 등이 이용되며 세정이 바람직하지 않은 재질은 자외선으로 소독한다.
④ 소독용액에 오랫동안 담가두면 빗이 휘어지는 경우가 있어 주의하고 끄집어낸 후 물로 헹구고 물기를 제거한다.

05 다음 중 헤어 블리치에 대한 설명으로 올바르지 않은 것은?

① 과산화수소는 산화제이고 암모니아수는 알칼리제이다.
② 헤어 블리치는 산화제의 작용으로 두발의 색소를 엷게 한다.
③ 헤어 블리치제는 과산화수소에 암모니아수 소량을 더하여 사용한다.
④ 과산화수소에서 방출된 수소가 멜라닌 색소를 파괴시킨다.

06 네일 에나멜(nail enamel)에 함유된 주된 필름 형성제는?

① 톨루엔(toluene)
② 메타크릴산(methacrylie acid)
③ 니트로 셀룰로오즈(nitro cellulose)
④ 라놀린(lanoline)

07 두발이 지나치게 건조해 있을 때나 두발의 염색에 실패했을 때 가장 적합한 샴푸방법은?

① 플레인 샴푸
② 에그 샴푸
③ 약산성 샴푸
④ 토닉 샴푸

08 미용의 과정이 바른 순서로 나열된 것은?

① 소재의 확인 → 구상 → 제작 → 보정
② 소재의 확인 → 보정 → 구상 → 제작
③ 구상 → 소재의 확인 → 제작 → 보정
④ 구상 → 제작 → 보정 → 소재의 확인

09 다음 중 커트를 하기 위한 순서로 올바르게 연결된 것은?

① 위그 → 수분 → 빗질 → 블로킹 → 슬라이스 → 스트랜드
② 위그 → 수분 → 빗질 → 블로킹 → 스트랜드 → 슬라이스
③ 위그 → 수분 → 슬라이스 → 빗질 → 블로킹 → 스트랜드
④ 위그 → 수분 → 스트랜드 → 빗질 → 블로킹 → 슬라이스

10 첩지에 대한 내용으로 적합하지 않은 것은?

① 첩지의 모양은 봉과 개구리 등이 있다.
② 첩지는 조선시대 사대부의 예장 때 머리 위 가르마를 꾸미는 장식품이다.
③ 왕비는 은 개구리 첩지를 사용하였다.
④ 첩지는 내명부나 외명부의 신분을 밝혀주는 중요한 표시이기도 했다.

11 다음 내용 중 레이어드 커트(layered cut)의 특징이 아닌 것은?

① 커트 라인이 얼굴정면에서 네이프 라인과 일직선인 스타일이다.
② 두피 안에서의 두발의 각도를 90° 이상으로 커트한다.
③ 머리형이 가볍고 부드러워 다양한 스타일을 만들 수 있다.
④ 네이프 라인에서 탑 부분으로 올라가면서 두발의 길이가 점점 짧아지는 커트이다.

12 두발 커트시, 두발 끝 1/3 정도로 테이퍼링 하는 것은?

① 노멀 테이퍼링(nomal tappering)
② 딥 테이퍼링(deep tappering)
③ 엔드 테이퍼링(end tappering)
④ 보스 사이드 테이퍼링(both-side tappering)

13 시스테인 퍼머넌트에 대한 설명으로 옳지 않은 것은?

① 아미노산의 일종인 시스테인을 사용한 것이다.
② 환원제로 티오글리콜산염이 사용된다.
③ 두발에 대한 잔류성이 높아 주의가 필요하다.
④ 연모, 손상모의 시술에 적합하다.

14 영구적 염모제에 대한 설명으로 올바르지 않은 것은?

① 제1액의 알칼리제로는 휘발성이라는 점에서 암모니아가 사용된다.
② 제2제인 산화제는 모피질 내로 침투하여 수소를 발생시킨다.
③ 제1제 속의 알칼리제가 모표피를 팽윤시켜 모피질 내로 인공색소와 과산화수소를 침투시킨다.
④ 모피질 내의 인공색소는 큰입자의 유색 염류를 형성하여 영구적으로 착색된다.

15 두피 타입에 알맞은 스캘프 트리트먼트(scalp treatment) 시술방법의 연결이 올바르지 않은 것은?

① 건성두피 – 드라이 스캘프 트리트먼트
② 지성두피 – 오일리 스캘프 트리트먼트
③ 비듬성두피 – 핫오일 스캘프 트리트먼트
④ 정상두피 – 플레인 스캘프 트리트먼트

16 다음 중 샴푸제의 성분이 아닌 것은?

① 계면활성제　　　　② 점증제
③ 기포 증진제　　　　④ 산화제

17 파운데이션 사용시 양볼은 어두운 색으로, 이마 상단과 턱의 하부는 밝은 색으로 표현하면 좋은 얼굴형은?

① 긴형　　　　② 둥근형
③ 사각형　　　　④ 삼각형

18 가위에 대한 설명으로 올바르지 않은 것은?

① 양날의 견고함이 동일해야 한다.
② 가위의 길이나 무게가 미용사의 손에 맞아야 한다.
③ 가위 날이 반듯하고 두꺼운 것이 좋다.
④ 협신에서 날 끝으로 갈수록 약간 내곡선인 것이 좋다.

19 두발의 측쇄 결합으로 볼 수 없는 것은?

① 시스틴 결합(cystine bond)
② 염 결합(salt bond)
③ 수소 결합(hydrogen bond)
④ 폴리펩티드 결합(polypeptide bond)

20 두발에서 퍼머넌트 웨이브의 형성과 직접 관련이 있는 아미노산은?

① 시스틴(cystine)
② 알라닌(alanine)
③ 멜라닌(melanin)
④ 타로신(tyrosin)

21 수질오염을 측정하는 지표로서 물에 녹아있는 유리산소를 의미하는 것은?

① 용존산소량(DO : Dissolved Oxygen)
② 생화학적 산소요구량(BOD : Biochemi Oxygen Demand)
③ 화학적 산소요구량(COD : Chemical Oxygen Demand)
④ 수소이온농도(pH)

22 모발 손상의 원인으로만 짝지어진 것은?

① 드라이어의 장시간 이용, 크림 린스, 오버 프로세싱
② 두피 마사지, 염색제, 백 코밍
③ 브러싱, 헤어 세팅, 헤어 팩
④ 자외선, 염색, 탈색

23 보건행정에 대한 설명으로 가장 올바른 것은?

① 공중보건의 목적을 달성하기 위해 공공의 책임하에 수행하는 행정활동
② 개인보건의 목적을 달성하기 위해 공공의 책임하에 수행하는 행정활동
③ 국가 간의 질병교류를 막기 위해 공공의 책임하에 수행하는 행정활동
④ 공중보건의 목적을 달성하기 위해 개인의 책임하에 수행하는 행정활동

24 콜레라 예방접종은 어떤 면역방법에 해당하는가?

① 인공수동면역
② 인공능동면역
③ 자연수동면역
④ 자연능동면역

25 기생충의 인체 내 기생부위 연결이 올바르지 않은 것은?

① 구충증 – 폐
② 간흡충증 – 간의 담도
③ 요충증 – 직장
④ 폐흡충 – 폐

26 다음 중 불량 조명에 의해 발생되는 직업병이 아닌 것은?

① 안정피로
② 근시
③ 근육통
④ 안구진탕증

27 주로 여름철에 발병하며 어패류 등의 생식이 원인이 되어 복통, 설사 등의 급성위장염 증상을 나타내는 식중독은?

① 포도상구균 식중독
② 병원성대장균 식중독
③ 장염비브리오 식중독
④ 보툴리누스균 식중독

28 다음 중 비타민(vitamin)과 그 결핍증과의 연결이 올바르지 않은 것은?

① 비타민 B_2 – 구순염
② 비타민 D – 구루병
③ 비타민 A – 야맹증
④ 비타민 C – 각기병

29 일반적으로 돼지고기의 생식에 의해 감염될 수 없는 것은?

① 유구조충
② 무구조충
③ 선모충
④ 살모넬라

30 실내에 다수인이 밀집한 상태에서 실내공기의 변화는?

① 기온 상승 – 습도 증가 – 이산화탄소 감소
② 기온 하강 – 습도 증가 – 이산화탄소 감소
③ 기온 상승 – 습도 증가 – 이산화탄소 증가
④ 기온 상승 – 습도 감소 – 이산화탄소 증가

31 20파운드(Lbs)의 압력에서 고압증기 멸균법을 몇 분간 처리하는 것이 가장 적절한가?

① 40분
② 30분
③ 15분
④ 5분

32 다음 중 광견병의 병원체는 어디에 속하는가?

① 세균(bacteria)
② 바이러스(virus)
③ 리케차(rickettsia)
④ 진균(fungi)

33 다음 중 열에 대한 저항력이 커서 자비소독법으로 사멸되지 않는 균은?

① 콜레라균
② 결핵균
③ 살모넬라균
④ B형 간염 바이러스

34 레이저(razor) 사용 시 헤어살롱에서 교차 감염을 예방하기 위해 주의할 점이 아닌 것은?

① 매 고객마다 새로 소독된 면도날을 사용해야 한다.
② 면도날을 매번 고객마다 갈아 끼우기 어렵지만, 하루에 한 번은 반드시 새 것으로 교체해야 한다.
③ 레이저 날이 한몸채로 분리가 안 되는 경우 70% 알코올을 적신 솜으로 반드시 소독 후 사용한다.
④ 면도날을 재사용해서는 안 된다.

35 손 소독과 주사할 때와 같은 피부 소독 등에 사용되는 에틸 알코올(ethyl alcohol)은 어느 정도의 농도에서 가장 많이 사용하는가?

① 20% 이하
② 60% 이하
③ 70~80%
④ 90~100%

36 이·미용업소에서 일반적 상황에서의 수건 소독법으로 가장 적합한 것은?

① 석탄산 소독
② 크레졸 소독
③ 자비 소독
④ 적외선 소독

37 이·미용업소에서 B형 간염의 감염을 방지하려면 다음 중 어느 기구를 가장 철저히 소독하여야 하는가?

① 수건
② 머리빗
③ 면도칼
④ 클리퍼(전동형)

38 소독제의 살균력을 비교할 때 기준이 되는 소독약은?

① 요오드
② 승홍수
③ 석탄산
④ 알코올

39 3%의 크레졸 비누액 900ml를 만드는 방법으로 옳은 것은?

① 크레졸 원액 270ml에 물 630ml를 가한다.
② 크레졸 원액 27ml에 물 873ml를 가한다.
③ 크레졸 원액 300ml에 물 600ml를 가한다.
④ 크레졸 원액 200ml에 물 700ml를 가한다.

40 소독약의 구비조건으로 옳지 않은 것은?

① 값이 비싸더라도 위험성이 없어야 한다.
② 인체에 해가 없으며 취급이 간편해야 한다.
③ 살균하고자 하는 대상물을 손상시키지 않아야 한다.
④ 살균력이 강해야 한다.

41 다음 중 피부의 각질, 털, 손·발톱의 구성성분인 케라틴을 가장 많이 함유한 것은?

① 동물성 단백질
② 동물성 지방질
③ 식물성 지방질
④ 탄수화물

42 다음 내용 중 노화피부의 특징이 아닌 것은?

① 탄력이 없고, 수분이 많다.
② 피지분비가 원활하지 못하다.
③ 주름이 형성되어 있다.
④ 색소침착 불균형이 나타난다.

43 피부진균에 의하여 발생하며 습한 곳에서 발생빈도가 가장 높은 것은?

① 모낭염
② 족부백선
③ 봉소염
④ 티눈

44 기미를 악화시키는 주원인이 아닌 것은?

① 경구 피임약의 복용　　② 임신
③ 자외선 차단　　　　　④ 내분비이상

45 다음 중 피지선과 가장 관련이 깊은 질환은?

① 사마귀　　　　　　　② 주사(rasacea)
③ 한관증　　　　　　　④ 백반증

46 박하(peppermint)에 함유된 시원한 느낌의 혈액순환 촉진 성분은?

① 자일리톨(xylitol)
② 멘톨(menthol)
③ 알코올(alcohol)
④ 마조람 오일(majoram oil)

47 전염병 중 음용수(마시는 물)를 통하여 전염될 수 있는 가능성이 가장 큰 것은?

① 이질　　　　　　　　② 백일해
③ 풍진　　　　　　　　④ 한센병

48 다음 중 필수 아미노산에 속하지 않는 것은?

① 트립토판　　　　　　② 트레오닌
③ 발린　　　　　　　　④ 알라닌

49 AHA(Alpha Hydroxy Acid)에 대한 설명으로 올바르지 않은 것은?

① 화학적 필링
② 글리콜산, 젖산, 주석산, 능금산, 구연산
③ 각질세포의 응집력 강화
④ 미백작용

50 다음 정유(essential oil) 중에서 살균, 소독 작용이 가장 강한 것은?

① 티미 오일(thyme oil)
② 주니퍼 오일(juniper oil)
③ 로즈마리 오일(rosemary oil)
④ 클라리세이지 오일(clarysage oil)

51 신고를 하지 않고 영업소의 소재지를 변경한 때 1차 행정처분기준은?

① 경고　　　　　　　　② 면허정지
③ 면허취소　　　　　　④ 영업정지 1월

52 이·미용업에 있어 청문을 실시해야 하는 경우가 아닌 것은?

① 면허취소 처분을 하고자 하는 경우
② 면허정지 처분을 하고자 하는 경우
③ 일부시설의 사용중지 처분을 하고자 하는 경우
④ 위생교육을 받지 아니하여 1차 위반한 경우

53 이·미용업소에서의 면도기 사용에 대한 설명으로 가장 옳은 것은?

① 1회용 면도날만을 손님 1인에 한하여 사용
② 정비용 면도기를 손님 1인에 한하여 사용
③ 정비용 면도기를 소독 후 계속 사용
④ 매 손님마다 소독한 정비용 면도기 교체 사용

54 부득이한 사유가 없는 한 공중위생영업소를 개설할 자는 언제 위생교육을 받아야 하는가?

① 영업개시 후 1월 이내　　② 영업개시 후 2월 이내
③ 영업개시 전　　　　　　④ 영업개시 후 3월 이내

55 다음 중 공중위생영업을 하고자 할 때 필요한 것은?

① 허가　　　　　　　　② 통보
③ 인가　　　　　　　　④ 신고

56 공중위생영업자가 준수하여야 할 위생관리기준은 다음 중 어느 것으로 정하고 있는가?

① 대통령령　　　　　　② 국무총리령
③ 고용노동부령　　　　④ 보건복지부령

57 이용 또는 미용의 면허가 취소된 후 계속하여 업무를 행한 자에 대한 벌칙 사항은?

① 6월 이하의 징역 또는 300만 원 이하의 벌금
② 500만 원 이하의 벌금
③ 300만 원 이하의 벌금
④ 200만 원 이하의 벌금

58 이·미용영업자에게 과태료를 부과·징수할 수 있는 처분권자에 해당되지 않는 자는?

① 보건소장　　　　　　② 시장
③ 군수　　　　　　　　④ 보건복지부장관

59 대통령령이 정하는 바에 의하여 관계 전문기관 등에 공중위생관리 임무의 일부를 위탁할 수 있는 자는?

① 시·시도자
② 시장·군수·구청장
③ 보건복지부장관
④ 보건소장

60 이·미용사의 면허증을 재교부 받을 수 있는 자는 다음 중 누구인가?

① 공중위생관리법의 규정에 의한 명령을 위반한 자
② 간질병자
③ 면허증을 다른 사람에게 대여한 자
④ 면허증이 헐어 못쓰게 된 자

정답(제11회)

01	02	03	04	05	06	07	08	09	10	11	12	13	14	15	16	17	18	19	20
①	④	④	②	④	③	②	①	①	③	①	③	②	②	③	④	②	③	④	①

21	22	23	24	25	26	27	28	29	30	31	32	33	34	35	36	37	38	39	40
①	④	①	②	④	③	③	④	②	③	①	②	④	③	③	③	③	③	②	①

41	42	43	44	45	46	47	48	49	50	51	52	53	54	55	56	57	58	59	60
①	①	②	③	②	②	①	④	③	①	②	③	③	④	③	③	③	①	③	④

해설

01 버티컬 웨이브는 수직 웨이브이다.

02 ④ 테이퍼링, 싱글링은 커트 방법이다.

03 헤어 스티머는 미용기기로 물리적인 것과 관계가 있다.

04 빗을 소독할 때는 석탄산수, 크레졸수, 포르말린수, 자외선, 역성비누액을 사용한다.

05 과산화수소는 두발의 멜라닌 색소를 파괴하여 탈색을 일으키는 동시에 산화염료를 산화해서 발색시킨다.

06 니트로 셀룰로오즈는 네일 에나멜의 주된 필름 형성제이다. 그 외 필름 형성제로는 폴리실리콘-11, 폴리에틸렌 등이 있다.
① 톨루엔 : 휘발성 유기용매
② 메타크릴산 : 중합 방지제, 합성수지나 접착제
④ 라놀린 : 양의 털에서 추출한 기름으로 의약용, 화장품에 사용

07 에그 샴푸는 두피의 피지를 지나치게 없애지 않으면서도 청결하게 하고 광택과 영양을 주기 때문에 두발이 지나치게 건조해있을 때나 두발의 염색에 실패했을 때 이용된다.

08 미용의 과정이란 미용사가 하나의 미용작품을 완성하기까지 밟는 경로 및 제작하는 순서를 말한다. 소재의 확인 → 구상 → 제작 → 보정에 과정을 거친다.

09 커트의 순서는 위그 → 수분 → 빗질 → 블로킹 → 슬라이스 → 스트랜드 순으로 한 번에 많은 양을 잡지 않고 텐션의 강약을 조절하여 커트한다.

10 첩지는 은이나 구리로 만들어 도금하였는데 왕비는 도금한 용첩지를 쓰고, 비·빈은 도금한 봉첩지, 내외명부는 신분에 따라 도금하거나 흑각으로 만든 개구리첩지를 썼다.

11 레이어드 커트는 목덜미에서 탑 부분으로 올라갈수록 두발의 길이가 점점 짧아지는 커트이다.

12 앤드 테이퍼는 두발의 양이 적을 때나 두발 끝을 테이퍼해서 표면을 정돈하는 때에 행한다.

13 일반적인 콜드 웨이브 용액은 티오글리콜산염을 환원제로 사용하지만 시스테인 퍼머넌트는 시스테인이라고 하는 아미노산의 일종을 사용하여 두발을 환원한다.

14 제2액의 과산화수소가 분해할 때 생기는 산소의 힘에 의해서 멜라닌 색소가 파괴되어 탈색이 이루어지고 산화염료의 발색이 이루어진다.

15 비듬성 두피 – 댄드러프 스캘프 트리트먼트

16 산화제는 퍼머넌트의 제2액에 해당된다.

17 둥근형은 얼굴의 폭이 좁아 보이게 하기 위한 기법으로 표현한다.

18 가위는 날이 얇고 양 다리가 강한 것이 좋다.

19 모발의 결합에는 세로 결합인 주쇄결합과 가로 결합인 측쇄결합이 있다. 모발은 폴리펩티드결합(주쇄결합)을 한 섬유단백질이 다수 나열되어 있고, 이 섬유 단백질 사이에 수소결합, 이온(염)결합, 시스틴결합 그 외 소수결합 등이 입체적으로 연결(측쇄결합)되어 있다.

20 웨이브 퍼머는 시스틴 결합의 원리를 이용한다.

21 용존산소(DO)는 크면 클수록 좋다.

22 자외선과 염색, 탈색은 물리적 화학적 원인으로 모발 손상의 원인이 된다.

23 보건행정은 공중보건의 목적을 달성하기 위해 공공의 책임 하에 수행하는 행정 활동으로 국민의 질병 예방, 생명 연장, 건강 증진을 도모하기 위해 국가 및 지방자치단체가 주도적으로 수행하는 공적인 행정 활동이다.

24 인공능동면역은 예방접종으로 획득된 면역을 말한다.

25 구충(십이지장충)은 오염된 흙 위를 맨발로 다닐 경우 경피, 경구 감염되어 소장에서 기생한다.

26 ① 안정피로 : 조도 불량, 현휘가 과도한 장소에서 장시간 작업하면 눈에 긴장을 강요함으로써 발생되는 불량 조명에 기인하는 직업병이다.
② 근시 : 먼 곳이 잘 안보이고 가까운 곳이 잘보이는 눈을 말한다.
④ 안구진탕증 : 무의식적으로 눈이 움직이는 증상으로 한 방향으로는 부드럽게, 다른 방향으로는 경련을 일으키면서 번갈아 움직이는 것을 말한다.

27 장염비브리오 식중독은 어패류의 생식을 피하고 조리기구와 행주 등의 위생적 처리를 철저히 해야 피해를 막을 수 있다.

28 각기병은 비타민 B_1의 결핍으로 생긴다.

29 무구조충은 소고기의 생식에 의한 감염이다.

30 군집독 : 다수인이 밀폐된 실내에서 장시간 밀집해 있을 때 이산화탄소 증가, 산소 감소, 유해 가스 발생 등으로 불쾌감, 두통, 현기증, 구토 등 생리적 이상 현상을 일으키는 것이다.

31 고압증기 멸균법은 10Lbs에서 115.5℃의 상태 30분, 15Lbs에서 121.5℃의 상태 20분, 20Lbs에서 126.5℃의 상태에서 15분 동안 처리하는 것이 가장 바람직하다. 초자기구, 거즈 및 약액, 자기류 소독에 적합하다.

32 광견병은 사람과 동물을 공통숙주로 하는 병원체에 의해서 일어나는 인수공통 감염병으로, 광견병 바이러스(Rabies Virus)에 의해 발생하는 중추신경계 감염증이다.

33 자비소독(열탕소독)법은 100℃의 끓는 물에서 15~20분간 처리하며, 모든 병원균은 파괴할 수 있으나 아포형성균과 바이러스는 파괴할 수 없다.

34 이·미용 업자의 위생 관리 기준은 1회용 면도날은 손님 1인에 한하여 사용해야 한다.

35 에틸 알코올 : 비교적 가격이 저렴하고 살균력이 있으며, 쉽게 증발되어 잔여량이 없는 살균제로 70~75% 농도에서 가장 많이 사용한다.

36 수건 소독은 방법이 간단하고 비용이 많이 들지 않는 자비소독이 적합하다. 자비소독(열탕소독)법은 100℃의 끓는 물에서 15~20분간 처리하며, 소독효과를 높이기 위해 석탄산(5%), 크레졸(2~3%), 탄산수소나트륨(1~2%)을 넣어주기도 한다.

37 B형 간염은 주로 혈액, 정액에 의한 감염이 대부분이기 때문에 면도날을 주의해야 한다.

38 석탄산은 살균력이 안정적이며, 응용범위가 넓고 모든 균에 효과적인 소독약이다.

39 900㎖(총 용량) × 0.03(농도) = 27㎖
900㎖(총 용량) − 27㎖(크레졸 원액) = 873㎖(물의 양)

40 소독약은 경제적이고 사용법이 간단해야 한다.

41 케라틴이란 동물체의 표피, 모발, 손·발톱, 뿔, 말굽, 깃털 따위의 주성분인 경질 단백질을 통틀어 이르는 말이다.

42 노화피부는 수분이 부족하고 탄력이 없다.

43 ② 족부백선은 진균 즉, 곰팡이 균에 의해 습한 곳 특히 발가락 사이, 발바닥의 피부가 감염된 상태를 말한다. 무좀이라고 부르며 발톱까지 같이 감염되어 있는 경우가 흔하다.

44 자외선 차단은 기미형성을 예방할 수 있다.

45 ②는 구진과 농포가 코를 중심으로 양 볼에 나비모양으로 나타나는 상태이다.

46 멘톨은 박하뇌라고도 하며 청량감이 난다. 의약품, 과자, 화장품 등에 첨가하며 진통제나 가려움증을 멈추는 데에도 사용되고 있다.

47 물에 의해 전염될 수 있는 전염병은 장티푸스, 파라티푸스, 콜레라, 이질 등이 있다.

48 알라닌은 비필수 아미노산에 속한다.

49 AHA는 각질세포의 응집력을 약화시켜 각질을 탈락시킨다.

50 티미 오일은 살균, 소독 작용이 강하여 여드름 피부에 사용하면 효과적이다.

51 신고를 하지 아니하고 영업소 소재지를 변경한 경우 1차 위반 시 영업정지 1월, 2차 위반 시 영업정지 2월, 3차 위반 시 영업장 폐쇄명령에 행한다.

52 청문은 영업정지, 폐쇄명령, 면허정지, 면허취소일 경우 행한다.

53 이·미용 업자의 위생 관리 기준은 1회용 면도날은 손님 1인에 한하여 사용하며, 1회용 면도날을 2인 이상의 손님에게 사용한 경우 1차 위반 시 경고, 2차 위반 시 영업정지 5일, 3차 위반 시 영업정지 10일, 4차 위반 시 영업장 폐쇄명령을 행한다.

54 공중위생영업소를 개설할 자는 미리 위생교육을 받아야 하며, 미리 교육을 받을 수 없는 경우에는 영업개시 후 보건복지부령이 정하는 기간 안에 위생교육을 받을 수 있다.

55 공중위생영업의 신고를 하려는 자는 설비기준에 적합한 시설을 갖춘 후 신고서와 서류를 첨부하여 시장·군수·구청장에게 제출하여야 한다.

56 위생 서비스의 평가의 주기·방법, 위생 관리 등급의 기준 기타 평가에 관하여 필요한 사항은 보건복지부령으로 정한다.

57 300만 원 이하의 벌금
① 면허정지기간 중에 업무를 행한 자
② 면허가 취소된 후 계속하여 업무를 행한 자
③ 면허를 받지 않고 이용 또는 미용의 업무를 행한 자

58 과태료는 대통령령이 정하는 바에 의하여 보건복지부장관, 시장·군수·구청장이 부과, 징수한다.

59 보건복지부장관은 대통령령이 저하는 바에 의하여 관계전문기관 등에 그 업무의 일부를 위탁할 수 있다.

60 면허증의 재교부받을 수 있는 경우는 면허증의 기재사항에 변경이 있는 때, 면허증을 잃어버린 때, 면허증이 헐어 못쓰게 된 때에 해당된다.

자격종목 및 등급(선택분야)	종목코드	시험시간	문제지형별	수험번호	성명
미용사(일반)	**7937**	**1시간**	**A**		

01 다음 중 두발의 구조와 성질을 설명한 것으로 올바르지 않은 것은?

① 두발은 모표피, 모피질, 모수질 등으로 구성되어 있으며, 주로 탄력성이 풍부한 단백질로 이루어져 있다.
② 케라틴은 다른 단백질에 비하여 유황의 함유량이 많으며, 황(S)은 시스틴(cystine)에 함유되어 있다.
③ 시스틴 결합은 알칼리에 강한 저항력을 갖고 있으나 물, 알코올, 약산성이나 소금류에는 약하다.
④ 케라틴의 폴리펩타이드는 쇠사슬 구조이며, 두발의 장축방향(長軸方向)으로 배열되어 있다.

02 두발의 결합 중 수분에 의해 일시적으로 변형되며, 드라이어의 열을 가하면 다시 재결합 되어 형태가 만들어지는 결합은?

① s-s 결합
② 펩티드 결합
③ 수소결합
④ 염 결합

03 동물의 부드럽고 긴 털을 사용한 것이 많고 얼굴이나 턱에 붙은 털이나 비듬 또는 백분을 털어내는 데 사용하는 브러시는?

① 포마드 브러시
② 쿠션 브러시
③ 페이스 브러시
④ 롤 브러시

04 누에고치에서 추출한 성분과 난황성분을 함유한 샴푸제로서 두발에 영양을 공급해 주는 샴푸는?

① 산성 샴푸(acid shampoo)
② 컨디셔너 샴푸(conditioning shampoo)
③ 프로테인 샴푸(protein shampoo)
④ 드라이 샴푸(dry shampoo)

05 퍼머시 사용하는 제2액 취소산 염류의 농도로 맞는 것은?

① 1~2%
② 3~5%
③ 6~7.5%
④ 8~9.5%

06 마셀 웨이브 시술에 관한 설명으로 올바르지 않은 것은?

① 프롱은 아래쪽, 그루브는 위쪽을 향하도록 한다.
② 아이론의 온도는 120~140℃를 유지시킨다.
③ 아이론을 회전시키기 위해서는 먼저 아이론을 정확하게 쥐고 반대쪽에 45°로 위치시킨다.
④ 아이론의 온도가 균일할 때 웨이브가 일률적으로 완성된다.

07 옛 여인들의 머리 모양 중 뒤통수에 낮게 머리를 땋아 틀어 올리고 비녀를 꽂은 머리 모양은?

① 민머리
② 얹은 머리
③ 푼기명식 머리
④ 쪽진 머리

08 다음 중 프라이머의 사용 방법이 아닌 것은?

① 프라이머는 한 번만 바른다.
② 주요 성분은 메타크릴산(methacrylic acid)이다.
③ 피부에 닿지 않게 조심해서 다루어야 한다.
④ 아크릴 물이 잘 접착되도록 자연 손톱에 바른다.

09 헤어 샴푸의 목적과 가장 거리가 먼 것은?

① 두피와 두발에 영양을 공급
② 헤어 트리트먼트의 효과를 높이는 기초
③ 두발의 건전한 발육 촉진
④ 청결한 두피와 모발상태를 유지

10 둥근형의 얼굴을 기본형에 가깝도록 하기 위한 각 부위의 화장법으로 올바른 것은?

① 얼굴의 양 관자놀이 부분을 화사하게 해준다.
② 이마와 턱의 중간부는 어둡게 해준다.
③ 눈썹은 활모양이 되지 않도록 약간 치켜올린 듯 그린다.
④ 콧등은 뚜렷하고 자연스럽게 뻗어 나가도록 어둡게 표현한다.

11 다음 중 염색 시술 시 모표피의 안정과 염색의 퇴색을 방지하기 위해 가장 적합한 것은?

① 샴푸(shampoo)
② 플레인 린스(plain rinse)
③ 알칼리 린스(akali rinse)
④ 산성균형 린스(acid balanced rinse)

12 다음 중 스퀘어 파트에 대해 바르게 설명한 것은?

① 이마의 양쪽은 사이드 파트를 하고 두정부 가까이에서 얼굴의 두발이 난 가장자리와 수평이 되도록 모나게 가르마를 타는 것
② 이마의 양각에서 나누어진 선이 두정부에서 함께 만난 세모꼴의 가르마를 타는 것
③ 사이드(side) 파트로 나눈 것
④ 파트의 선이 곡선으로 된 것

13 미용의 필요성에 대한 설명으로 가장 거리가 먼 것은?

① 인간의 심리적 욕구를 만족시키고 생산의욕을 높이는 데 도움을 주므로 필요하다.
② 미용의 기술로 외모의 결점 부분까지도 보완하여 개성미를 연출해주므로 필요하다.
③ 노화를 전적으로 방지해주므로 필요하다.
④ 현대생활에서는 상대방에게 불쾌감을 주지 않는 것이 중요하므로 필요하다.

14 헤어 세트용 빗의 사용과 취급방법에 대한 설명으로 올바르지 않은 것은?

① 두발의 흐름을 아름답게 매만질 때는 빗살이 고운살로 된 세트빗을 사용한다.
② 엉킨 두발을 빗을 때는 빗살이 얼레살로 된 얼레빗을 사용한다.
③ 빗은 사용 후 브러시로 털거나 비눗물에 담가 브러시로 닦은 후 소독한다.
④ 빗의 소독은 손님 약 5인에게 사용했을 때 1회씩 하는 것이 적합하다.

15 건강한 두발의 pH 범위는?

① pH 3~4
② pH 4.5~5.5
③ pH 6.5~7.5
④ pH 8.5~9.5

16 한국 고대 미용의 발달사에 대한 설명 중 적합하지 않은 것은?

① 헤어스타일(두발형)에 관해서 문헌에 기록된 고구려 벽화는 없었다.
② 헤어스타일(두발형)은 신분의 귀천을 나타냈다.
③ 헤어스타일(두발형)은 조선시대 때 쪽진머리, 큰머리, 조짐머리가 성행하였다.
④ 헤어스타일(두발형)에 관해서 삼한시대에 기록된 내용이 있다.

17 주로 짧은 헤어스타일의 헤어 커트 시 두부 상부에 있는 두발은 길고 하부로 갈수록 짧게 커트해서 두발의 길이에 작은 단차가 생기게 한 커트 기법은?

① 스퀘어 커트(square cut)
② 원랭스 커트(one-length cut)
③ 레이어 커트(layer cut)
④ 그라데이션 커트(gradation cut)

18 두부 라인의 명칭 중에서 코의 중심을 통해 두부 전체를 수직으로 나누는 선은?

① 정중선   ② 측중선
③ 수평선   ④ 측두선

19 전체적인 머리모양을 종합적으로 관찰하여 수정·보완시켜 완전히 끝맺도록 하는 것은?

① 통칙   ② 제작
③ 보정   ④ 구상

20 과산화수소(산화제) 6%에 대한 설명으로 맞는 것은?

① 10 볼륨
② 20 볼륨
③ 30 볼륨
④ 40 볼륨

21 다음 중 환경보건에 영향을 미치는 공해 발생 원인으로 관계가 먼 것은?

① 실내의 흡연
② 산업장 폐수방류
③ 공사장의 분진발생
④ 공사장의 굴착작업

22 생화학적 산소요구량(BOD)과 용존산소(DO)의 값은 어떤 관계가 있는가?

① BOD와 DO는 무관하다.
② BOD가 낮으면 DO는 낮다.
③ BOD가 높으면 DO는 낮다.
④ BOD가 높으면 DO도 높다.

23 다음 기생충 중 산란과 동시에 감염능력이 있으며, 건조에 저항성이 커서 집단감염이 가장 잘되는 기생충은?

① 회충
② 십이지장충
③ 광절열두조충
④ 요충

24 접촉자의 색출 및 치료가 가장 중요한 질병은?

① 성병
② 암
③ 당뇨병
④ 일본뇌염

25 일반적으로 이·미용업소의 실내 쾌적습도 범위로 가장 알맞은 것은?

① 10~20%
② 20~40%
③ 40~70%
④ 70~90%

26 장티푸스, 결핵, 파상풍 등의 예방접종은 어떤 면역인가?

① 인공능동면역
② 인공수동면역
③ 자연능동면역
④ 자연수동면역

27 야간작업의 피해가 아닌 것은?

① 주야가 바뀐 불규칙적인 생활
② 수면 부족과 불면증
③ 피로회복 능력 강화와 영양 저하
④ 불규칙한 식습관으로 인한 소화불량

28 고기압 상태에서 될 수 있는 인체 장애는?

① 안구 진탕증
② 잠함병
③ 레이노이드병
④ 섬유증식증

29 식품을 통한 식중독 중 독소형 식중독은?

① 포도상구균 식중독
② 살모넬라균에 의한 식중독
③ 장염 비브리오 식중독
④ 병원성 대장균 식중독

30 보건행정의 정의에 포함되는 내용과 가장 거리가 먼 것은?

① 국민의 수명연장
② 질병예방
③ 공적인 행정활동
④ 수질 및 대기보건

31 소독작용에 영향을 미치는 요인에 대한 설명으로 올바르지 않은 것은?

① 온도가 높을수록 소독 효과가 크다.
② 유기물질이 많을수록 소독 효과가 크다.
③ 접촉시간이 길수록 소독 효과가 크다.
④ 농도가 높을수록 소독 효과가 크다.

32 이 · 미용업소에서 종업원이 손을 소독할 때 가장 보편적으로 사용하는 것은?

① 승홍수
② 과산화수소
③ 역성비누
④ 석탄수

33 소독약 10mL를 용액(물) 40mL에 혼합시키면 몇 %의 수용액이 되는가?

① 2%
② 10%
③ 20%
④ 50%

34 이상적인 소독제의 구비조건과 거리가 먼 것은?

① 생물학적 작용을 충분히 발휘할 수 있어야 한다.
② 빨리 효과를 내고 살균 소요시간이 짧을수록 좋다.
③ 독성이 적으면서 사용자에게도 자극성이 없어야 한다.
④ 원액 혹은 희석된 상태에서 화학적으로는 불안정된 것이어야 한다.

35 이 · 미용실의 기구(가위, 레이저) 등 소독으로 가장 적당한 약품은?

① 70~80%의 알코올
② 100~200배 희석 역성비누
③ 5% 크레졸 비누액
④ 50%의 페놀액

36 소독과 멸균에 관련된 용어에 대한 설명으로 올바르지 않은 것은?

① 살균 : 생활력을 가지고 있는 미생물을 여러 가지 물리 · 화학적 작용에 의해 급속히 죽이는 것을 말한다.
② 방부 : 병원성 미생물의 발육과 그 작용을 제거하거나 정지시켜서 음식물의 부패나 발효를 방지하는 것을 말한다.
③ 소독 : 사람에게 유해한 미생물을 파괴시켜 감염의 위험성을 제거하는 비교적 강한 살균작용으로 세균의 포자까지 사멸하는 것을 말한다.
④ 멸균 : 병원성 또는 비병원성 미생물 및 포자를 가진 것을 전부 사멸 또는 제거하는 것을 말한다.

37 살균력이 좋고 자극성이 적어서 상처소독에 많이 사용되는 것은?

① 승홍수
② 과산화수소
③ 포르말린
④ 석탄산

38 다음 중 음료수의 소독방법으로 가장 적당한 방법은?

① 일광소독
② 자외선등 사용
③ 염소소독
④ 증기소독

39 다음 중 음용수의 소독에 사용되는 소독제는?

① 표백분
② 염산
③ 과산화수소
④ 요오드딩크

40 건열멸균법에 대한 설명 중 틀린 것은?

① 드라이 오븐(dry oven)을 사용한다.
② 유리제품이나 주사기 등에 적합하다.
③ 젖은 손으로 조작하지 않는다.
④ 110~130℃에서 1시간 내에 실시한다.

41 인공 조명을 할 때의 고려 사항으로 틀린 것은?

① 광색은 주광색에 가깝고, 유해 가스의 발생이 없어야 한다.
② 열의 발생이 적고, 폭발이나 발화의 위험이 없어야 한다.
③ 균일한 조도를 위해 직접 조명이 되도록 해야 한다.
④ 충분한 조도를 위해 빛은 좌상방에서 비추어야 한다.

42 다음 중 글리세린의 가장 중요한 작용은?

① 소독작용
② 수분유지작용
③ 탈수작용
④ 금속염 제거작용

43 상피조직의 신진대사에 관여하며 각화정상화 및 피부재생을 돕고 노화방지에 효과가 있는 비타민은?

① 비타민 C
② 비타민 D
③ 비타민 A
④ 비타민 K

44 다음 중 기초화장품의 주된 사용 목적에 속하지 않는 것은?

① 세안　　　　　　② 피부정돈
③ 피부보호　　　　④ 피부채색

45 다음 중 식물성 오일이 아닌 것은?

① 아보카도 오일　　② 피마자 오일
③ 올리브 오일　　　④ 실리콘 오일

46 다음 중 멜라닌 색소를 함유하고 있는 부분은?

① 모표피　　　　　② 모피질
③ 모수질　　　　　④ 모유두

47 피부의 기능이 아닌 것은?

① 피부는 강력한 보호 작용을 지니고 있다.
② 피부는 체온의 외부발산을 막고 외부온도 변화가 내부로 전해지는 작용을 한다.
③ 피부는 땀과 피지를 통해 노폐물을 분비, 배설한다.
④ 피부도 호흡한다.

48 다음 중 탄수화물, 지방, 단백질을 총칭하는 명칭은?

① 구성영양소　　　② 열량영양소
③ 조절영양소　　　④ 구조영양소

49 피지선의 활성을 높여주는 호르몬은?

① 안드로겐　　　　② 에스트로겐
③ 인슐린　　　　　④ 멜라닌

50 다음 중 일반적인 건강한 두발의 상태는?

① 단백질 10~20%, 수분 10~15%, pH 2.5~4.5
② 단백질 20~30%, 수분 70~80%, pH 4.5~5.5
③ 단백질 50~60%, 수분 25~40%, pH 7.5~8.5
④ 단백질 70~80%, 수분 10~15%, pH 4.5~5.5

51 공중위생관리법상의 위생교육에 대한 설명으로 옳은 것은?

① 위생교육 대상자는 공중위생영업자이다.
② 위생교육 대상자는 이·미용사이다.
③ 위생교육 시간은 매년 8시간이다.
④ 위생교육은 공중위생관리법 위반자에 한하여 받는다.

52 다음 중 이·미용사 면허를 취득할 수 없는 자는?

① 면허 취소 후 1년 경과한 자
② 독감환자
③ 마약중독자
④ 전과기록자

53 영업자의 지위를 승계한 자로서 신고를 하지 아니하였을 경우 해당하는 처벌기준은?

① 1년 이하의 징역 또는 1천만 원 이하의 벌금
② 6월 이하의 징역 또는 500만 원 이하의 벌금

③ 200만 원 이하의 벌금
④ 100만 원 이하의 벌금

54 영업소 외의 장소에서 이·미용 업무를 행할 수 있는 경우가 아닌 것은?

① 질병으로 영업소에 나올 수 없는 경우
② 결혼식 등과 같은 의식 직전의 경우
③ 손님의 간곡한 요청이 있을 경우
④ 시장·군수·구청장이 인정하는 경우

55 이·미용업자의 준수사항으로 올바르지 않은 것은?

① 소독한 기구와 하지 아니한 기구는 각각 다른 용기에 넣어 보관할 것
② 조명은 75룩스 이상 유지되도록 할 것
③ 신고증과 함께 면허증 사본을 게시할 것
④ 1회용 면도날은 손님 1인에 한하여 사용할 것

56 이·미용기구의 소독기준 및 방법을 정하는 법령은?

① 대통령령　　　　② 보건복지부령
③ 환경부령　　　　④ 보건소령

57 처분기준이 200만 원 이하의 과태료에 해당하는 사항이 아닌 것은?

① 규정을 위반하여 영업소 외의 장소에서 이·미용업무를 행한 자
② 위생교육을 받지 아니한 자
③ 위생관리의무를 지키지 아니한 자
④ 관계 공무원의 출입·검사 및 기타 조치를 거부·방해 또는 기피한 자

58 공중위생관리법에서 규정하고 있는 공중위생영업의 종류에 해당되지 않는 것은?

① 이·미용업　　　　② 건물위생관리업
③ 학원영업　　　　④ 세탁업

59 다음 중 이·미용사 면허를 받을 수 없는 경우에 해당하는 것은?

① 전문대학 또는 동등 이상의 학력이 있다고 교육부장관이 인정하는 학교에서 이용 또는 미용에 관한 학과 졸업자
② 교육부장관이 인정하는 인문계 학교에서 1년 이상 이·미용에 관한 소정의 과정을 이수한 자
③ 국가기술자격법에 의한 이·미용사자격을 취득한 자
④ 교육부장관이 인정한 고등기술학교에서 1년 이상 이·미용에 관한 소정의 과정을 이수한 자

60 공익상 또는 선량한 풍속유지를 위하여 필요하다고 인정하는 경우에 이·미용업의 영업시간 및 영업행위에 관한 필요한 제한을 할 수 있는 자는?

① 관련 전문기관 및 단체장
② 보건복지부장관
③ 시·도지사
④ 시장·군수·구청장

정답(제12회)

01	02	03	04	05	06	07	08	09	10	11	12	13	14	15	16	17	18	19	20
③	③	③	③	②	①	④	①	①	③	④	①	③	④	②	①	④	①	③	②
21	22	23	24	25	26	27	28	29	30	31	32	33	34	35	36	37	38	39	40
①	③	④	①	①	③	③	②	①	③	①	③	③	④	③	③	②	③	①	④
41	42	43	44	45	46	47	48	49	50	51	52	53	54	55	56	57	58	59	60
③	②	③	④	④	②	②	②	①	④	①	③	③	③	③	②	④	③	②	③

해설

01 시스틴 결합은 알칼리에 약하고, 물, 알코올, 약산성이나 소금류에 강한 저항력을 갖고 있다.

02 수소 결합 : 측쇄 결합 중 가장 많이 존재하며, 수분에 일시적으로 변형되었다가 드라이와 세트에 형성 되는 측쇄 결합이다.

03 ③ 페이스 브러시는 얼굴에 직접적으로 닿는 물건이기 때문에 부드러운 천연모를 사용하며, 세척하지 않고 그대로 방치하면 화장품과 공기 중의 먼지 등이 엉켜 세균이 번식하기 쉽다. 한 달에 한 번 정도 클렌저 거품에 빨고 미지근한 물에 세척한다.

04 동물성 샴푸(Protein shampoo)는 단백질 샴푸로 누에고치에서 추출하며 계란의 난황성분이 함유되어 있다. 주로 화학적 손상모, 염색모에 사용하며 마일드한 세정작용과 케라틴을 보호하는 작용이 있다.

05 취소산 염류는 농도가 3% 이하이면 산화력이 불충분하고, 5% 이상이면 멜라닌 색소를 탈색시킬 수 있다.

06 마셀 아이론의 쥐는 방법은 프롱은 위로, 그루브는 아래를 향하도록 한다.

07 ④ '쪽'은 시집간 여자가 뒤통수에 땋아서 틀어 올려 비녀를 꽂은 머리털을 말한다. 쪽진 머리는 쪽머리라고도 하며, 머리가체를 금지한 후의 가장 대표적인 머리양식이다.

08 프라이머는 상태에 따라 여러 번 덧바를 수 있다.

09 ①은 헤어 린스에 해당되는 내용이다.

10 둥근 얼굴형은 옆폭을 좁아 보이도록 하고 눈썹은 활모양이 나지 않게 너무 내리지 않고 약간 치켜 올라간 듯 그려서 얼굴이 길게 느껴지도록 한다.

11 산성린스는 두발을 엉키지 않게 하고 광택을 준다.

12 ② V파트, ④ 라운드 사이드 파트

13 미용은 노화를 전적으로 방지해주는 것이 아니라 미용의 기술로 외관상의 아름다움을 유지해주는 것이다. 미용은 용모를 아름답게 꾸미는 것으로 노화를 지연시킬 수 있는 차원에서 필요하다.

14 빗의 소독은 매회 손님에게 사용 할 때마다 하는 것이 적합하다.

15 두발의 적정 pH는 4.5~5.5이며, 약산성이다.

16 고구려의 고분벽화에 나타난 여인들의 두발형을 보면 한국 고대 미용의 발달사를 알 수 있다.

17 그라데이션 커트는 단차를 만든다는 점에서는 레이어 커트와 같으나 짧은 헤어스타일에 많이 이용되고, 레이어 커트는 길거나 짧은 두발 모두 폭넓게 응용되는 커트 기법이다.

18 ② 측중선 : T.P를 기준으로 수직으로 나눈 선이다.
③ 수평선 : E.P 높이에서 수평으로 나눈 선이다.
④ 측두선 : 눈 끝과 수직이 되는 머리 앞쪽 지점에서 측중선까지의 선이다.

19 미용의 과정은 소재의 확인 → 구상 → 제작 → 보정이며, 보정은 종합적으로 손질하여 끝내는 단계이다.

20 ① 10볼륨 : 과산화수소 3%(약국에서 파는 과산화수소)
② 20볼륨 : 과산화수소 6%(일반적인 염색2제)
③ 30볼륨 : 과산화수소 9%(강한 탈색을 원할 때)
④ 40 볼륨 : 과산화수소 12%(4레벨 밝게 할 때)

21 공해는 산업이나 교통의 발달에 따라 사람이나 생물이 입게 되는 여러 가지 피해를 말한다. 실내 흡연은 실내공기를 오염시키기 때문에 삼가는 것이 바람직하다.

22 BOD는 생화학적 산소요구량으로 수치가 높을수록 수질이 오염되며, DO(용존산소)가 낮을수록 물의 오염도가 높다.

23 요충은 다른 선충류와는 달리 농촌뿐 아니라 인구 밀집지역에 많이 분포하여 집단감염이 잘 된다.

24 ① 성병이란 성병에 감염된 사람과의 직접 성교에 의해서 접촉에 의해 전파되는 감염성 질환이므로 접촉자의 색출 및 치료가 가장 중요하다.

25 실내 쾌적습도는 40~70%이다.

26 인공능동면역은 예방접종으로 획득한 면역을 말하며, 생균백신과 사균백신 및 순화독소로 사용한다.

27 잦은 야간작업은 피로회복 능력을 저하시킨다.

28 잠함병(감압병)은 고기압에서 정상적인 기압으로 복귀할 때 생긴다. 감압증을 일으키는 공기의 주요성분은 질소이다.

29 ②, ③, ④는 세균성 식중독으로 감염형 식중독에 해당된다.

30 보건행정은 국민의 수명연장, 건강 증진, 질병 예방을 위한 행정 조직이다.

31 물에 유기 물질이 많아 탁하면 소독력이 떨어지는데, 박테리아가 유기물질에 달라붙으면 요오드나 염소가 작용을 하지 못하기 때문이다. 따라서 탁한 물을 소독할 때는 요오드를 사용하고, 맑은 물을 소독할 때보다 6~10방울 정도 더 넣어야 한다.

32 역성비누액은 냄새가 없고 자극이 적으므로 수지, 기구, 식기소독에 적합하여 이·미용에서도 널리 사용되고 있다.

33 $농도(20\%) = \dfrac{용질(10mL)}{용액(40mL)} \times 100$

34 이상적인 소독제는 용해성이 높고, 안정성이 있어야 한다.

35 알코올은 수지와 피부 소독에 사용되며 날이 있는 물건의 소독에 적당하다.

36 소독은 병원성 미생물을 죽이거나 감염력을 없애는 것을 말한다.

37 과산화수소는 자극성이 적어서 상처 부위 소독이나 인두염, 구내염 또는 구내 세척제로 이용된다.

38 물의 소독은 자비소독이 가장 간단하며 보통 우물물이나 수돗물은 염소로 소독한다.

39 ① 표백분은 소석회 분말에 염소가스를 흡수시켜 얻어지는 물질로 보통 유효염소 30~38%의 백색 분말이다. 염소의 살균, 표백작용을 이용하여 살균·소독에 이용되고 있다.

40 건열멸균법 : 드라이 오븐에서 160~170℃로 1~2시간 가열한다.

41 인공 조명은 눈이 부시고 강한 음영으로 불쾌감을 줄 수 있다.

42 글리세린의 가장 중요한 성질은 수분을 강하게 흡수하는 성질이다.

43 비타민 A는 피부각화에 중요한 비타민으로 거친 피부, 각화 이상에 의한 피부질환에 효과가 있다.

44 피부채색은 색조화장품 단계에 해당된다고 볼 수 있다.

45 ④ 실리콘 오일은 합성하여 제조된 것으로 종류에 따라 디메틸 실리콘 오일, 메틸 하이드로젠 실리콘 오일, 하이드록시 실리콘 오일, 실리콘 검 등이 있다. 실리콘 오일은 광물성 오일에 속한다.

46 ② 모피질은 탄력, 강도, 감촉, 질감, 색상(멜라닌 색소 함량에 따라)을 좌우하며, 모발의 성질을 나타내는 가장 중요한 부분이다.

47 땀 분비, 피부 혈관의 확장과 수축작용을 통해 열을 발산하여 외부온도 변화가 내부로 직접 전해지지 않도록 체온을 조절 및 유지한다.

48 탄수화물, 지방, 단백질의 세 가지 영양소는 장관에서 흡수되어 산화 연소되고, 열을 발생하는 에너지를 일으킨다.

49 안드로젠의 분비는 피지의 분비가 증가하므로 피부 결이 거칠어지고 지방성인 경향이 많다.

50 모발의 일반적인 수명은 3~5년이며, 밤에 봄·여름의 두정부가 더 빨리 자란다.

51 공중위생(이·미용업)영업자는 매년 위생교육을 받아야 하며, 교육시간은 3시간으로 한다.

52 미용사 면허를 받을 수 없는 자는 피성년후견인, 정신질환자 또는 간질병자, 공중위생에 영향을 미칠 수 있는 감염병 환자, 마약 약물 중독자, 면허 취소 후 1년이 경과되지 아니한 자이다.

53 6월 이하의 징역 또는 500만 원 이하의 벌금은 변경신고를 하지 아니한 자, 지위승계 신고를 하지 아니한 자, 영업자가 준수해야 할 사항을 준수하지 아니한 자에 해당된다.

54 손님의 간곡한 요청은 해당되지 않는다.

55 면허증 원본 및 최종지불요금표를 게시해야 한다.

56 이·미용기구의 소독기준 및 방법은 보건복지부령이 정하는 위생관리기준에 적합하도록 유지하여야 한다.

57 ④는 300만 원 이하의 과태료에 해당한다.

58 공중위생영업의 종류에는 다수인을 대상으로 위생관리 서비스를 제공하는 영업으로서 숙박업, 목욕장업, 이용업, 미용업, 세탁업, 건물위생관리업을 말한다.

59 교육부장관이 인정하는 고등기술학교에서 이수해야 한다.

60 시·도지사는 공익상 또는 선량한 풍속을 유지하기 위하여 필요하다고 인정하는 때에는 공중위생영업자 및 종사원에 대하여 영업시간 및 영업행위에 관한 필요한 제한을 할 수 있다.

수험번호	성명

자격종목 및 등급(선택분야) 미용사(일반)	종목코드 7937	시험시간 1시간	문제지형별 A

01 턱에는 어두운 파운데이션을 바르고, 코에는 밝은 파운데이션으로 하이라이트 효과를 주는 화장법이 가장 적합한 얼굴은?

① 튀어나온 턱과 작은 코를 가진 얼굴
② 작은 턱과 큰 코를 가진 얼굴
③ 작은 턱과 작은 코를 가진 얼굴
④ 튀어나온 턱과 큰 코를 가진 얼굴

02 다음의 헤어 커트 모형 중 후두부에 무게감을 가장 많이 주는 것은?

①   ②
③   ④

03 미용사가 미용을 시술하기 전 구상을 할 때 가장 우선적으로 고려해야 할 것은?

① 유행의 흐름 파악
② 고객의 얼굴형 파악
③ 고객의 희망사항 파악
④ 고객의 개성 파악

04 현대 미용에 있어 1920년대에 최초로 단발머리형을 하여 우리나라 여성들의 머리형에 혁신적인 변화를 일으키게 된 계기가 된 사람은?

① 이숙종
② 김활란
③ 김상진
④ 오엽주

05 빗(comb)의 기능과 가장 거리가 먼 설명은?

① 모발의 고정
② 아이롱시의 두피보호
③ 디자인 연출시 셰이핑
④ 모발 내 오염물질과 비듬제거

06 두발 커트 시 두발 끝 1/3 정도를 테이퍼링 하는 것은?

① 노멀 테이퍼
② 딥 이퍼
③ 앤드 테이퍼
④ 보사이드 테이퍼

07 폭이 넓고 부드럽게 흐르는 버티컬 웨이브를 만들고자 할 때 핑거웨이브 외 핀컬을 교대로 조합하여 만든 웨이브는?

① 리지컬 웨이브
② 스킵 웨이브
③ 플래트컬 웨이브
④ 스윙 웨이브

08 사각형 얼굴에 대한 화장법으로 잘못된 것은?

① 이마의 상부와 턱의 하부를 진하게 표현한다.
② 눈썹은 크게 활모양으로 그려준다.
③ 둥근 느낌이 드는 풍만한 입술로 표현한다.
④ 이마의 각진 부분은 두발형으로 감춰주는 것이 좋다.

09 고대 중국 미용술에 관한 설명 중 틀린 것은?

① 기원전 2,200년경 하나라 시대에 분이 사용되었다.
② 눈썹 모양은 십미도라고 하여 대체로 진하고 넓은 눈썹을 그렸다.
③ 액황은 입술에 바르고 홍장은 이마에 발랐다.
④ 희종, 소종(서기 874~890년) 때에 입술화장은 붉은색을 바른 것을 미인이라 평가했다.

10 두발의 물리적인 특성에 있어서 두발을 잡아당겼을 때 끊어지지 않고 견디는 힘을 나타내는 것은?

① 두발의 절감
② 두발의 밀도
③ 두발의 대전성
④ 두발의 강도

11 컬의 줄기 부분이며, 베이스에서 피보트지점까지의 부분을 무엇이라 하는가?

① 포인트
② 스템
③ 루프
④ 융기점

12 퍼머넌트 웨이빙 시 두발을 구성하고 있는 케라틴의 시스틴 결합은 무엇에 의하여 잘려지는가?

① 티오글리콜산
② 취소산칼륨
③ 과산화수소수
④ 브롬산나트륨

13 콜드 웨이브 퍼머넌트 시술 시 두발의 진단항목과 가장 거리가 먼 것은?

① 경모 혹은 연모 여부
② 발수성모 여부
③ 두발의 성장주기
④ 염색모 여부

14 헤어 블리치 시 밝기가 너무 어두운 경우의 원인과 가장 거리가 먼 것은?

① 블리치제가 마른 경우
② 프로세싱 시간을 짧게 잡았을 경우
③ 블리치제에 물을 희석해 사용하는 경우
④ 과산화수소수의 볼륨이 높을 경우

15 미용도구와 그에 따른 용도가 옳게 연결된 것은?

① 네일 버퍼 – 손톱을 문질러서 광택을 내는 데 사용
② 큐티클 니퍼즈 – 손톱을 자르는 가위
③ 네일 파일 – 큐티클 리무버를 바르는 도구
④ 폴리시 리무버 – 상조피 제거액

16 멋내기 염색방법에 속하지 않는 것은?

① 헤어 티핑　　　　② 헤어 스트리킹
③ 헤어 스템핑　　　④ 헤어 스트레이트

17 첨형 손톱의 매니큐어 방법에 대한 설명으로 가장 적합한 것은?

① 모든 매니큐어 방법이 적합한 형태의 손톱이다.
② 손톱의 양 측면과 반월을 남겨 손톱이 가늘게 보이도록 한다.
③ 반월 혹은 프리 엣지 중 어느 한 쪽 또는 양쪽을 남긴다.
④ 손톱의 양 측면과 반월만 매니큐어 한다.

18 헤어컬러 한 고객이 녹색 모발을 자연 갈색으로 바꾸려고 할 때 가장 적합한 방법은?

① 3% 과산화수소로 약 3분간 작용시킨 뒤 주황색으로 컬러링 한다.
② 빨간색으로 컬러링 한다.
③ 3% 과산화수소로 약 3분간 작용시킨 후 보라색으로 컬러링 한다.
④ 노란색을 띄는 보라색으로 컬러링 한다.

19 다음 중 자외선이 인체에 미치는 부정적인 영향은?

① 비타민 D 형성반응　　② 살균효과
③ 홍반반응　　　　　　④ 강장효과

20 모발의 70% 이상을 차지하며, 멜라닌 색소와 섬유질 및 간층물질로 구성되어 있는 곳은?

① 모표피　　　② 모수질
③ 모피질　　　④ 모낭

21 간흡충(간디스토마)에 관한 설명으로 틀린 것은?

① 인체 감염형은 피낭유충이다.
② 제1중간 숙주는 왜우렁이다.
③ 인체 주요 기생부위는 간의 담도이다.
④ 경피 감염한다.

22 호흡기계 감염병에 해당되지 않는 것은?

① 인플루엔자　　　② 유행성이하선염
③ 파라티푸스　　　④ 홍역

23 불쾌지수를 산출하는 데 고려해야 하는 요소들은?

① 기류와 복사열
② 기온과 기습
③ 기압과 복사열
④ 기온과 기압

24 세계보건기구에서 정의하는 보건행정의 범위에 속하지 않는 것은?

① 산업발전　　　② 모자보건
③ 환경위생　　　④ 감염병관리

25 아래 (보기) 중 생명표의 표현에 사용되는 인자들을 모두 나열한 것은?

(보기)
ㄱ. 생존수　ㄴ. 사망수　ㄷ. 생존률　ㄹ. 평균여명

① ㄱ, ㄴ, ㄷ　　　② ㄱ, ㄷ
③ ㄴ, ㄹ　　　　④ ㄱ, ㄴ, ㄷ, ㄹ

26 일반적으로 식품의 부패란 무엇이 변질된 것인가?

① 비타민　　　② 탄수화물
③ 지방　　　　④ 단백질

27 다음 중 이·미용업소에서 시술 과정을 통하여 감염될 수 있는 가능성이 가장 큰 질병 두 가지는?

① 뇌염, 소아마비
② 피부병, 발진티푸스
③ 결핵, 트라코마
④ 결핵, 장티푸스

28 직업병과 원인이 되는 관련 직업의 연결이 올바른 것은?

① 근시안 – 식자공
② 규폐증 – 용접공
③ 열사병 – 채석공
④ 잠함병 – 방사선기사

29 산업보건에서 작업조건의 합리화를 위한 노력으로 옳은 것은?

① 작업강도를 강화시켜 단시간에 끝낸다.
② 작업속도를 최대한 빠르게 한다.
③ 운반방법을 가능한 범위에서 개선한다.
④ 가능하면 근무시간을 전일제로 한다.

30 다음 중 일산화탄소 중독의 증상이나 후유증이 아닌 것은?

① 정신장애　　　② 무균성 괴사
③ 신경장애　　　④ 의식소실

31 객담 등의 배설물 소독을 위한 크레졸 비누액의 가장 적합한 농도는?

① 0.1%　　　② 1%
③ 3%　　　　④ 10%

32 다음 중 플라스틱 브러시의 소독방법으로 가장 알맞은 것은?

① 0.5%의 역성비누에 1분 정도 담근 후 물로 씻는다.
② 100℃의 끓는 물에 20분 정도 자비소독을 행한다.
③ 세척 후 자외선소독기를 사용한다.
④ 고압증기멸균기를 이용한다.

33 다음 중 물리적 소독법에 해당하는 것은?

① 석탄산수소독
② 알코올소독
③ 자비소독
④ 포름알데히드가스소독

34 소독, 살균에 대한 설명 중 틀린 것은?

① 크레졸수는 세균에는 효과가 강하나 바이러스 등에는 약하다.
② 승홍은 객담이 묻은 도구나 식기, 기구류 소독에는 부적합하다.
③ 표백분은 매우 불안정하여 산소와 물로 쉽게 분해되어 살균 작용을 한다.
④ 역성비누는 손, 기구 등의 소독에 적합하다.

35 에틸렌 옥사이드가스를 이용한 멸균법에 대한 설명 중 틀린 것은?

① 멸균온도는 저온에서 처리된다.
② 멸균시간이 비교적 길다.
③ 고압증기멸균법에 비해 비교적 저렴하다.
④ 플라스틱이나 고무제품 등의 멸균에 이용된다.

36 소독약의 사용과 보존상의 주의사항으로 틀린 것은?

① 모든 소독약은 미리 제조해둔 뒤에 필요량만큼씩 두고두고 사용한다.
② 약품은 암냉장소에 보관하고, 라벨이 오염되지 않도록 한다.
③ 소독물체에 따라 적당한 소독약이나 소독방법을 선정한다.
④ 병원미생물의 종류, 저항성 및 멸균·소독의 목적에 의해서 그 방법과 시간을 고려한다.

37 생석회 분말소독의 가장 적절한 소독 대상물은?

① 화장실 분변
② 감염병 환자실
③ 채소류
④ 상처

38 자비 소독 시에 금속의 녹을 방지하기 위해 주로 넣는 것은?

① 과산화수소
② 탄산나트륨
③ 페놀
④ 승홍수

39 소독약의 살균력 지표로 가장 많이 이용되는 것은?

① 알코올
② 크레졸
③ 석탄산
④ 포름알데히드

40 세균증식에 가장 적합한 최적 수소이온농도는?

① pH 3.5~5.5
② pH 6.0~8.0
③ pH 8.5~10.0
④ pH 10.5~11.5

41 다음 중 피하지방층이 가장 적은 부위는?

① 배부위
② 눈부위
③ 등부위
④ 대퇴부위

42 페이스 파우더(가루형 분)의 주요 사용 목적은?

① 주름과 피부결함을 감추기 위해
② 깨끗하지 않은 부분을 감추기 위해
③ 파운데이션의 번들거림을 완화하고 피부화장을 마무리하기 위해
④ 파운데이션을 사용하지 않기 위해

43 매니큐어 시 손톱의 모양과 인조 네일을 다듬고 모양내는 데 주로 사용되는 네일 기구는?

① 베이스 코트
② 파일
③ 큐티클 오일
④ 실크

44 표피의 발생은 어디에서부터 시작되는가?

① 피지선
② 한선
③ 간엽
④ 외배엽

45 과일, 채소에 많이 들어있으며 모세혈관을 강화시켜 피부손상과 멜라닌 색소형성을 억제하는 비타민은?

① 비타민 K
② 비타민 C
③ 비타민 E
④ 비타민 B

46 자외선 중 홍반을 주로 유발시키는 것은?

① UV A
② UV B
③ UV C
④ UV D

47 다음 중 흡연이 피부에 미치는 영향으로 옳지 않은 것은?

① 담배연기에 있는 알데하이드는 태양 빛과 마찬가지로 피부를 노화시킨다.
② 니코틴은 혈관을 수축시켜 혈색을 나쁘게 한다.
③ 흡연자의 피부는 조기 노화된다.
④ 흡연을 하게 되면 체온이 올라간다.

48 피부표면의 수분증발을 억제하여 피부를 부드럽게 해주는 물질은?

① 계면활성제
② 왁스
③ 유연제
④ 방부제

49 다음 중 바이러스에 의한 피부질환은?

① 대상포진
② 식중독
③ 발무좀
④ 농가진

50 피부질환의 상태를 나타낸 용어 중 원발진에 해당하는 것은?

① 면포
② 미란
③ 가피
④ 반흔

51 이 · 미용업자가 신고한 영업장 면적의 (   ) 이상의 증감이 있을 때 변경 신고를 하여야 하는가?

① 5분의 1
② 4분의 1
③ 3분의 1
④ 2분의 1

52 공중위생관리법상 이 · 미용업자의 변경 신고사항에 해당되지 않는 것은?

① 영업소의 명칭 또는 상호 변경
② 영업소의 소재지 변경
③ 영업정지 명령 이행
④ 대표자의 성명(단, 법인에 한함)

53 영업정지에 갈음한 과징금 부과의 기준이 되는 매출금액은?

① 처분일이 속한 연도의 전년도의 1년간 총매출액
② 처분일이 속한 연도의 전년 2년간 총매출액
③ 처분일이 속한 연도의 전년 3년간 총매출액
④ 처분일이 속한 연도의 전년 4년간 총매출액

54 위생교육은 연간 몇 시간 동안 받아야 하는가?

① 3시간
② 8시간
③ 10시간
④ 16시간

55 공중위생영업자가 준수하여야 할 위생관리기준은 다음 중 어느 것으로 정하고 있는가?

① 대통령령
② 국무총리령
③ 노동부령
④ 보건복지부령

56 영업소 외의 장소에서 이 · 미용 업무를 행할 수 있는 경우가 아닌 것은?

① 질병으로 영업소에 나올 수 없는 경우
② 결혼식 등의 의식 직전의 경우
③ 고객의 간곡한 요청이 있을 경우
④ 시장 · 군수 · 구청장이 인정하는 경우

57 이 · 미용업소에 반드시 게시하여야 할 것은?

① 이 · 미용 최종지불요금표
② 이 · 미용업소 종사자 인적사항표
③ 면허증 사본
④ 준수사항 및 주의사항

58 이 · 미용업 영업소에 대하여 위생관리의무 이행검사 권한을 행사할 수 없는 자는?

① 도 소속 공무원
② 국세청 소속 공무원
③ 특별시 · 광역시 소속 공무원
④ 시 · 군 · 구 소속 공무원

59 이 · 미용사가 되고자 하는 자는 누구에게 면허를 받아야 하는가?

① 보건복지부장관
② 시 · 도지사
③ 시장 · 군수 · 구청장
④ 대통령

60 이중으로 이 · 미용사 면허를 취득한 때의 1차 행정처분기준은?

① 영업정지 15일
② 영업정지 30일
③ 영업정지 6월
④ 나중에 발급받은 면허의 취소

정답(제13회)

01	02	03	04	05	06	07	08	09	10	11	12	13	14	15	16	17	18	19	20
①	①	③	②	①	③	②	①	③	④	②	②	③	④	①	④	③	②	③	③

21	22	23	24	25	26	27	28	29	30	31	32	33	34	35	36	37	38	39	40
④	③	②	①	④	④	④	①	③	③	③	③	③	③	①	①	②	③	③	②

41	42	43	44	45	46	47	48	49	50	51	52	53	54	55	56	57	58	59	60
②	③	②	④	②	②	④	③	①	①	③	③	①	④	①	③	①	①	③	④

해설

01 튀어나온 볼은 어두운 색으로 부드러운 이미지를 표현하고, 작은 코는 밝은 하이라이트로 콧대를 높이는 효과를 준다.

02 원랭스 커트는 두발을 일직선상으로 갖추는 커트기법을 말한다.

03 고객의 의사를 먼저 존중하여 구상한다.

04 이숙종(높은머리), 김상진(현대미용학원 설립), 오엽주(화신미용원 개설)

05 모발의 고정은 헤어핀이나 클립의 기능이다.

06 엔드 테이퍼는 두발의 양이 적을 때나 두발 끝을 테이퍼해서 표면을 정돈하는 때에 행한다.

07 리지컬 웨이브(핑거 웨이브에 깊이와 부드러움을 더해줌), 플래트컬 웨이브(납작한 컬), 스윙 웨이브(큰 움직임의 웨이브)

08 사각형 이마의 상부는 하이라이트를 주어 넓어 보이게 하고 턱의 하부는 진한색으로 좁아 보이게 표현하여 전체적으로 둥그스럼하게 이미지를 부드럽게 연출한다.

09 액황은 이마에 바르고, 홍장은 백분을 바른 후에 다시 연지를 덧발랐다.

10 두발의 강도는 두발을 잡아당겼을 때 견뎌내는 힘을 말한다.

11 포인트(컬이 말리기 시작한 지점), 루프(원형으로 말려진 컬), 융기점(리지점)

12 티오글리콜산은 제1액의 주성분으로 환원제이다.

13 두피에 상처나 염증 및 이상질환이 있는지를 주의해서 살펴본다.

14 헤어 블리치제는 과산화수소에 암모니아수를 더하고, 이때 발생하는 산소의 힘을 이용해서 멜라닌 색소를 파괴하여 헤어 블리치가 이루어지도록 하는 것이다.

15 큐티클 니퍼즈(큐티클을 자르는 가위), 네일 파일(손톱을 가는 데 사용하는 손톱용 줄), 폴리시 리무버(폴리시 제거액)

16 헤어 스트레이트는 멋내기 방법에는 속하지 않는다.

17 첨형 손톱은 프리 엣지 중 한 쪽이나 양쪽을 남기는 것이 좋다.

18 녹색과 빨간색은 보색관계의 원리로 두발염색의 색상이 잘못 나오거나 원하지 않는 두발색을 중화시켜서 없애려고 하는 경우에 이용된다.

19 자외선의 자극으로 홍반반응이 생길 수 있다.

20 모표피(모발 내부 보호), 모수질(모발의 중심부로 보온역할), 모낭(모근보호조직)

21 간흡충은 감염된 민물고기를 생식하거나 오염된 물, 조리기구를 통해 경구 감염된다.

22 파라티푸스는 환자나 병원체보유자의 대변에 오염된 물, 식품을 매개로 전파된다.

23 불쾌지수는 기온과 기습의 작용으로 인체가 느끼는 불쾌감을 숫자로 표시한 것이다.

24 세계보건기구의 기능은 재해예방 및 관리, 정신보건, 공중보건과 의료 및 사회보장, 국제검역대책 등이 있다.

25 생명표의 표현에 사용되는 인자들은 생존 수, 사망 수, 생존률, 평균여명이 속한다.

26 부패란 단백질의 변성으로 인한 것이다.

27 결핵은 비말핵 등의 공기매개감염으로 전파되고, 트라코마는 수건, 세면기, 침구 등 함께 사용하는 물건에서 감염된다.

28 규폐증 – 채광업, 열사병 – 노인과 허약한 사람, 잠함병 – 잠수부, 해녀, 스쿠버다이빙 하는 사람

29 산업보건은 모든 산업장의 근로자들이 정신적, 육체적으로 건강한 상태에서 높은 작업률을 유지하면서 오래 작업할 수 있고 생산성을 높이기 위하여 근로자의 근로방법 및 생활조건을 관리, 정비해나가는 학문이자 기술이다.

30 일산화탄소의 중독증상으로 정신, 신경장애, 의식의 문제가 발생한다.

31 크레졸수의 용도는 수지, 피부(1~2%), 의류, 침구, 실내, 가구, 변소, 배설물(2~3%)의 소독에 적합하다.

32 자외선 소독은 증기 소독이나 자비 소독으로 불가능한 경우에 이용되는데 플라스틱제의 브러시나 빗 소독에 이용된다.

33 자비 소독은 비등된 열탕에 의해서 소독이나 살균을 하는 방법이다. 석탄산수, 알코올, 포름알데히드는 화학적 소독법에 해당된다.

34 표백분은 물속에서 발생기 염소를 내어 살균작용을 하며 자극성이 있어서 의료용으로 사용할 수 없으며 음료수나 수영장 속에 쓰인다.

35 에틸렌 옥사이드가스는 비교적 값이 비싸다.

36 모든 소독약은 미리 제조하지 말고 사용 시 바로 직전에 조제하여 사용하는 것이 좋다.

37 생석회는 분뇨, 토사물, 쓰레기통, 하수도 소독에 적합하다.

38 금속제품은 처음부터 넣고 끓이면 얼룩이 생기므로 탄산나트륨 2%를 넣으면 살균력도 강해지고 녹스는 것을 방지한다.

39 석탄산계수는 소독약의 살균력을 비교하는 양적 표시이다.

40 세균증식에 가장 최적의 수소이온농도는 pH 6.0~8.0이다.

41 눈은 독립피지선으로 입술, 유두, 손, 발바닥, 성기가 속한다.

42 페이스 파우더는 피부화장 마무리 시 번들거림을 완화하고 피부를 뽀송뽀송하게 해준다.

43 네일 파일은 손톱을 가는 데 사용하는 손톱용 줄을 말한다.

44 표피는 피부의 가장 바깥층으로 대략 0.03~1mm 두께로 외배엽에서 발생하며, 혈관과 신경 조직이 없다.

45 비타민 C를 많이 섭취하면 기미, 색소침착 예방에 효과적이다.

46 UV B는 중파장 자외선으로 색소침착과 건성화의 원인이며 장시간 노출 시 피부가 붉어지고 수포가 형성된다.

47 흡연과 체온은 상관이 없다.

48 유연제는 피부를 부드럽게 해주는 물질이다.

49 대상포진은 바이러스성 질환으로 심한 통증이 동반되는 수포성 발진이며, 노화된 피부에서 발생빈도가 높다.

50 원발진(면포, 농포, 구진, 반점, 두드러기, 결절, 수포, 낭종, 종양), 속발진(미란, 가피, 반흔, 비듬, 궤양, 찰과상, 흉터, 위축, 태선화, 균열)

51 신고한 영업장 면적의 3분의 1 이상의 증감이 해당된다.

52 이 · 미용업소의 변경신고는 영업소의 명칭 또는 상호, 영업소의 소재지, 신고한 영업장 면적의 3분의 1 이상의 증감, 대표자의 성명 또는 생년월일이 중요사항이다.

53 영업정지 1월은 30일로 계산하고 신규사업, 휴업 등으로 인한 1년간의 매출금액을 산출할 수 없거나 불합리한 경우는 분기별, 월별, 일별 매출금액을 기준으로 산출한다.

54 위생교육은 연간 3시간 받는다.

55 위생관리기준은 보건복지부령으로 정한다.

56 이용 및 미용의 업무는 영업소 외의 장소에서 행할 수 없다. 다만, 보건복지부령이 정하는 특별한 사유가 있는 경우에는 그러하지 아니하다.

57 면허증은 원본을 게시해야 한다.

58 국세청 소속 공무원은 위생관리의무 이행검사 권한과 관계가 없다.

59 시장, 군수, 구청장이 면허 발급, 재발급, 반납, 보관 등을 행할 수 있다.

60 면허 취소인 경우는 면허정지처분을 받고도 업무를 행한 때, 국가기술자격법에 따라 자격이 취소된 때, 결격사유에 해당된 때에 해당된다.

01 미용 시술에 따른 작업자세로 적합하지 않은 것은?

① 샴푸 시에는 발을 약 6인치 정도 벌리고 등을 곧게 펴서 바른 자세로 시술한다.
② 헤어스타일링 작업 시에는 손님의 의자를 작업에 적합한 높이로 조정한 다음 작업을 한다.
③ 화장이나 매니큐어 시술 시에는 미용사가 의자에 바르게 앉아 시술한다.
④ 미용사는 선 자세 또는 앉은 자세 어느 때일지라도 반드시 허리를 구부려서 시술하도록 한다.

02 그라데이션 커트는 몇 도 선에서 슬라이스로 커팅하는가?

① 사선 20°
② 사선 45°
③ 사선 90°
④ 사선 120°

03 콜드 퍼머넌트 웨이브시 두발 끝이 자지러지는 원인이 아닌 것은?

① 콜드 웨이브 제1액을 바르고 방치시간이 길었다.
② 두발 끝을 너무 테이퍼링하였다.
③ 두발 끝을 블런트 커팅하였다.
④ 너무 가는 로드를 사용하였다.

04 콜드 퍼머넌트 시 제1액을 바르고 비닐캡을 씌우는 이유가 아닌 것은?

① 체온으로 솔루션의 작용을 빠르게 하기 위하여
② 제1액의 작용이 두발 전체에 골고루 행하여지게 하기 위하여
③ 휘발성 알칼리의 휘산작용을 방지하기 위하여
④ 두발을 구부러진 형태대로 정착시키기 위하여

05 물이나 비눗물 등을 담는 용기로 손톱을 부드럽게 하기 위하여 사용되는 것은?

① 핑거 볼(finger bowl)
② 네일 파일(nail file)
③ 네일 버퍼(nail buffer)
④ 네일 크림(nail cream)

06 우리나라 미용사에서 면약(일종의 안면용 화장품)의 사용과 두발 염색이 최초로 행해졌던 시대는?

① 삼한
② 삼국
③ 고려
④ 조선

07 다음 중 시대적으로 가장 늦게 발표된 미용술은?

① 찰스 네슬러의 퍼머넌트 웨이브
② 스피크먼의 콜드 웨이브
③ 조셉 메이어의 크루크식 퍼머넌트 웨이브
④ 마셀 그라또의 마셀 웨이브

08 둥근(원형) 얼굴형에 대한 화장술로 가장 적합한 것은?

① 뺨은 풍요하게, 턱은 팽팽하게 보이도록 한다.
② 모난 부분을 밝게 표현한다.
③ 양옆 폭을 좁게 보이도록 한다.
④ 위와 아래를 짧게 보이도록 한다.

09 헤어 블리치 시술에 관한 사항 중 틀린 것은?

① 블리치 시술 후 일주일 이상 경과된 뒤에 퍼머하는 것이 좋다.
② 블리치 시술 후 케라틴 등의 유출로 다공성 모발이 되므로 애프터 케어가 필요하다.
③ 블리치제 조합은 사전에 정확히 배합해두고 사용 후 남은 블리치제는 공기가 들어가지 않도록 밀폐시켜 사용한다.
④ 블리치제는 직사광선이 들지 않는 서늘하고 건조한 곳에 보관한다.

10 두부의 기준점 중 T.P에 해당되는 것은?

① 센터 포인트
② 탑 포인트
③ 골든 포인트
④ 백 포인트

11 클락 와이즈 와인드 컬(clock wise wind curl)을 가장 옳게 설명한 것은?

① 모발이 시계 바늘 방향인 오른쪽 방향으로 되어진 컬
② 모발이 두피에 대해 세워진 컬
③ 모발이 두피에 대해 시계 반대방향으로 되어진 컬
④ 모발이 두피에 대해 평평한 컬

12 미용의 목적과 가장 거리가 먼 것은?

① 심리적 욕구를 만족시켜 준다.
② 인간의 생활의욕을 높인다.
③ 영리의 추구를 도모한다.
④ 아름다움을 유지시켜 준다.

13 컬 피닝(curl pinning) 시 주의사항으로 틀린 것은?

① 두발이 젖은 상태이므로 두발에 핀이나 클립자국이 나지 않도록 주의한다.
② 루프의 형태가 일그러지지 않도록 주의한다.
③ 고정시키는 도구가 루프의 지름보다 지나치게 큰 것은 사용하지 않는다.
④ 컬을 고정시킬 때는 핀이나 클립을 깊숙이 넣어야만 잘 고정된다.

14 파운데이션 종류와 적합한 피부의 연결이 틀린 것은?

① 크림 타입의 파운데이션 – 건성 피부
② 파우더 타입의 파운데이션 – 지성 피부
③ 리퀴드 타입의 파운데이션 – 악건성 피부
④ 케이크 타입의 파운데이션 – 건성 피부

15 시술자의 조정에 의해 바람을 일으켜 직접 내보내는 블로우 타입(blow type)으로 주로 드라이 세트에 많이 사용되는 것은?

① 핸드 드라이어
② 에어 드라이어
③ 스탠드 드라이어
④ 적외선 램프 드라이어

16 다음 중 목적에 따른 분류가 아닌 것은?

① 소셜 메이크업
② 오디너리 메이크업
③ 그리스 페인트 메이크업
④ 스테이지 메이크업

17 컬러링 시술 전 실시하는 패치 테스트(patch test)에 관한 설명으로 틀린 것은?

① 염색시술 48시간 전에 실시한다.
② 팔꿈치 안쪽이나 귀 뒤에 실시한다.
③ 테스트 결과 양성반응일 때 염색시술을 한다.
④ 염색제의 알레르기 반응 테스트이다.

18 헤어의 디자인 라인에서 다이애거널 포워드(diagonal forward)는?

① 좌대각으로 좌측에서 보면 우측으로 다운이 되면서 우측으로 길어진다.
② 우대각 쪽으로 향하는 좌측이 길어진다.
③ 모발이 앞쪽으로 흐르는 대각선으로 전대각의 앞선이 길어진다.
④ 얼굴 뒤쪽으로 흐르며 후대각 V-라인이다.

19 모발의 성장이 멈추고, 전체 모발의 14~15%를 차지하며 가벼운 물리적 자극에 의해 쉽게 탈모가 되는 단계는?

① 성장기
② 퇴화기
③ 휴지기
④ 모발주기

20 청록색 눈 화장에 빨간색 입술화장을 하였더니 청록과 빨간 색상이 원래의 색보다 더욱 뚜렷해 보이고 채도도 더 높게 보이는 현상은?

① 명도대비
② 연변대비
③ 색상대비
④ 보색대비

21 비타민이 결핍되었을 때 발생하는 질병의 연결이 틀린 것은?

① 비타민 B₁ – 각기증
② 비타민 D – 괴혈증
③ 비타민 A – 야맹증
④ 비타민 E – 불임증

22 집 주위에 있는 쥐를 없애는 방법 중 가장 항구적인 방법은?

① 약제를 사용한다.
② 천적을 사용한다.
③ 쥐틀 등을 사용한다.
④ 환경을 정비한다.

23 매개곤충과 전파하는 감염병의 연결이 틀린 것은?

① 진드기 – 유행성출혈열
② 모기 – 일본뇌염
③ 파리 – 사상충
④ 벼룩 – 페스트

24 다음 중 감염형 식중독에 속하는 것은?

① 살모넬라 식중독
② 보툴리누스 식중독
③ 포도상구균 식중독
④ 웰치균 식중독

25 장티푸스에 대한 설명으로 옳은 것은?

① 식물매개 감염병이다.
② 우리나라에서는 제3급 법정감염병이다.
③ 대장점막에 궤양성 병변을 일으킨다.
④ 일종의 열병으로 경구침입 감염병이다.

26 감염병 발생시 일반인이 취하여야 할 사항으로 적절하지 않은 것은?

① 환자를 문병하고 위로한다.
② 예방접종을 받도록 한다.
③ 주위 환경을 청결히 하고 개인 위생에 힘쓴다.
④ 필요한 경우 환자를 격리한다.

27 다음 중 직업병으로만 구성된 것은?

① 열중증 – 잠수병 – 식중독
② 열중증 – 소음성난청 – 잠수병
③ 열중증 – 소음성난청 – 폐결핵
④ 열중증 – 소음성난청 – 대퇴부골절

28 다음 중 체온조절기능에 대한 설명으로 옳은 것은?

① 인체는 화학적 조절기능으로 체내에서 열생산을 한다.
② 피부는 열방산 기능보다 열생산 기능이 더 활발하다.
③ 신체는 신진대사만으로 열을 생산한다.
④ 신체와 환경과의 열교환 현상은 없다.

29 보건기획이 전개되는 과정으로 옳은 것은?

① 전제 – 예측 – 목표설정 – 구체적 행동계획
② 전제 – 평가 – 목표설정 – 구체적 행동계획
③ 평가 – 환경분석 – 목표설정 – 구체적 행동계획
④ 환경분석 – 사정 – 목표설정 – 구체적 행동계획

30 다음 (보기)에서 가족계획에 포함되는 것만 골라 나열한 것은?

> (보기)
> ㄱ. 결혼연령제한   ㄴ. 초산연령조절
> ㄷ. 인공임신중절   ㄹ. 출산횟수조절

① ㄱ, ㄴ, ㄷ   ② ㄱ, ㄷ
③ ㄴ, ㄹ   ④ ㄱ, ㄴ, ㄷ, ㄹ

31 다음 중 물리적 소독법에 속하지 않는 것은?

① 건열멸균법
② 고압증기멸균법
③ 크레졸소독법
④ 자비소독법

32 일반적인 음용수로서 적합한 잔류염소량(유리잔류염소를 말함) 기준은?

① 250mg/L 이하
② 4mg/L 이하
③ 2mg/L 이하
④ 0.1mg/L 이하

33 소독약품의 구비 조건이 아닌 것은?

① 살균력이 있을 것
② 부식성이 없을 것
③ 경제적일 것
④ 사용방법이 어려울 것

34 E.O 가스멸균법이 고압증기멸균법에 비해 장점이라 할 수 있는 것은?

① 멸균 후 장기간 보존이 가능하다.
② 멸균 시 소요되는 비용이 저렴하다.
③ 멸균 조작이 쉽고 간단하다.
④ 멸균 시간이 짧다.

35 다음 소독약 중 가장 독성이 낮은 것은?

① 석탄산   ② 승홍수
③ 에틸알코올   ④ 포르말린

36 석탄산, 알코올, 포르말린 등의 소독제가 가지는 소독의 주된 원리는?

① 균체 원형질 중의 탄수화물 변성
② 균체 원형질 중의 지방질 변성
③ 균체 원형질 중의 단백질 변성
④ 균체 원형질 중의 수분 변성

37 다음 중 여드름 짜는 기계를 소독하지 않고 사용했을 때 감염 위험이 큰 질병은?

① 후천성면역결핍증   ② 결핵
③ 장티푸스   ④ 이질

38 미용현장의 감염관리를 위한 방법 중 가장 적절한 것은?

① 화장실 세면대에는 고체비누를 사용하도록 준비한다.
② 사용한 레이저나 가위는 깨끗이 씻고 말려 다른 고객에게 다시 사용한다.
③ 작업장의 환경은 환기와 통풍보다는 냉·온방 시설이 잘 되어야 한다.
④ 화장실에는 펌프로 된 물비누와 일회용 종이 타올을 비치한다.

39 다음 중 올바른 도구 사용법이 아닌 것은?

① 시술 도중 바닥에 떨어뜨린 빗을 다시 사용하지 않고 소독한다.
② 더러워진 빗과 브러시는 소독해서 사용해야 한다.
③ 에머리 보드는 한 고객에게만 사용한다.
④ 일회용 소모품은 경제성을 고려하여 재사용한다.

40 고압증기멸균법을 실시할 때 가장 알맞은 온도, 압력, 소요시간은?

① 71℃에 10lbs 30분간 소독
② 105℃에 15lbs 30분간 소독
③ 121℃에 15lbs 20분간 소독
④ 211℃에 10lbs 10분간 소독

41 다음 중 외부로부터 충격이 있을 때 완충작용으로 피부를 보호하는 역할을 하는 것은?

① 피하지방과 모발   ② 한선과 피지선
③ 모공과 모낭   ④ 외피각질층

42 여드름이 많이 났을 때의 관리방법으로 가장 거리가 먼 것은?

① 유분이 많은 화장품을 사용하지 않는다.
② 클렌징을 철저히 한다.
③ 요오드가 많이 든 음식을 섭취한다.
④ 적당한 운동과 비타민류를 섭취한다.

43 다음 중 세포 재생이 더 이상 되지 않으며 기름샘과 땀샘이 없는 것은?

① 흉터   ② 티눈
③ 두드러기   ④ 습진

44 눈꺼풀에 색감을 주어 입체감을 살려 눈의 표정을 강조하는 화장품은?

① 아이라이너
② 아이섀도
③ 아이브로우 펜슬
④ 마스카라

45 피부구조에 있어 물이나 일부의 물질을 통과시키지 못하게 하는 흡수방어벽층은 어디에 있는가?

① 투명층과 과립층 사이
② 각질층과 투명층 사이
③ 유극층과 기저층 사이
④ 과립층과 유극층 사이

46 메이크업에서 T.P.O에 속하지 않는 것은?

① 시간   ② 장소
③ 체형   ④ 목적

47 다음 중 필수 아미노산에 속하지 않는 것은?

① 아르기닌   ② 리신
③ 히스티딘   ④ 글리신

48 건강한 손톱의 특징이 아닌 것은?

① 네일 베드에 잘 부착되어 있어야 한다.
② 연한 핑크색이 나며 둥근 모양의 아치형이다.
③ 매끈하게 윤이 흘러야 한다.
④ 단단하고 두꺼우며 딱딱해야 한다.

49 기미를 악화시키는 주요한 원인이 아닌 것은?

① 경구 피임약의 복용
② 임신
③ 자외선 차단
④ 내분비 이상

50 풋고추, 당근, 시금치, 달걀 노른자에 많이 들어 있는 비타민으로 피부각화작용을 정상적으로 유지시켜 주는 것은?

① 비타민 C
② 비타민 A
③ 비타민 K
④ 비타민 D

51 공중위생관리법시행규칙에 규정된 이·미용기구의 소독기준으로 적합한 것은?

① 1cm²당 85㎼ 이상의 자외선을 10분 이상 쐬어준다.
② 100℃ 이상의 건조한 열에 10분 이상 쐬어준다.
③ 석탄산수(석탄산 3%, 물 97%)에 10분 이상 담가둔다.
④ 100℃ 이상의 습한 열에 10분 이상 쐬어준다.

52 이·미용업의 영업자는 연간 몇 시간의 위생교육을 받아야 하는가?

① 3시간   ② 8시간
③ 10시간   ④ 12시간

53 신고를 하지 않고 영업소 명칭(상호)을 바꾼 경우에 대한 1차 위반시의 행정처분기준은?

① 주의
② 경고 또는 개선명령
③ 영업정지 10일
④ 영업정지 1월

54 이·미용업에 있어 위반행위의 차수에 따른 행정처분기준은 최근 어느 기간 동안 같은 위반행위로 행정처분을 받는 경우에 적용되는가?

① 6월   ② 1년
③ 2년   ④ 3년

55 이·미용업의 신고에 대한 설명으로 옳은 것은?

① 이·미용사 면허를 받은 사람만 신고할 수 있다.
② 일반인 누구나 신고할 수 있다.
③ 1년 이상의 이·미용업무 실무경력자가 신고할 수 있다.
④ 미용사자격증을 소지하여야 신고할 수 있다.

56 규정에 의한 과징금 납부 통지를 받은 자는 그 통지를 받은 날부터 며칠 이내에 납부해야 하는가?

① 7일
② 10일
③ 15일
④ 20일

57 공중위생영업소를 개설하고자 하는 자는 원칙적으로 언제까지 위생교육을 받아야 하는가?

① 개설하기 전
② 개설 후 3개월 내
③ 개설 후 6개월 내
④ 개설 후 1년 내

58 다음 중 공중위생관리법의 궁극적인 목적은?

① 공중위생영업 종사자의 위생 및 건강관리
② 공중위생영업소의 위생관리
③ 위생수준을 향상시켜 국민의 건강증진에 기여
④ 공중위생영업의 위상 향상

59 영업소 외의 장소에서 업무를 행한 때에 대한 1차 위반 시 행정처분기준은?

① 200만 원 이하의 벌금
② 300만 원 이하의 벌금
③ 영업정지 1월
④ 영업정지 3월

60 공중위생관리법 상 공중위생영업의 신고를 하고자 하는 경우 반드시 필요한 첨부서류가 아닌 것은?

① 영업시설 및 설비개요서
② 교육필증
③ 이·미용사 자격증
④ 국유재산사용허가서(국유철도 정거장 시설 영업자의 경우)

정답(제14회)

01	02	03	04	05	06	07	08	09	10	11	12	13	14	15	16	17	18	19	20
④	②	③	④	①	③	②	③	③	②	①	③	④	④	③	②	③	③	③	④

21	22	23	24	25	26	27	28	29	30	31	32	33	34	35	36	37	38	39	40
②	④	③	①	④	①	②	①	①	①	③	②	④	①	④	①	④	④	④	③

41	42	43	44	45	46	47	48	49	50	51	52	53	54	55	56	57	58	59	60
①	③	①	③	①	③	④	③	④	②	③	④	③	②	①	④	③	①	③	③

해설

01 미용사는 허리를 구부려서 시술하면 무리가 생기므로 작업대상의 위치는 심장의 높이와 평행한 것이 가장 바람직하다.

02 그라데이션 커트는 목덜미에서 톱 부분으로 올라갈수록 두발의 길이가 점점 길어지는 커트이다.

03 블런트 커팅은 직선적으로 커트하는 방법을 말한다.

04 비닐 캡을 씌우는 이유는 솔루션의 흡수를 촉진시켜 골고루 행하여지기 위함이다.

05 핑거볼은 손가락을 부드럽게 하기 위해 미지근한 액체를 담는 용기이다.

06 삼한시대(문신, 신분과 계급표시), 삼국시대(신분과 지위표시, 남자화장, 향수, 향료제조), 조선시대(신부화장)

07 콜드 웨이브는 현재의 퍼머넌트 웨이브에 주로 사용되는 방법이다.

08 둥근 얼굴형은 양옆 폭을 셰이딩하여 좁아 보이게 표현하여 가름한 이미지를 연출한다.

09 헤어 블리치제는 사용하기 바로 직전에 조합하여 사용하는 것이 좋다.

10 센터포인트(C.P), 골든포인트(G.P), 백포인트(B.P)

11 카운터 클록와이즈 와인드 컬은 두발이 왼쪽 말기(시계 반대방향)로 말려있는 컬이다.

12 미용은 의식주를 만족시키는 물자를 직접 생산해내지는 못하지만 인간의 심리적 욕구를 만족시키고, 생산의욕을 높이는 데 목적이 있다.

13 핀이나 클립 안쪽으로 깊숙이 컬을 넣어 고정시키면 루프의 형태가 일그러질 우려가 있다.

14 케이크 타입의 파운데이션은 사용 시 밀착감이 좋아서 빨리 건조하여 막을 형성하므로 건성피부에는 맞지 않다.

15 블로우 드라이어의 기초가 되는 것은 헤어 커팅으로 드라이를 효과적으로 표현해내는 데 중요한 역할을 하며 핸드 드라이어만으로 간단히 스타일링을 만들 수 있다.

16 오디너리 메이크업은 일상 메이크업에 해당된다.

17 패치테스트는 염모제에 의한 알레르기성 피부염이나 접촉성 피부염 등의 유무를 알아보기 위하여 염색시술 전에 48시간 동안 실시하는 피부첩포시험으로 스킨 테스트라고도 한다.

18 다이애거널 포워드는 웨이브의 융기점에 나타난 선이 비스듬하게 된 웨이브로 웨이브의 방향을 귓바퀴 방향으로 한다.

19 모발의 생장주기는 성장기(자가성장) – 퇴화기(생장이 느려지는 시기) – 휴지기(모유두의 위축과 탈모현상) – 발생기(자연 탈모) 과정을 거친다.

20 색상환에서 서로 마주보고 있는 색을 보색관계라 하며 청록색과 빨간색은 보색대비로 색이 더욱 뚜렷해 보인다.

21 비타민 D의 결핍으로 구루병, 골연화증, 골다공증이 생길 수 있다.

22 쥐의 구제방법으로 먼저 예비조사를 실시하여 가옥 내의 일반적 환경에 치중해서 조사하고 서식처의 상황, 출입구 및 쥐집의 위치를 확인하고 수를 추정해서 구제 실행에 도움이 되도록 한다.

23 파리가 매개하는 질병으로는 소화기계감염병인 장티푸스, 파라티푸스, 세균성 및 아메바성 이질, 콜레라 등이 있고, 기생충병으로는 회충, 편충, 요충 등의 충란을 전파시킨다.

24 보툴리누스, 포도상구균, 웰치균식중독은 독소형식중독에 속한다.

25 장티푸스는 살모넬라균으로 인한 급성 전신성 열성 질환으로 대변에 오염된 물, 식품을 매개로 전파된다.

26 감염병 환자와의 접촉은 감염병을 전파시킬 수 있다.

27 열중증(광부, 화부, 제철공), 소음성난청(공사현장인부, 군인), 잠수병(해녀)

28 피부는 외부의 변화에 따라 땀샘과 혈관을 통해 몸 내부의 온도를 유지시켜 준다.

29 보건기획은 전제 – 예측을 하여 목표를 설정하고 구체적인 행동계획을 한다.

30 가족계획의 구체적인 내용은 결혼조절, 출생간격조절, 출산의 계절조절, 출산 전후의 모성관리, 영유아의 건강관리이다.

31 크레졸소독법은 화학적 소독법이다.

32 음용수로 적합한 잔류염소량은 4mg/L 이하이다.

33 소독약은 사용방법이 간단한 것이 좋다.

34 E.O가스 멸균법은 비용이 비싼 편이다.

35 에틸알코올은 수지와 피부 소독에 사용되며 날이 있는 물건의 소독에 적당하다.

36 석탄산(페놀), 알코올, 포르말린의 작용기전은 단백질의 응고작용 또는 세포를 용해시키는 작용을 한다.

37 후천성 면역결핍증은 주사기를 사용, 수직 감염, 수혈, 성접촉에 의한 감염이다.

38 많은 고객들이 있는 밀폐된 공간이므로 작업장의 환경은 환기와 통풍이 잘 되어야 한다.

39 일회용 소모품은 저렴한 가격의 일회성이어야 한다.

40 고압증기멸균법을 사용하여 보통 120℃에서 20분간 가열하면 모든 미생물은 완전히 멸균된다. 10파운드는 온도 115.5℃에서 30분간, 15파운드는 온도 121.5℃에서 20분간, 20파운드는 온도 126.5℃에서 15분간 주로 기구, 의류, 고무제품, 거즈, 약액 등의 멸균에 이용된다.

41 피하지방은 강한 탄력을 지니고 있어 신체 내·외부의 압력에 대하여 강하게 대처하는 역할을 한다. 모발은 피부표면을 보호한다.

42 음식물이나 약품 중에 요오드나 켈프는 여드름을 악화시키는 큰 요인이 된다.

43 티눈(각질층의 증식현상), 두드러기(순간적 반응의 가려움증), 습진(피부의 건성화로 각질이 벗겨져 가는 과정)

44 아이섀도는 눈의 표정과 인상을 밝게 친근감을 주며 다양한 색상을 사용하여 표현한다.

45 수분증발저지막으로 체내에 필요한 물질이 체외로 나가는 것을 막아주어 피부의 건조를 방지한다.

46 T.P.O는 시간(Time), 장소(Place), 목적(Occasion)을 말한다.

47 글리신은 가장 간단한 아미노산의 하나로 동물성 단백질에 다량 함유되어있으며 비필수 아미노산이다.

48 건강한 손톱은 분홍빛으로 매끄럽게 윤이 나며 둥근아치를 형성하고 손톱이 단단하고 탄력 있다.

49 자외선의 장시간 노출은 멜라닌의 형성을 촉진하여 기미를 악화시키므로, 자외선 차단은 기미를 예방한다.

50 비타민 A는 피부, 점막을 보호하여 항상 촉촉한 상태로 유지시켜주며, 동물성 식품과 녹황색 채소류에 함유되어있다.

51 석탄산수의 용도는 보통 3%의 수용액으로 비교적 넓으며 수지, 수건, 의류, 침구, 커버, 브러시, 고무제품, 실내내부, 변소, 변기 등에 적합하다.

52 위생교육은 연간 3시간 받는다.

53 신고를 하지 않고 영업소 명칭을 바꾼 경우의 2차 위반은 영업정지 15일, 3차 위반은 영업정지 1월, 4차 위반은 영업장 폐쇄명령을 행한다.

54 위반행위의 차수에 따른 행정처분기준은 최근 1년 동안 같은 위반행위로 행정처분을 받는 경우에 적용된다.

55 일반인 또는 실무경력자라 하여도 이·미용사 면허증을 취득한 자에 의해서만 신고할 수 있다.

56 천재·지변 그밖에 부득이한 사유로 인하여 그 기간 내에 과징금을 납부할 수 없는 때에는 그 사유가 없어진 날부터 7일 이내에 납부해야 한다.

57 이·미용업소를 개설하고자 할 경우는 개설하기 전에 위생교육을 먼저 받아야 한다.

58 공중보건의 주요 목표는 질병을 예방하고 생활환경을 위생적으로 하여 수명을 연장하는 것 외에 정신적, 신체적 능률향상을 도모하는 데 있다.

59 영업소 외의 장소에서 업무를 행한 때에 대한 2차 위반은 영업정지 2월, 3차 위반은 영업장 폐쇄를 행한다.

60 공중위생영업의 신고를 하고자 하는 자는 영업시설 및 설비개요서, 교육필증을 시장, 군수, 구청장에게 제출하여야 한다.

국가기술자격검정 필기시험문제

제15회 최신 시행 출제문제

				수험번호	성명
자격종목 및 등급(선택분야)	종목코드	시험시간	문제지형별		
미용사(일반)	**7937**	**1시간**	**A**		

01 다음 중 샴푸의 효과를 가장 바르게 설명한 것은?

① 모공과 모근의 신경을 자극하여 생리기능을 강화한다.
② 모발을 청결하게 하고 두피를 자극하여 혈액순환을 원활하게 한다.
③ 두통을 예방할 수 있다.
④ 모발의 수명을 연장시킨다.

02 전체적인 머리모양을 종합적으로 관찰하여 수정, 보완시켜 완전히 끝맺도록 하는 것은?

① 총칙　　　　　　② 제작
③ 보정　　　　　　④ 구상

03 원랭스 커트(one-length cut)의 정의로 가장 적합한 것은?

① 두발 길이에 단차가 있는 상태의 커트
② 완성된 두발을 빗으로 빗어 내렸을 때 모든 두발이 하나의 선상으로 떨어지도록 자르는 커트
③ 전체의 머리 길이가 똑같은 커트
④ 머릿결을 맞추지 않아도 되는 커트

04 퍼머넌트 시술 시 비닐캡의 사용 목적과 가장 거리가 먼 것은?

① 산화방지
② 온도유지
③ 제2액의 고정력 강화
④ 제1액 작용 활성화

05 블런트 커트(blunt cut)의 특징이 아닌 것은?

① 모발손상이 적다.
② 입체감을 내기 쉽다.
③ 잘린 부분이 명확하다.
④ 커트 형태선이 가볍고 자연스럽다.

06 매니큐어의 용구가 아닌 것은?

① 오렌지 우드스틱
② 푸셔
③ 아크릴릭 브러시
④ 우드램프

07 두피 관리를 할 때 헤어 스티머(hair steamer)의 사용 시간으로 가장 적합한 것은?

① 5~10분
② 10~15분
③ 15~20분
④ 20~30분

08 스캘프 트리트먼트의 목적과 가장 관계가 먼 것은?

① 먼지나 비듬 제거
② 혈액순환을 왕성하게 하여 두피의 생리기능을 높임
③ 두피의 지방막을 제거해서 두발을 깨끗하게 해줌
④ 두피나 두발에 유분 및 수분을 공급하고 두발에 윤택함을 줌

09 헤어스타일의 다양한 변화를 위해 사용되는 헤어 피스가 아닌 것은?

① 폴(fall)
② 위글렛(wiglet)
③ 웨프트(waft)
④ 위그(wig)

10 다음 성분 중 세정작용이 있으며 피부자극이 적어 유아용 샴푸제에 주로 사용되는 것은?

① 음이온성 계면활성제
② 양이온성 계면활성제
③ 양쪽성 계면활성제
④ 비이온성 계면활성제

11 컬(curl)의 목적으로 가장 옳은 것은?

① 텐션, 루프, 스템을 만들기 위해
② 웨이브, 볼륨, 플러프를 만들기 위해
③ 슬라이싱, 스퀘어, 베이스를 만들기 위해
④ 세팅, 뱅을 만들기 위해

12 두발에서 퍼머넌트 웨이브의 형성과 직접 관련이 있는 아미노산은?

① 시스틴(cystine)
② 알라닌(alanine)
③ 멜라닌(melanin)
④ 티로신(tyrosine)

13 페디큐어에 대한 설명으로 옳은 것은?

① 발톱을 다듬을 때 발톱 양끝에서 중앙을 향해 줄질하여 타원형의 모양을 만든다.
② 발톱을 다듬을 때 일자로 줄질하여 양끝은 살짝 굴려 부드럽게 한다.
③ 발톱을 다듬을 때 줄질하지 않으며 오로지 잘라내기만 한다.
④ 발톱을 다듬을 때 오른쪽 끝에서 왼쪽 끝으로 줄질하여 원형의 모양을 만든다.

14 아이론 선정방법으로 적합하지 않은 것은?

① 프롱의 길이와 핸들의 길이가 3 : 2로 된 것
② 프롱과 그루브의 접합지점 부분이 잘 죄어져 있는 것
③ 단단한 강질의 쇠로 만들어진 것
④ 프롱과 그루브가 수평으로 된 것

15 신부화장에서 신부의 인중이 짧을 때는 어디를 수정해야 가장 적절한가?

① 윗 입술을 작게 아랫 입술을 크게 그린다.
② 윗 입술은 크게 아랫 입술은 작게 그린다.
③ 코벽을 세운다.
④ 인중을 크게 그린다.

16 삼한시대(三韓時代)의 머리형에 대한 설명으로 틀린 것은?

① 포로나 노비는 머리를 깎았다.
② 수장급은 관모를 썼다.
③ 일반인에게는 상투를 틀게 했다.
④ 계급의 차이 없이 자유롭게 했다.

17 그리스 페인트 화장(Grease paint make-up)이란?

① 낮 화장
② 햇볕 그을림 방지 화장
③ 밤 화장
④ 무대용 화장

18 퍼머넌트 웨이브 시술 시 굵은 두발에 대한 와인딩 방법을 올바르게 설명한 것은?

① 블로킹을 크게 하고 로드의 직경도 큰 것으로 한다.
② 블로킹을 작게 하고 로드의 직경도 작은 것으로 한다.
③ 블로킹을 크게 하고 로드의 직경은 작은 것으로 한다.
④ 블로킹을 작게 하고 로드의 직경은 큰 것으로 한다.

19 고대 중국의 미용에 대한 설명으로 틀린 것은?

① 기원전 2,200년경인 하(夏)나라 시대에 분을, 기원전 1,150년경인 은(殷)나라의 주왕 때에는 연지화장이 사용되었다.
② B.C 246~210년에 아방궁 3천명의 미희들에게 백분과 연지를 바르게 하고 눈썹을 그리게 했다.
③ 액황이라고 하여 이마에 발라 약간의 입체감을 주었으며, 홍장이라 하여 백분을 바른 후 다시 연지를 덧발랐다.
④ 두발을 짧게 깎거나 밀어내고 그 위에 일광을 막을 수 있는 대용물로써 가발을 즐겨 썼다.

20 미용술을 행할 때 제일 먼저 해야 하는 것은?

① 전체적인 조화로움을 검토하는 일
② 구체적으로 표현하는 과정
③ 작업계획의 수립과 구상
④ 소재 특징의 관찰 및 분석

21 열에 매우 약하여 조금만 가열하여도 쉽게 파괴되는 비타민은?

① 비타민 A
② 비타민 B_1
③ 비타민 C
④ 비타민 F

22 우리나라 보건행정의 말단 행정기관으로 국민건강증진 및 감염병 예방관리 사업 등을 하는 기관명은?

① 의원
② 보건소
③ 종합병원
④ 보건기관

23 신경독소가 원인이 되는 세균성 식중독 원인균은?

① 쥐 티푸스균
② 황색 포도상구균
③ 돈 콜레라균
④ 보툴리누스균

24 공중보건학에 대한 설명으로 틀린 것은?

① 지역사회 전체주민을 대상으로 한다.
② 목적은 질병예방, 수명연장, 신체적·정신적 건강증진이다.
③ 목적달성의 접근방법은 개인이나 일부 전문가의 노력에 의해 달성될 수 있다.
④ 방법에는 환경위생, 감염병관리, 개인위생 등이 있다.

25 다음 중 음용수에서 대장균 검출의 의의로 가장 큰 것은?

① 오염의 지표
② 감염병 발생예고
③ 음용수의 부패상태 파악
④ 비병원성

26 절지동물에 의해 매개되는 감염병이 아닌 것은?

① 유행성일본뇌염
② 발진티프스
③ 탄저
④ 페스트

27 만성 카드뮴(Cd) 중독의 3대 증상이 아닌 것은?

① 단백뇨
② 빈혈
③ 신장기능장애
④ 폐기증

28 출생률이 높고 사망률이 낮으며 14세 이하 인구가 65세 이상 인구의 2배를 초과하는 인구구성형은?

① 피라미드형
② 종형
③ 항아리형
④ 별형

29 물체의 불완전 연소 시 많이 발생하며, 혈중 헤모글로빈의 친화성이 산소에 비해 약 300배 정도로 높아 중독 시 신경이상증세를 나타내는 성분은?

① 아황산가스
② 일산화탄소
③ 질소
④ 이산화탄소

30 우리나라 법정 감염병 중 가장 많이 발생하는 감염병으로 대개 1~5년을 간격으로 많은 유행을 하는 것은?

① 백일해　　　　　　② 홍역
③ 유행성이하선염　　④ 폴리오

31 이·미용 업소에서 사용하는 수건의 소독방법으로 적합하지 않은 것은?

① 건열소독　　　　　② 자비소독
③ 역성비누소독　　　④ 증기소독

32 살균력과 침투성은 약하지만 자극이 없고 발포작용에 의해 구강이나 상처소독에 주로 사용되는 소독제는?

① 페놀　　　　　　　② 염소
③ 과산화수소수　　　④ 알코올

33 다음 중 물리적 소독법에 해당하는 것은?

① 승홍소독　　　　　② 크레졸소독
③ 건열소독　　　　　④ 석탄산소독

34 석탄산, 알코올, 포르말린 등의 소독제의 특성에 따른 소독의 주된 원리는?

① 균체 원형질 중의 탄수화물 변성
② 균체 원형질 중의 지방질 변성
③ 균체 원형질 중의 단백질 변성
④ 균체 원형질 중의 수분 변성

35 고압증기멸균법에서 20파운드(Lbs)의 압력에서는 몇 분간 처리하는 것이 가장 적절한가?

① 40분　　　　　　　② 30분
③ 15분　　　　　　　④ 5분

36 플라스틱, 전자기기, 열에 불안정한 제품들을 소독하기에 가장 효과적인 방법은?

① 열탕소독
② 건열소독
③ 가스소독
④ 고압증기소독

37 이·미용실의 실내소독법으로 가장 적당한 방법은?

① 석탄산소독
② 역성비누소독
③ 승홍수소독
④ 크레졸소독

38 다음 중 포자를 형성하는 세균의 멸균 방법으로 가장 좋은 것은?

① 역성비누소독
② 알코올소독
③ 일광소독
④ 고압증기소독

39 화학적 약제를 사용하여 소독 시 소독약품의 구비조건으로 옳지 않은 것은?

① 용해성이 낮아야 한다.
② 살균력이 강해야 한다.
③ 부식성, 표백성이 없어야 한다.
④ 경제적이고 사용방법이 간편해야 한다.

40 지표군이나 화학적 지시계(chemlcal indlcator)를 이용하여 살균효과를 판정하는 방법은?

① 살균효과의 지속적 감시
② 소독약품의 살균력 평가
③ 균수 측정
④ 멸균효과의 지속적 감시

41 두발의 색깔을 좌우하는 멜라닌은 다음 중 어느 곳에 가장 많이 함유되어 있는가?

① 모표피
② 모피질
③ 모수질
④ 모유두

42 가장 이상적인 피부의 pH 범위에 속하는 것은?

① pH 0.1~2.5
② pH 2.5~4.3
③ pH 5.2~5.8
④ pH 6.5~8.5

43 피부구조에 있어 유두층에 관한 설명 중 틀린 것은?

① 혈관과 신경이 있다.
② 혈관을 통하여 기저층에 많은 영양분을 공급하고 있다.
③ 수분을 다량으로 함유하고 있다.
④ 표피층에 위치하여 모낭주위에 존재한다.

44 모발의 케라틴 단백질은 pH에 따라 물에 대한 팽윤성이 변한다. 다음 중 가장 낮은 팽윤성을 나타내는 pH는?

① pH 1~2
② pH 4~5
③ pH 7~9
④ pH 10~12

45 수렴화장수의 원료에 포함되지 않은 것은?

① 습윤제　　　　　　② 알코올
③ 물　　　　　　　　④ 표백제

46 두피 약화로 인한 탈모의 원인과 가장 거리가 먼 것은?

① 남성호르몬
② 노화
③ 유전적 질환
④ 비만

47 자외선 차단제에 관한 설명이 틀린 것은?

① 자외선 차단제는 SPF(Sun Protect Factor)의 지수가 매겨져 있다.
② SPF(Sun Protect Factor)는 수치가 낮을수록 자외선 차단지수가 높다.
③ 자외선 차단제의 효과는 피부의 멜라닌 양과 자외선에 대한 민감도에 따라 달라질 수 있다.
④ 자외선 차단지수는 제품을 사용했을 때 홍반을 일으키는 자외선의 양을, 제품을 사용하지 않았을 때 홍반을 일으키는 자외선의 양으로 나눈 값이다.

48 털의 기질부(모기질)는 표피층 중에서 어느 부분에 해당하는가?

① 각질층
② 과립층
③ 유극층
④ 기저층

49 다음 중 피지선의 노화현상을 나타내는 것은?

① 피지의 분비가 많아진다.
② 피지분비가 감소된다.
③ 피부 중화 능력이 상승된다.
④ pH의 산성도가 강해진다.

50 일반적으로 아포크린샘(대한선)의 분포가 없는 곳은?

① 유두
② 겨드랑이
③ 배꼽주변
④ 입술

51 이 · 미용사는 영업소 외의 장소에서는 이 · 미용업무를 할 수 없지만, 특별한 사유가 있는 경우에는 예외가 인정된다. 다음 중 특별한 사유에 해당하지 않는 것은?

① 질병으로 영업소까지 나올 수 없는 자에 대한 이 · 미용
② 혼례 기타 의식에 참여하는 자에 대하여 그 의식 직전에 행하는 이 · 미용
③ 긴급히 국외에 출타하려는 자에 대한 이 · 미용
④ 시장 · 군수 · 구청장이 특별한 사정이 있다고 인정하는 경우에 행하는 이 · 미용

52 이 · 미용 영업자가 이 · 미용사 면허증을 영업소 안에 게시하지 않아 당국으로부터 개선명령을 받았으나 이를 위반한 경우의 법적 조치는?

① 100만 원 이하의 벌금
② 100만 원 이하의 과태료
③ 200만 원 이하의 벌금
④ 300만 원 이하의 과태료

53 다음 중 공중위생영업을 하고자 할 때 필요한 것은?

① 허가
② 통보
③ 인가
④ 신고

54 다음 중 청문을 거치지 않아도 되는 행정처분기준은?

① 영업장의 개선명령
② 이 · 미용사의 면허취소
③ 공중위생영업의 정지
④ 영업소 폐쇄명령

55 이 · 미용 영업소 폐쇄의 행정처분을 받고도 계속하여 영업을 할 때에는 당해 영업소에 대하여 어떤 조치를 취할 수 있는가?

① 폐쇄 행정처분 내용을 재통보한다.
② 언제든지 폐쇄 여부를 확인만 한다.
③ 당해 영업소 출입문을 폐쇄하고, 벌금을 부과한다.
④ 당해 영업소가 위법한 영업소임을 알리는 게시물 등을 부착한다.

56 공중위생관리법에 규정된 벌칙으로 1년 이하의 징역 또는 1천만 원 이하의 벌금에 해당하는 것은?

① 영업정지명령을 받고도 그 기간 중에 영업을 행한 자
② 위생관리 기준을 위반하여 환경오염 허용기준을 지키지 아니한 자
③ 공중위생영업자의 지위를 승계하고도 변경신고를 아니한 자
④ 건전한 영업질서를 위반하여 공중위생영업자가 지켜야 할 사항을 준수하지 아니한 자

57 영업소 출입 · 검사 관련공무원이 영업자에게 제시해야 하는 것은?

① 주민등록증
② 위생검사통지서
③ 위생감시공무원증
④ 위생검사기록부

58 공중위생관리법의 목적을 적은 아래 조항 중 ( ) 속에 순서대로 알맞은 말은?

> 1조(목적) – 이 법은 공중이 이용하는 ( )과(와) ( )의 위생관리들에 관한 사항을 규정함으로써 위생수준을 향상시켜 국민의 건강증진에 기여함을 목적으로 한다.

① 영업소, 설비
② 영업장, 시설
③ 위생영업소, 이용시설
④ 영업, 시설

59 면허가 취소되거나 면허의 정지명령을 받은 자는 지체 없이 누구에게 면허증을 반납해야 하는가?

① 시 · 도지사
② 시장 · 군수 · 구청장
③ 보건복지부장관
④ 경찰서장

60 음란행위를 알선 또는 제공하거나 이에 대한 손님의 요구에 응한 경우, 1차 위반 시 영업소에 대한 행정처분기준은?

① 영업정지 2월
② 영업정지 3월
③ 영업정지 6월
④ 영업장 폐쇄명령

정답(제15회)

01	02	03	04	05	06	07	08	09	10	11	12	13	14	15	16	17	18	19	20
②	③	②	③	④	④	②	③	④	③	②	①	②	①	①	④	④	③	④	④

21	22	23	24	25	26	27	28	29	30	31	32	33	34	35	36	37	38	39	40
③	②	④	③	①	③	②	①	②	②	①	③	④	③	③	④	④	④	①	④

41	42	43	44	45	46	47	48	49	50	51	52	53	54	55	56	57	58	59	60
②	③	④	②	④	④	②	④	④	③	④	③	④	④	②	①	③	④	②	②

해설

01 샴푸는 두피 및 두발을 청결하게 하여 상쾌감을 유지시켜주고 다른 종류의 두발시술을 용이하게 하여 두발의 건강한 발육을 촉진한다.

02 구상은 소재를 관찰한 다음 특징과 개성미의 연출을 계획하는 것을 말하고, 제작은 구상의 구체적인 표현이다.

03 그라데이션 커트 : 두발의 길이가 단차가 있는 상태의 커트
스퀘어 커트 : 전체의 머리 길이가 똑같은 커트
레이어 커트 : 층이 지는 형태로 긴 두발, 짧은 두발에 폭넓게 응용된다.

04 퍼머넌트 시술 시 비닐 캡을 씌우는 이유는 체온으로 솔루션의 작용을 촉진시켜 두발 전체에 제1액의 작용을 골고루 행하여지게 하기 위함이다.

05 블런트 커트는 직선적으로 커트하는 방법으로 클럽 커팅이라고도 한다.

06 우드램프는 피부분석 시 사용하는 기기이다.

07 헤어 스티머는 10~15분 사용하는 것이 적당하다.

08 스캘프 트리트먼트는 두피와 두발에 지방을 보급하여 두발을 윤기 있게 해준다.

09 위그는 전체가발을 가리킨다.

10 양쪽성 계면활성제는 자극성이 적다.

11 컬은 웨이브, 볼륨, 플러프를 만들기 위한 것이다.

12 퍼머넌트의 근본원리는 시스틴 결합을 화학적으로 절단하는 환원작용과 두발에 웨이브를 낸 상태에서 다시 시스틴을 결합시키는 산화작용에 의한 것이다.

13 패디큐어는 감염성 질환이나 염증, 이상이 있을 경우는 시술하지 않고, 모든 기구와 미용사의 수지를 청결하게 소독하여 병원균의 감염원인이 되지 않아야 하며 손톱의 양 모서리를 강하게 줄질하지 말아야 한다.

14 아이론의 선택법은 프롱, 그루브, 스크루와 양쪽 핸들이 녹슬거나 갈라지지 않아야 하며 요철이 없는 것이 좋다. 양쪽 핸들이 바로 되어있어야 하며 스크루가 느슨해서는 안 된다.

15 신부의 인중이 짧은 경우의 화장은 윗입술을 작게 그려 인중이 길어 보이게 표현할 수 있으며 아랫입술을 크게 그려준다.

16 삼한시대는 신분계급의 차이가 있었다.

17 낮 화장은 데이 메이크업, 밤 화장은 나이트 메이크업이라 한다.

18 굵은 두발의 와인딩은 블로킹을 작게 하고 작은 로드를 사용하여 퍼머넌트 웨이브가 촘촘히 잘 나오도록 한다.

19 이집트는 더운 기후로 인하여 두발을 짧게 깎거나 밀어내고 일광을 막을 수 있는 가발을 즐겨 썼다.

20 미용술은 소재의 확인 - 구상 - 제작 - 보정으로 행한다.

21 비타민 C는 항괴혈성 비타민으로 혈색소의 형성과 철분의 흡수, 저장에 관여하며 과일과 채소류에 많이 있다.

22 보건소는 보건행정의 말단 행정기관이다.

23 보툴리누스균은 엑소톡신인 신경독소에 의한 식중독으로 식중독 중에서 사망률이 가장 높다.

24 공중보건이란 국가나 공공단체의 책임 하에 공공사회 인원과 조직화된 지역 및 직장인들의 사회적 노력을 통해서 질병을 예방하고 생명의 연장방법을 강구하고 육체적, 정신적 능률을 높이는 활동이다.

25 음용수 오염의 대표적인 지표는 대장균이다.

26 탄저는 감염된 동물과 직접접촉, 오염된 육류 섭취시 경구감염, 호흡기감염으로 전파된다.

27 카드뮴 중독은 합금, 용접, 도자기, 페인트, 플라스틱 제품, 축전지 등의 제조공정작업에서 발생하며 이따이이따이병이 대표적이다.

28 종형(인구정지형으로 출생률 사망률이 모두 낮다), 항아리형(인구감퇴형으로 출생률이 사망률보다 낮다), 별형(생산연령인구가 많이 유입되는 도시형)이다.

29 일산화탄소는 대기 중에서 메탄의 산화작용, 엽록소의 분해와 성장에 의해 발생되며 인간활동의 부산물로서는 탄소화합물의 불완전연소에 의해 주로 발생된다. 즉, 교통수단의 엔진연료의 연소, 공장쓰레기의 소각, 난방용 연탄 사용 등이다.

30 홍역은 비말 등의 공기매개감염, 환자의 비·인두의 분비물과 직접 접촉으로 전파된다.

31 건열소독은 유리제품이나 주사기 등에 적합하며 종이나 천은 바래거나 변색되기 쉬우므로 적합하지 않다.

32 과산화수소는 자극성이 적어 창상 부위 소독이나, 인두염, 구내염 또는 구내 세척제로 이용된다.

33 승홍수, 크레졸, 석탄산소독은 화학적 소독법이다.

34 석탄산, 알코올, 포르말린 등의 소독제의 기전은 단백질의 응고작용 또는 세포를 용해시키는 작용을 한다.

35 고압증기멸균법에서 보통 120℃에서 20분간 가열하면 모든 미생물은 완전히 멸균된다. 10파운드는 온도 115.5℃에서 30분간, 15파운드는 온도 121.5℃에서 20분간, 20파운드는 온도 126.5℃에서 15분간 처리한다.

36 열탕소독(의료기구), 건열소독(유리제품, 주사기), 고압증기소독(의류, 고무제품, 거즈 약액)

37 크레졸소독은 수지, 피부, 의류, 실내각부, 브러시, 가구, 변기 등의 소독에 적합하다.

38 고압증기멸균법에서 보통 120℃에서 20분간 가열하면 모든 미생물은 완전히 멸균된다.

39 소독약품의 구비조건은 무해해야 하며 소독대상물을 손상시키지 않고 생산이 용이하고 냄새가 없어야 한다.

40 살균효과를 판정하는 방법은 멸균효과의 지속적인 감시이다.

41 모피질은 모발의 주요부분을 이루는 중간층으로 섬유질로 구성되어 있으며 멜라닌 색소를 함유하고 있어 모발의 색을 결정하며, 모발의 강도, 탄력성, 촉감, 질감 등을 나타낸다.

42 이상적인 피부의 pH는 5.5 정도의 약산성이다.

43 진피의 표피층을 말하며 피부의 대부분을 형성하는 층으로 피부의 영양공급 및 분비기능을 한다.
유두층 : 물결 모양으로 표피와 진피가 접하고 있는 부분이며, 혈관을 통해 기저층에 많은 영양분을 공급한다.

44 모발의 적정 pH는 4.5~5.5의 약산성이다.

45 수렴화장수는 산성을 함유한 화장수로서 원료는 붕산, 구연산, 백반, 유산, 아연 등의 산성물질이며 아스트린젠트 로션, 스킨로션 등을 통틀어서 말한다.

46 탈모는 질병이나 스트레스 등이 가장 큰 영향으로 피부노화와 비듬, 혈액순환장애 내분비질환 등의 원인으로 생긴다.

47 SPF는 수치가 높을수록 자외선차단지수가 높다.

48 털의 기질부는 표피층에서 기저층에 해당된다.

49 피지선의 노화현상은 피지선의 약화로 피지분비가 감소된다.

50 아포크린샘은 큰땀샘으로 사춘기 이후에 형성되어 개인 특유의 체취도 이때 형성된다. 겨드랑이, 성기주변, 유두 주변에 존재하며 두피에도 분포되어있다.

51 긴급하게 국외에 출타하려는 자에 대한 이·미용은 특별한 사유에 해당하지 않는다.

52 개선명령을 이행하지 않았을 경우 300만 원 이하의 과태료를 내야 한다.

54 이·미용사의 면허취소, 면허정지, 공중위생영업의 정지, 일부 시설의 사용중지 및 영업소 폐쇄명령 등의 처분을 하고자 하는 때에는 청문을 실시하여야 한다.

55 당해 영업소를 폐쇄하기 위한 조치는 위법한 업소임을 알리는 게시물 부착, 당해 영업소의 간판 기타 영업표지물의 제거, 영업을 위하여 필수불가결한 기구 또는 시설물을 사용할 수 없게 하는 봉인을 계속해야 한다.

56 영업정지명령을 받고도 그 기간 중에 영업을 행한 자는 1년 이하의 징역과 1천만 원의 벌금을 내야 한다.

57 영업소 출입, 검사를 실시한 관계공무원은 위생감시 공무원증을 제시하고, 출입, 검사 등의 기록부에 그 결과를 기록하여야 한다.

58 공중위생관리법이라 함은 다수인을 대상으로 위생관리서비스를 제공하는 영업으로서 숙박업, 목욕장업, 이용업, 미용업, 세탁업, 건물위생관리업을 말한다.

59 면허증의 발급, 재발급, 반납은 시장, 군수, 구청장에게 제시한다.

60 음란행위를 알선 또는 제공하거나 이에 대한 손님의 요구에 응한 경우 1차 위반은 영업정지 3월, 2차 위반은 영업장 폐쇄명령을 행한다.